"十三五"国家重点出版物出版规划项目
面向可持续发展的土建类工程教育丛书

数字建造项目管理概论

主　编　骆汉宾（华中科技大学）

副主编　周　诚（华中科技大学）

　　　　陈丽娟（苏州大学）

参　编　徐　晟（长安大学）

　　　　孔刘林（中国地质大学（武汉））

　　　　董　超（武汉理工大学）

　　　　唐　斌（华中科技大学）

　　　　付菲菲（深圳市房地产和城市建设发展研究中心）

机械工业出版社

本书由 BIM 领域的高校科研团队、施工企业以及软件研发机构的一线工程师共同编写,加入了丰富的工程案例,兼备理论性和实践性,旨在推动 BIM 在工程项目管理中的理论研究和应用实践,推动建设工程信息化建设。全书共 9 章,系统地介绍了 BIM 在工程项目管理中的应用和具体实施过程,主要内容包括:工程项目管理与数字化概论、BIM 技术与应用、基于 BIM 的工程项目进度管理、基于 BIM 的工程项目成本管理、基于 BIM 的工程项目资源管理、基于 BIM 的工程项目安全管理、基于 BIM 的工程项目质量管理、基于 BIM 的施工现场规划管理、基于 BIM 的信息集成与交付。

本书内容全面、案例详实,是一本贴近实际的 BIM 工程项目管理类书籍,可作为高等院校建筑、土木、工程管理等专业师生的工程项目管理课程教材,也可作为建筑工程各阶段的专业人员、BIM 应用的组织管理者及 BIM 工程师等管理人员和技术人员的参考书。

图书在版编目(CIP)数据

数字建造项目管理概论/骆汉宾主编. —北京:机械工业出版社,2021.1(2023.1 重印)

(面向可持续发展的土建类工程教育丛书)

"十三五"国家重点出版物出版规划项目

ISBN 978-7-111-67109-1

Ⅰ.①数… Ⅱ.①骆… Ⅲ.①数学技术-应用-建筑工程-工程管理-研究 Ⅳ.①TU71-39

中国版本图书馆 CIP 数据核字(2020)第 249219 号

机械工业出版社(北京市百万庄大街 22 号 邮政编码 100037)

策划编辑:林 辉 责任编辑:林 辉

责任校对:张 薇 封面设计:张 静

责任印制:郜 敏

北京富资园科技发展有限公司印刷

2023 年 1 月第 1 版第 2 次印刷

184mm×260mm · 20.25 印张 · 496 千字

标准书号:ISBN 978-7-111-67109-1

定价:59.00 元

电话服务 网络服务

客服电话:010-88361066 机 工 官 网:www.cmpbook.com

010-88379833 机 工 官 博:weibo.com/cmp1952

010-68326294 金 书 网:www.golden-book.com

封底无防伪标均为盗版 机工教育服务网:www.cmpedu.com

前　言

建筑业是我国国民经济的支柱产业和重要引擎。但是，当前建筑业的发展水平，还无法满足我国国民经济与社会高质量发展的战略需求。新一轮科技革命，为产业变革与升级提供了历史性机遇。全球主要工业化国家均因地制宜地制定了以智能制造为核心的制造业变革战略。我国建筑业也迫切需要制定工业化与信息化相融合的智能建造发展战略，彻底改变碎片化、粗放式的工程建造模式，创造新一代信息技术与工程建造融合的工程建造新模式。因此，我国需要从产品形态、建造方式、经营理念、市场形态以及行业管理等方面重塑建筑业。

本书由华中科技大学丁烈云院士研究团队编写，该团队长期从事数字建造理论与技术研究，团队以需求为导向，应用信息化技术解决工程进度、成本、质量、安全等工程项目管理工作中存在的问题。团队中的高校研究人员，负责解决从工程实际中提炼出的科学问题，创新管理技术与方法；团队中的软件开发团队，将总结的管理经验、流程和过程标准化，开发出可操作的管理系统，直接应用于工程实践；团队中的现场工程技术人员，通过工程现场巡视、信息收集，发现实践中的工程问题，经过管理系统处理形成标准化的管控策略，并将工程问题进行提炼再次进入科研环节。团队将科学研究与工程实践紧密联系，形成管理闭环，不断提高管理水平。

本书从高校科学研究、企业创新实践等多视角，追踪研究前沿和最佳实践，全景式展现了 BIM 的最新成果，构架了数字建造框架体系，即以现代通用的信息技术为基础，以数字建造领域技术为支撑，实现建造过程一体化和协同化。

本书由 BIM 领域的高校科研团队、施工企业以及软件研发机构的一线工程师共同编写，加入了丰富的工程案例，兼备理论性和实践性，旨在推动 BIM 在工程项目管理中的理论研究和应用实践，推动建设工程信息化建设。

全书共 9 章，系统介绍了 BIM 在工程项目管理中的应用和具体实施过程。本书的编写分工如下：第 1 章由华中科技大学骆汉宾编写，第 2 章由长安大学徐晟编写，第 3、7 章由苏州大学陈丽娟编写，第 4 章由武汉理工大学董超编写，第 5 章由中国地质大学（武汉）孔刘林编写，第 6 章由华中科技大学周诚编写，第 8 章由深圳市房地产和城市建设发展研究中心付菲菲编写，第 9 章由华中科技大学骆汉宾、唐斌编写。

本书中的案例资料多数来自所在章节执笔人单位的实际项目；引自参考文献的案例信息请详见资料来源。在此对所有资料提供者和原创者表示感谢。同时，特别感谢中国工程院院士、华中科技大学丁烈云教授对本书的宝贵指导及审核；特别感谢湖北省数字建造与安全工程技术研究中心周迎教授、钟波涛副教授、孙峻副教授、陈珂副教授，以及硕士生黎娆、吴小琴、陈慧芳等在本书收集资料及编写过程中给予的大力帮助；特别感谢机械工业出版社为本书所做的大量策划与组织工作，以此搭建起集合国内 BIM 领域高校学者、资深专家和工程师的交流平台，积极为国内 BIM 的推广应用做出贡献。

本书出版受到国家自然科学基金重点项目"数字建造模式下的工程项目管理理论与方法研究"（NO. 71732001）的支持！

囿于我们的水平，书中不当之处甚至错漏在所难免，衷心希望各位读者给予批评指正。

编　者

目 录

第1章

工程项目管理与数字化概论

学习目标

了解工程项目管理的基本概念和发展方向，理解项目管理的核心任务，掌握工程项目管理的基本工作流程，了解工程项目管理信息化的概念、内涵和意义，掌握工程项目信息化的发展趋势。

引入

关于工程项目管理有一例经典案例——鲁布革工程。鲁布革水电站位于云南罗平县和贵州兴义市交界处黄泥河下游的深山峡谷中。这里河流密布、水流湍急、落差较大，1990年在这里建成投产了装机容量为60万kW的水电站。早在1977年，水电部就着手进行鲁布革水电站的建设，水电十四局开始修路，进行施工准备，但由于资金缺乏，工程一直未能正式开工，每年国家拨给工程局的少量资金，大部分用来维持施工队伍，准备工程进展缓慢，前后拖延7年之久。1983年，水电部决定利用世行贷款，使工程出现转机。按世界银行规定，引水系统工程的施工实行新中国成立以来第一次按照FIDIC组织推荐程序进行的国际公开（竞争性）招标。招标工作由水电部委托中国进出口公司进行。在招标公告发布之后，13个国家32家承包商提出了投标意向，争相介绍自己的优势和履历。1982年9月，刊登招标公告、编制招标文件，编制标底。引水系统工程原设计概算1.8亿元，标底14958万元，工期1579天。经过5个月的投标准备，1983年11月8日，开标大会在北京正式举行。经各方专家多次评议讨论，日本大成公司中标。从投标报价（根据当日的官方汇率，将外币换算成人民币）可以看出，最高价法国SBTP公司（1.79亿元），与最低价日本大成公司（8463万元）相比，报价竟相差1倍之多，前几标的标价之低，使中外厂商大吃一惊，在国内外引起了不小的震动。日本大成公司：投标8463万元（比标底低43%），工期1545天中标。实际结果：造价为标底的60%；工期1423天；质量达到合同规定的要求。大成公司派到中国来的仅是一支30人的管理队伍，从中国水电十四局雇了424名劳动工人。他们开挖23个月，单头月平均进尺222.5m（相当于我国同类工程的2~2.5倍）；在开挖直径8.8m的圆形发电隧洞中，创造了单头进尺373.7m的国际先进纪录。1984年11月开工，1988年12月竣工，施工中以精干的组织、科学的管理、适用的技术，达到了工程质量好、用工用料省、工程造价低的显著效果，创造了隧洞施工国际一流水平，成为我国第一个国际性承包工程的"窗口"，引起了社会各界的关注与思考，形成了强大的"鲁布革冲击"。

在项目的实施方式上，日本大成公司采取了与当时我国项目建设完全不同的项目组织建设模式，实际上就是今天被人们熟知的"项目管理"，才使得该建设工程取得了巨大的成果。

在本章中，我们将从此故事引出的工程项目管理进行展开，主要介绍工程项目管理的内涵、类型、背景和发展趋势。

■ 1.1　工程项目管理的相关概念

1.1.1　项目的概念和特点

项目是一种非常规性、非重复性和一次性的任务，通常有确定的目标和确定的约束条件（时间、费用和质量等）。

【概念解读】

项目是指一个过程，而不是指过程终结后所形成的成果。例如，某个住宅小区的建设过程是一个项目，而建设完成后的住宅楼及其配套设施是这个项目完成后形成的产品。

在建设领域中，建造一栋大楼、一个工厂、一座大坝、一条铁路以及开发一个油田，这都是项目。在工业生产中开发一种新产品；在科学研究中，为解决某个科学技术问题进行的课题研究；在文化体育活动中，举办一届运动会，组织一次综合文艺晚会等，也都是项目。

从项目管理的角度分析，项目作为一个专门术语，它具有一些基本特点：

1）一个项目必须有明确的目标。

2）任何项目都是在一定的限制条件下进行的，包括资源条件的约束（人力、财力和物力等）和认为的约束，其中质量（工作标准）、进度、费用目标是项目普遍存在的三个主要约束条件。

3）项目是一次性的任务，由于目标、环境、条件、组织和过程等方面的特殊性，不存在两个完全相同的项目，即项目不可能重复。

4）任何项目都有其明确的起点时间和终点时间，它是在一段有限的时间内存在的；多数项目在其进行过程中，往往有许多不确定因素。

一个建设工程，如建造一栋楼，若总投资额可多可少、进度可快可慢，其质量也没有明确的标准，那么从项目管理学的角度分析，因为该工程没有明确的目标，就没有必要也无法对其进行目标控制。因此，它不被项目管理学科认为是一个项目。而由引例可知，鲁布格水电站的建设就是一个项目，对于日本大成公司而言，它有总投资目标 8463 万元，有工期目标 1545 天，有质量标准，可以进行目标控制。

1.1.2　工程项目的概念和特点

工程项目（建设项目）指在一定条件约束下，以形成固定资产为目标的一次性事业。一个工程项目必须在一个总体设计或初步设计范围内，由一个或若干个互有内在联系的单项工程所组成，经济上实行统一核算，行政上实行统一管理，是指为了特定目标而进行的投资建设活动。

【概念解读】

工程项目是一种既有投资行为又有建设行为的项目，其目标是形成固定资产。工程项目是将投资转化为固定资产的经济活动过程；"一次性事业"即一次性任务，表示项目的一次性特征；"经济上实行统一核算，行政上实行统一管理"，表示项目是在一定的组织机构内进行，项目一般由一个组织或几个组织联合完成；对一个工程项目范围的认定标准，是具有一个总体设计或初步设计的，凡属于一个总体设计或初步设计的项目，不论是主体工程还是相应的附属配套工程，不论是由一个还是由几个施工单位施工，不论是同期建设还是分期建设，都视为一个工程项目。

工程项目除了具有一般项目的基本特点之外，还表现在：

1）具有明确的建设任务，例如，引例中建设一座水电站。

2）具有明确的进度、费用和质量目标。建设项目受到多方面条件的制约：

① 时间约束，即有合理的工期限制。

② 资源约束，即要在一定的人力、财力和物力投入条件下完成建设任务。

③ 质量约束，即要达到预期的实用功能、生产能力、技术水平、产品等级等的要求。

这些约束条件形成了工程项目管理的主要目标，即进度目标、费用（成本）目标和质量目标。

3）建设成果和建设过程具有固定性的特点。

4）建设产品具有唯一性的特点，即使采用同样型号的标准图建设两栋住宅，由于建设时间、建设地点、建设条件和施工队伍等的不同，两栋住宅也存在差异。

5）建设产品具有整体性的特点。一个工程项目往往是由多个相互关联的子项目构成的，其中一个子项目的失败可能会影响整个项目的功能实现。项目建设也包含多个紧密联系的阶段，各阶段的工作都对整个项目的完成产生影响。

1.1.3 项目管理的概念

项目管理是运用各种相关技能、方法与工具，为满足或超越项目有关各方对项目的要求与期望，所开展的各种计划、组织、领导、控制等方面的活动。项目管理通过合理运用与整合特定项目所需的项目管理过程得以实现。

项目管理使组织能够有效且高效地开展项目。有效的项目管理能够帮助个人、群体以及公共或私人组织达成业务目标，满足相关方的期望，提高可预测性，提高成功的概率，在适当的时间交付正确的产品，解决问题和争议，及时应对风险，优化组织资源的使用，识别、挽救或终止失败项目，管理制约因素（如范围、质量、进度、成本、资源），平衡制约因素对项目的影响（如范围扩大可能会增加成本或延长进度），以更好的方式管理变更等。

项目管理不善或缺乏可能会导致超过时限，成本超支，质量低劣，返工，项目范围扩大失控，组织声誉受损，相关方不满意，正在实施的项目无法达成目标等。

1.1.4 工程管理的概念

工程管理就是在工程和管理之间架设的一座桥梁，其定义为"对具有一定技术含量的业务活动进行规划、组织、分配资源，以及指导和控制这些活动的一种艺术与科学"。

【概念解读】

规划包括战略规划、战术规划和运营规划。战略规划是高层次的，涉及高级管理层设定公司使命、愿景，以及长期和短期目标。将战略规划付诸行动的通常是中层管理人员。战术规划涉及如何落实战略目标，使其具有可操作性。战术规划的时间框架较短，涉及各部门的低层级单位。运营规划涉及中下层管理人员，经理、主任与主管、团组领导和骨干人员合作，将公司目标分解成易于实施的短期目标。

组织就是安排和协调各项工作，采用合适的人员高效地完成工作。组织是管理的一部分，涉及建立一个有针对性的结构。组织结构可以归类为功能型组织、项目型组织和矩阵型组织中的一种或多种。例如，鲁布革大成事务所与本部海外部的组织关系是矩阵型组织。在横向，大成事务所班子的所有成员在鲁布革项目中统归泽田领导；在纵向，每个人还要以原所在部门为后盾，服从原部门领导的业务指导和调遣。以机长宫晃为例，在横向，他在鲁布革工程中，作为泽田的左膀右臂，负责本工程项目所有施工设备的选型配套、使用管理、保养维修，以确保施工需要和尽量节省设备费用，对泽田负完全责任。在纵向，他要随时保持和原本部职能部门的密切联系，以取得本部的指导和支持。当重大设备部件损坏，现场不能修复时，他要及时以电报或电传与本部联系，由本部负责尽快组织采购设备并运往现场，或请设备制造厂家迅速派人员赶赴现场进行修理和指导。鲁布革工程项目组织与企业组织协调配合十分默契。例如，工程项目隧洞开挖高峰时施工人员不足，总部立即增派有关专业人员到施工现场。当开挖高峰过后，到混凝土补砌阶段，总部立即将多余人员抽回，调往其他工程项目。这样，横纵向的密切配合，既保证项目的急需，又提高了人员的效率，显示出矩阵型组织高效的优势。

分配的资源可以是资金、设备和人员。资源配置的理念应是兼顾成本和平衡。资源平衡技术可以使资源利用最大化，并可以抑制过度配置的情况。

指导是激励、监督并影响人们实现组织战略目标的一种管理职能。

控制是一种管理功能，涉及绩效度量并将结果与既定标准进行对比，以确保工作符合要求并达到预期的效果。控制以如下方式进行：设置极限标准；衡量进展和绩效；将实际绩效与设定的基线标准进行比较；采取适当的纠正措施。建立基线标准的方法之一就是对标分析，可用时间研究、评定尺度、控制图表、财务和非财务准则，或其他相关的绩效指标来进行绩效度量，这样可以通过比较来评估实际绩效与基线标准的差别，管理人员也可以根据绩效数据采取适当的纠正措施。例如，大成公司采用网络进度计划控制项目进展，并根据项目最终效益制订独到的奖励制度，将奖励与关键线路结合。若工程在关键线路部分，完成施工形象进度越快奖金越高；若在非关键线路部分的非关键工作，到适当时候干得快奖金反而要降低，就是说非关键工作进度快了对整个工程没有什么效益。科学管理还体现在施工设备管理上，为了降低成本，他们不备用机械设备，而是多备用机械配件，机械出现故障，将配件换上立即运转，机械修理在现场进行，而不是将整个机械运到修理厂去修理。另外，机械设备不是由专门司机开着上下班，司机坐着班车上下班，做到机械设备不离场，使其充分发挥效率。

在整个工程项目全寿命周期中，决策阶段的管理是DM（Development Management，项目前期的开发管理），实施阶段的管理是PM（Project Management，项目管理），使用阶段（或运营阶段）的管理是FM（Facility Management，设施管理），如图1-1所示。

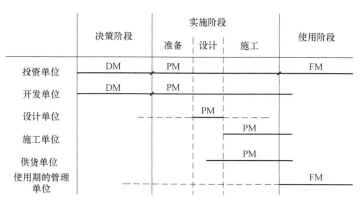

图 1-1 DM，PM 和 FM 与工程项目管理阶段的关系

工程管理作为一个专业术语，其内涵涉及工程项目全过程的管理，即包括 DM，PM 和 FM，并涉及参与工程项目的各个单位的管理，即包括投资单位、开发单位、设计单位、施工单位、供货单位和项目使用期的管理单位的管理，如图 1-2 所示。

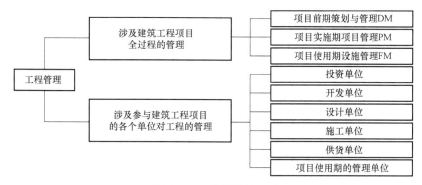

图 1-2 工程管理的内涵

工程管理的核心任务是为工程建设增值，工程管理是一种增值服务工作，其增值主要表现在为工程建设增值和为工程使用（运行）增值两个方面，如图 1-3 所示。

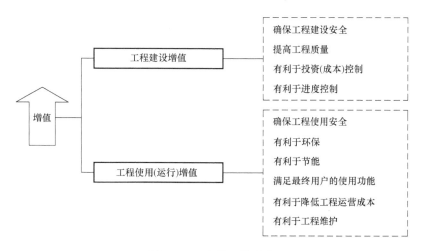

图 1-3 工程管理的增值

1.1.5 工程项目管理的概念

工程项目管理的含义有多种表述，英国皇家特许建造学会（CIOB）对其的定义：自工程项目开始至项目完成，通过项目策划（Project Planning）和项目控制（Project Control），以使项目的费用目标、进度目标和质量目标得以实现。此解释得到许多国家建造师组织的认可，在工程管理业界有相当的权威性。"自项目开始至项目完成"指的是项目的实施期；"项目策划"指的是目标控制前的一系列筹划和准备工作；"费用目标"对业主而言是投资目标，对施工单位而言是成本目标。项目决策期管理工作的主要任务之一对投资方而言是确定投资目标，对施工单位而言是确定成本目标。项目决策期管理工作的主要任务之一是确定项目的定义，而项目实施期项目管理的主要任务是通过管理使项目的目标得以实现。工程项目的决策阶段和实施阶段如图 1-4 所示。

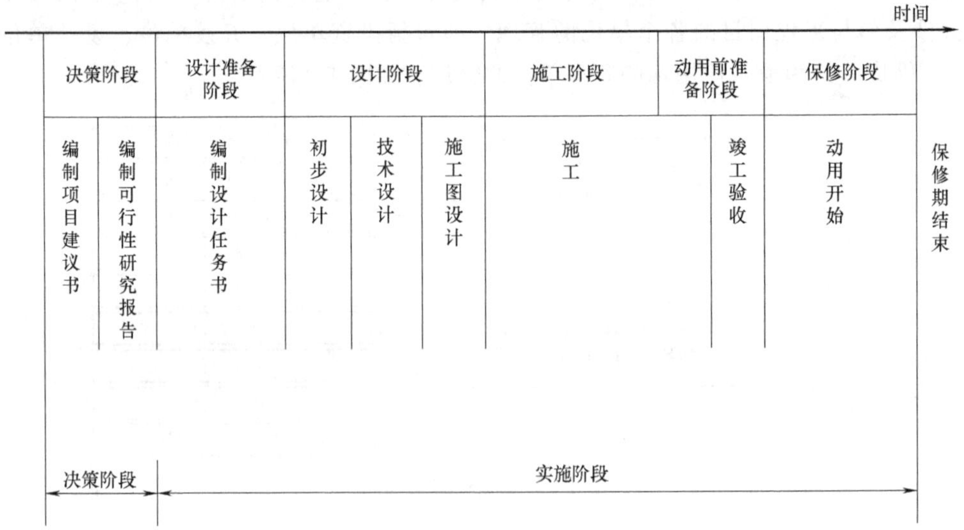

								时间
决策阶段		设计准备阶段	设计阶段			施工阶段	动用前准备阶段	保修阶段
编制项目建议书	编制可行性研究报告	编制设计任务书	初步设计	技术设计	施工图设计	施工	竣工验收	动用开始
决策阶段		实施阶段						

图 1-4　工程项目的决策阶段和实施阶段

■ 1.2　工程项目管理的类型和任务

1.2.1　工程项目管理的类型

一个建设工程项目往往由许多参与单位承担不同的建设任务，而各参与单位的工作性质、工作任务和利益不同，因此就形成了不同类型的工程项目管理。

1）业主单位的工程项目管理。业主单位既是建设工程项目生产过程的总集成者——人力资源、物质资源和知识的集成，又是建设工程项目生产过程的总组织者。因此，对于一个建设工程项目而言，业主单位的工程项目管理是管理的核心。投资单位、开发单位和由咨询公司提供的代表业主单位利益的工程项目管理服务都属于业主单位的工程项目管理的对象。

2）设计单位的工程项目管理。

3）施工单位的工程项目管理。施工总承包单位和分包单位的工程项目管理都属于施工单位的工程项目管理。

4）供货单位的工程项目管理。材料和设备供应单位的工程项目管理都属于供货单位的工程项目管理。

5）建设项目总承包单位的工程项目管理。建设项目总承包有多种形式，如设计和施工任务综合的承包，设计、采购和施工任务综合的承包（简称 EPC 承包）等，他们的工程项目管理都属于建设项目总承包单位的工程项目管理。

1.2.2　工程项目管理的任务

工程项目管理的任务可概括为"三管理、三控制、一协调"，即安全管理、合同管理、信息管理、费用控制、进度控制、质量控制和组织协调。

1）安全管理是一门具有综合性的系统科学，是对生产中的一切人、物、环境的管理与控制，是一种动态管理，通过组织实施企业安全管理规划、指导、检查和决策等工作，保证生产处于最佳安全状态。施工现场安全管理的内容大体可归纳为安全组织管理、场地与设施管理、行为控制和安全技术管理四个方面，分别对生产中人的行为、物和环境的状态，进行具体的管理与控制。

2）合同管理主要是指项目管理人员根据合同进行工程项目的监督，是法学、经济学和管理科学理论在组织实施合同过程中的具体运用。合同管理全过程是指由合同洽谈、草拟、签订、生效至失效为止的管理过程。不仅要重视合同签订前的管理，更要重视签订后的合同管理。合同管理具有系统性和动态性。系统性就是凡涉及合同条款内容的部门都要参与合同管理。动态性就是注重履约全过程的情况变化，特别要掌握对自己不利的变化，及时对合同进行修改、变更、补充、中止或终止。

3）信息管理是为了有效地开发和利用信息资源，以现代信息技术为手段，对信息资源进行计划、组织、领导和控制的社会活动。信息管理是人对信息资源和信息活动的管理，是在整个管理过程中，人们收集、加工、输入、输出的信息管理工作的总称。信息管理的过程包括信息收集、信息传输、信息加工和信息储存。

4）费用控制是指企业在生产经营过程中，按照既定的成本费用目标，对构成成本费用的诸要素进行规划、限制和调节等工作。费用控制旨在及时纠正偏差，控制成本费用不超支，把实际耗费控制在成本费用计划范围内。

5）进度控制是对生产或工程进度所进行的控制。它将生产或工程进度和计划期限结合在一起，主要用于控制生产或工程进度按期完成，各项作业在时间上能够相互衔接等。

6）质量控制是为使产品或服务达到质量要求而采取的技术措施和管理措施方面的工作。质量控制的目标在于确保产品或服务质量能够满足要求，包括明示的、习惯上隐含的或必须履行的规定。

7）组织协调是指为完成一定的任务而进行的对人、财、物及各种资源进行安排、调配、整合的工作。组织协调的内容应根据在项目运行的不同阶段中出现的主要矛盾进行动态调整。

■ 1.3 工程项目管理的背景及未来发展

1.3.1 工程项目管理的国内外背景

项目管理产生于20世纪50年代末，在美国大型军事发展项目中，由于项目规模大，参与单位多，目标要求严格等因素，客观上促使项目管理的诞生。项目管理理论在后来美国宇航局的登月计划中成熟，产生了我们熟知的关键线路法（Critical Path Method，CPM）和PERT图（Program Evaluation and Review Techniques Chart）。在60年代末期和70年代初期，工业发达国家开始将项目管理的理论和方法应用于建设工程领域，并于70年代中期在大学开设了与工程管理相关的专业，同期，项目管理加入了计算机应用，得到了网络化的管理及功能拓展。项目管理的应用首先在业主单位的工程管理中，而后逐步在承包商、设计单位和供货单位中得到推广。于70年代中期兴起了项目管理的咨询服务，项目管理咨询公司的主要服务对象是业主，但它也服务于承包商、设计单位和供货单位。国际咨询工程师协会（FIDIC）于1980年颁布了业主方与项目管理咨询公司的项目管理合同条件。该文本明确了代表业主单位利益的项目管理方的地位、作用、任务和责任。同期发展出了合同管理，风险管理等管理理论和方法。

20世纪80年代初约翰·宾在中美大连企管培训中讲授项目管理，标志着项目管理在中国的引入。国内引入项目管理是世界银行援建项目的直接要求。1980年，世界银行为提高项目的效益规定：发展中国家的世界银行项目必须要有国外的项目管理专家来管理。之后，亚洲开发银行、德国复兴信贷银行也有了类似的规定。1983年5月，国家计划委员会通过"项目前期项目经理负责制"；1984年，国家计划委员会成立国际工程咨询公司，为国家建设提供决策与支持。1987年，国家计划委员会施工司总结鲁布革工程（日本大成公司）项目管理经验，进而提出项目管理法施工；1988年，开始推行建设工程监理制度；1995年，建设部颁发了《建筑施工企业项目经理资质管理办法》，推行项目经理责任制；2003年，建设部发出《关于建筑业企业项目经理资质管理制度向建造师执业资格制度过渡有关问题的通知》。

1.3.2 工程项目管理的发展趋势

工程项目管理一直以来都在不断发展。在传统的观念中，工程项目决策阶段的开发管理DM、实施阶段的项目管理PM和使用阶段的设施管理FM各自是独立的管理系统。但是，事实上它们之间存在着十分紧密的联系。例如，若DM确定的项目目标不合理，则PM难以实现其目标；PM没有控制好工程质量，就会造成FM操作困难。将DM、PM和FM集成为一个管理系统，这就形成了工程项目全寿命周期（Lifecycle）管理系统。工程项目全寿命周期管理可以避免上述DM、PM和FM相互独立的弊病，有利于工程项目的保值和增值。

在工程项目管理中应用信息技术是一个非常重要的发展方向，包括工程项目管理信息系统的应用和在互联网平台上进行工程项目管理等。信息技术在建筑设计、结构计算、工程施工和设施维护等领域的不断应用，提高了建设效率，改善了管理绩效，并形成了专业化、集成化和网络化的特点。

工程项目管理涉及合同管理、计划管理、成本管理、资金管理、安全管理、质量管理、进度管理、人员管理、设备管理、物资管理、分包管理、变更设计管理、定额管理、会计核算等内容。支持以上各类业务的软件有很多，如合同管理软件、进度控制软件和工程计量软件等。这些软件的功能更加趋于专业化和针对性，与工程项目管理理论结合更为紧密。然而，工程的质量、进度、成本等控制目标之间既相互制约又相互依存，工程管理追求的不是单一的目标，而是综合目标。单业务应用系统能够提高单一目标管理绩效，但缺乏各功能之间的继承，各业务之间的信息共享和沟通程度不高，在各职能部门之间往往容易形成信息孤岛，同时，由于缺乏来自各个业务数据所形成的综合信息，导致不能很好地形成能够提供决策支持的信息。

以施工单位为例，对外涉及业主单位、监理单位、设计单位、地方政府、上级管理部门等；对内涉及合同管理部门、施工现场管理部门、财务管理部门、概预算管理部门、材料设备管理等。采用集成化的工程项目全寿命周期管理系统可实现施工现场管理系统与企业内部管理系统的一体化；实现施工单位与政府职能机构以及工程相关各方的信息交互、共享，使项目参与各方能够更加便捷地进行信息交流和协同工作。工程建设管理信息化需要将项目前期的开发管理、实施阶段的项目管理和使用阶段的设施管理等在时间上高度集成。当前，集成化软件主要有梦龙项目管理系统、Microsoft Project、Primavera Project Planner 等软件。这些软件集成了进度管理、资源管理、费用管理和风险管理等功能。但是，功能仅停留在某一阶段的、多个专业的、多个系统之间的集成，如在设计阶段是 CAD 制图软件、结构计算软件和工程量计算软件之间的集成。这些集成仍显局限性，还不能够实现多阶段、多专业、各管理要素的全面系统集成。此外，这些系统集成仍然缺乏对集成基础通用数据格式和数据共享问题的解决手段。

网络技术有效地压缩了时空，将工程建设带入了网络化时代。在可行性研究与设计策划阶段，业主与设计咨询单位利用网络进行信息交流与沟通。在招标投标阶段，业主和咨询单位利用网络进行招标，施工单位通过网络投标报价。在施工阶段，承包商、建筑师、顾问咨询工程师利用以互联网为平台的项目管理信息系统和专项技术软件实现施工过程信息化管理；在施工现场采用在线数码摄像系统，管理人员不但能够在办公室看到施工现场的情况，而且即便在世界任何一个地方上网也可掌握项目进展信息和施工现场具体工序情况；结合无线上网技术，在线数码摄像系统可不断将信息传给每一个在场与不在场的人员。在竣工验收阶段，各类竣工资料可自动生成并储存。目前，比较著名的网络平台有美国的 bidcom. com，buzzsaw. com，projectgrid. com，projecttalk. com 以及欧洲的 build-online. com 等网络公司所推出的网络化项目管理平台。这些网络化项目管理平台的一个重要目标在于参与各方协同，而协同工作的核心是建设工程信息的共享与转换。显然，这些协同方式仍然存在模型数据标准不统一的问题，主要以文档的相互共享与交换为主，协同深度还不够。

在应用信息技术提高工作效率、改善项目效益的同时，"信息孤岛"问题也给数据存储与管理带来了一定的障碍，造成了信息共享与交换的不畅。随着计算机、网络、通信等技术的发展，信息技术在工程建设领域的发展突飞猛进。以 BIM 为代表的新兴信息技术正改变着当前的工程建造模式，推动传统工程建造模式转为以全面数字化为特征的数字建造模式。区别于传统的工程建造方法和管理模式，数字建造的本质在于以数字化技术为基础，带动组织形式、建造过程的变革，并最终带来工程建造过程和产品的变革。数字建造是以数字信息为代表的新技术与新方法驱动下的工程建设的范式转移，包括组织形式、管理模式、建造过程等全方位的变迁。数字建造将极大提高建造的效率，使工程管理的水平和手段发生革命性的变化。其中，建筑信息模型（BIM）技术就是数字建造技术体系中的重要构成要素。

建筑信息模型（BIM）涵盖了几何学、空间关系、地理信息系统、各种建筑构件的属性及数量。建筑信息模型可以用来展示整个项目寿命周期。建筑信息模型数字化展示真实世界中的建造工程构件，可以完整呈现整个工程建设系统。

在数字建造项目管理中，以 BIM 4D 模型为各业务系统集成的主体，不仅在理论上为建筑业的施工管理提出了新的集成管理思路，而且在实际工程中也已证明了其合理性和可行性。BIM ND 将是未来 BIM 技术的发展方向，BIM 将对所有的业务系统进行有机整合与集成，从根本上解决传统项目管理中业务要素之间的"信息孤岛""应用孤岛"和"资源孤岛"的问题。数字建造项目管理，以 BIM 模型为基础，为建筑全寿命周期中各参与方、各专业合作搭建了协同工作平台，改变了传统的组织结构及各方的合作关系，为项目业主和各参与方提供项目信息共享、信息交换及协同工作的环境，从而实现了真正意义上的协同工作。与传统的"金字塔式"组织结构不同，数字建造项目管理要求各参与方在设计阶段就介入工程项目，以此实现全寿命周期各参与方共同参与、协同工作的目标。

■ 1.4 工程项目管理信息化的概念、内涵及意义

1.4.1 工程项目管理信息化的概念

从广义上讲，信息化是全面利用信息技术，充分开发信息资源，提高各部门、各行业效率和效能的活动过程和结果。工程项目管理领域的信息化则是信息技术在工程项目管理中的应用。

工程项目管理信息化，顾名思义就是要将信息技术渗透到工程项目管理业务活动中，提高工程项目管理的绩效，其属于建设领域信息化的范畴，和建设领域其他业务信息化紧密相关。工程项目管理信息化顺应当前工程项目规模日益扩大、参与主体越来越多、技术日益复杂，对工程质量、工期、费用、安全等的控制要求越来越高的趋势。工程项目管理信息化的应用对象可以是项目决策阶段的宏观管理，也可以是项目实施阶段的微观管理。

作为较早在工程项目管理领域推进信息化的国家，日本从 1995 年就开始大力推进建设领域的 CALS/EC（Continuous Acquisition and Lifecycle Support/Electronic Commerce）。它的核心内涵是：以工程项目的全寿命周期为对象，全部信息实现电子化；工程项目的相关各方利用网络进行信息的提交和接收；所有电子化信息均存储在数据库中便于共享和利用。它的最终目的是：降低成本、提高质量、提高效率，并最终增强行业的竞争力。

工程项目管理信息化究竟是一个什么样的工作呢？这里以一个典型案例来说明。某工程项目的参与单位包括建设单位、设计单位、三个承包商和四个混凝土供应商，参与各单位综合使用图形软件、网络计划软件以及他们自己开发的工地管理软件等，并通过互联网与一个中央服务器相连，为工程项目提交的全部数据均存储在该服务器中，参与各单位可以根据自己的权限从该服务器访问相关的数据。在现场安装摄像机，使有关参与方能够方便实时地看到现场情况，并可在互联网上对摄像机进行遥控，包括调节对准目标，进行放大、缩小等。

例如，应用安装在高处的网络摄像机，在计算机上通过调节，可以仔细观察混凝土浇注口，并且可以由此实现远程专家咨询、遥控指挥和进行实时监控等。在混凝土供应系统中增加数据服务器功能，使得有关参与单位可以在互联网上方便、实时地查看混凝土的质量参数，进行混凝土质量趋势的显示和分析等。工程项目信息的提交、相关信息的调阅、有关各单位的工作协调，包括全部施工图的获取、网络进度计划的协调、施工证明材料的汇报等，都在互联网上得以实现。通过工程项目管理信息化，所有参与单位使用互联网向其他单位传递的信息，及时上传到同一个数据库中，使得其他参与单位能够方便、及时地共享这些信息。

1.4.2 工程项目管理信息化的内涵

工程项目管理信息化包括对工程信息资源的开发和利用，以及信息技术在建设工程管理中的开发和应用。一方面，应在工程项目决策阶段的开发管理、实施阶段的项目管理和使用阶段的设施管理中开发和应用信息技术；另一方面，需要注重这些阶段内信息资源的生产、收集、处理、存储、检索和应用，保证在适当的时候、适当的地点，将信息资源以适当的方式送给适当的人员。因此建设工程管理信息化具有丰富的内涵。

1. 以现代信息技术为基础

工程项目管理信息化就是信息技术在工程项目管理活动中的广泛应用过程。

信息技术的发展推动着工程项目管理信息化的发展，从最初的数据技术，到当前的网络技术、视频技术，极大地方便了建设工程的信息化管理。

伴随着信息技术的革命性进步，工程项目管理信息系统的建设也不断地更新换代。当前随着 Internet 和 Intranet 技术的出现，工程信息系统的开发又开始大规模的转移到 B/S 架构的应用服务模式，同时系统的数据集成性和功能集成性才真正实现。

2. 以工程项目信息资源开发利用为核心

工程项目的决策、实施和运营过程，不但是物质生产过程，也是信息的生产、处理、传递及应用过程。从信息资源管理的角度，可以把纷繁复杂的工程项目建设过程归纳为两个主要过程，一是信息过程，二是物质过程。开发和应用这些信息资源是工程项目管理信息化的出发点，在整个工程管理信息化体系中处于核心地位。

工程项目管理对外涉及建设单位、监理单位、设计单位、地方政府、上级管理机构等，对内涉及合同管理、现场施工管理、财务管理、概预算管理、材料设备管理等多个部门。不同参与单位和不同部门在工程项目实施过程中有着不同的管理职责，工程项目管理过程就是信息在各个参与单位之间以及不同部门之间流动和传递的过程。工程项目参与单位的管理职责和内容以"数据管理"为依据，以数据之间的逻辑关系和制衡条件为中心参与管理的全过程管理。因此，开发和应用这些信息资源是工程项目管理信息化的出发点，在整个工程项目管理信息化体系中处于核心地位。

3. 以管理理念的信息化为先导

工程项目管理的信息化，首先应该是工程管理理念的信息化，它以现代建设工程管理理论、管理建设的发展和完善为内在推动力；其次应该重视建设工程理论对信息化的支撑和渗透作用，缺乏现代建设工程管理理论，管理的信息化只能是原有手工工作流程模拟，其作用是十分有限的。因此，建设工程管理信息化应该包括工程管理理念的信息化、与管理理念相适应的组织结构和决策的信息化。

例如，工程项目集成化的管理理念必然要求将以前分布在各个部门的如质量管理系统、进度控制系统等集成为一个统一的工程管理信息平台。同时管理理念的变化会导致管理组织和管理流程的变化，进而引起信息系统的变化。

4. 是工程项目参与各单位共同参与，覆盖建设全过程、全方位的系统工程

工程项目管理信息化涵盖了工程项目全寿命周期各阶段，包括工程决策过程、实施过程、运行过程的管理信息化；而且还涵盖工程管理活动的各个方面，涉及工程信息资源的开发利用，以及在此基础上的工程管理流程的重组、项目组织结构的重新设计等多个方面。同时，工程项目管理信息化应该是工程建设各单位（投资单位、管理单位、实施单位）均实现信息化，只有这样才能更大范围发挥信息化的效益。因此，工程项目管理信息化是一项系统工程。

5. 是一个持续改进的过程

工程项目管理信息化随着工程项目管理理念和信息技术的发展而持续改进，并与工程项目管理理念和管理模式的变化相互影响，形成良性循环。信息化除有计算机、通信和互联网等软件设备外，其关键是对信息的持续不断地收集、正确地加工整理及提供科学地综合应用；同时硬件、软件设备也要不断地更新或增加。工程项目管理信息化是一个过程，需要对信息持续不断地收集、加工和应用；同时，工程项目管理信息化还需要适应管理理念和管理流程的不断变化，并随着信息技术的发展而不断发展。

在企业转型期或者业务扩展期，信息化需要不断跟上工程管理业务流程的发展，以适应管理理念和发展战略的需要。以某核电集团工程项目管理的信息化历程来具体说明信息化的这一内涵。该核电集团的信息化工作从 20 世纪 80 年代工程开工就开始了，那时，国内信息技术刚开始应用于工程管理领域，出现了一些小型的数据库信息系统，为了提高核电工程管理绩效，各个部门都相继建立了信息系统用于工程各部门的管理，譬如工程部行政合同分部拥有了合同管理信息系统，对合同信息进行存储、检索查看等功能。到了 20 世纪 90 年代，各类信息系统在各部门和管理领域都已经建立起来，并积累了大量的数据。但是这些信息系统的应用范围都很狭窄，应用水平普遍不高。为了高效地利用这些数据，该核电集团将各部门的信息系统进行集成，并成立集团信息技术中心，统一负责全集团范围内的信息化建设。该核电工程项目管理的信息化持续了几十年，系统也随着管理理念和管理流程的推动而不断地演化升级。

6. 最终目标是提高管理的绩效，使工程增值

工程项目管理信息化以管理数据的信息化来实现精确管理，以流程的信息化实践规范的业务处理，以协同决策的信息化改善组织运营，从而提高工程管理的效率和有效性，使得工程增值，并最终使工程项目管理信息化的实施主体受益。只有这样实施主体才有动力去推动信息化进程，建设工程管理信息化才能够持续进行。

1.4.3 工程项目管理信息化的意义

目前，工程项目管理信息化工作在国内已陆续展开，一批各有特点的信息系统开始在具有代表性的工程项目中使用，这些系统的使用在优化工作流程、改善项目管理状况、提高项目管理水平、监控工程成本等方面发挥了重要作用。工程项目管理信息化的意义体现在以下方面：

1. 提高工程项目管理效率

工程项目管理信息化的实施能有效地降低劳动强度和差错率，通过计算机处理和网络的传输使得办公的效率大大提高，而且，计算机常常能够完成许多人力所不能完成的工作，如数据的统计、分析、报表的生成等，使得工程管理中的业务能力得以拓展。为项目参与人提供完整、准确的历史信息，方便浏览并支持这些信息在计算机上的粘贴和拷贝，使部位不同而内容上基本一致的项目管理工作的效率得到了极大提高，减少了传统管理模式下大量的重复抄录工作。再者，它适应工程项目管理对信息量急剧增长的需要，允许将每天的各种项目管理活动信息数据进行实时采集，并对各管理环节进行及时便利的督促与检查，实行规范化管理，从而促进了各项目管理工作质量的提高。借助信息化工具对工程项目的信息流、物流、资金流进行管理，可以及时准确地提供各种数据，杜绝了因手工和人为因素造成的错误，保证流经多个部门信息的一致性，避免了由于口径不一致或者版本不一致造成的混乱。

通过网络进行各种文件、资料传送和查询，节约了沟通的成本，提高了工作效率。利用计算机准确、及时地完成工程项目管理所需信息的处理，如进度控制下多阶网络的分析和计算。方便进行数据统计分析，迅速生成大量的统计报表。利用网上招标系统降低采购成本，通过财务管理系统加强投资和成本监控，实现快速工程决算。国际工程项目实践表明，采用工程项目管理信息系统作为管理手段，能够极大地提高信息处理的效率，降低管理成本。

2. 辅助科学决策

信息化系统确保了工程管理过程中信息的共享性、准确性、实时性、唯一性和便捷性，大大提高了管理工作效率和领导决策的科学性。工程项目管理信息化减少了管理层次，使得决策层与执行层能够直接沟通、缩短了管理流程、加快了信息传递。工程项目管理者可以通过工程项目数据库方便快捷地获得需要的数据，通过数据分析，减少了决策过程中的不确定性和主观性，增强了决策的理性、科学性和实施者的快速反应能力。

工程项目管理信息以系统化、结构化的方式存储起来，便于施工后的分析和数据复用。譬如在工程质量管理信息化中，质量控制系统记录工程项目相关的各种质量信息。施工单位需要的信息包括：各种行政通知、文件、新颁布的法规、政令等，以便及时贯彻上级精神，调整相应的管理制度和规范；质量事故通报信息，质量事故发生部位、类型、原因统计信息，以便从事故的教训中得到可借鉴的经验，同时对事故多发点提高警惕，并及时将这些部位设定为质量控制点，保证质量控制点的动态设置，做好有效的预防措施。监理单位需要提取的信息包括：新颁布的政令、法规、通知等，便于协助施工单位对施工方案、技术要求、管理措施的调整；质量事故通报信息，质量事故发生部位、类型、原因统计信息，便于协助施工单位做好有效的预防。同时，这些完整的质量控制信息在工程竣工后通过网络直接提交给质量监督管理部门，质量监督部门再对多个工程质量控制信息进行分析，得出质量事故发生频率、伤亡程度、发生区域分布等信息，便于行政部门把握区域内质量安全的走势，有针对性地制订维持和改善质量状况的政策和措施；新工艺、新材料的应用信息，有利于政府对新技术的大力推广，提升行业的技术水平；一定时期内质量验收合格率、优良率统计信息，也将为把握质量发展的整体趋势提供支持。

3. 优化管理流程、提高管理水平

工程项目管理信息化实践表明，采用工程项目信息系统作为管理的基本手段，不仅增强工程管理工作的效率和目标控制工作的有效性，还在一定程度上促进了工程管理变革，包括工程管理手段的变革、工程管理组织的变革、工程管理思想方法的变革、新的工程管理理论的产生。

工程项目管理信息化的建设与实施一方面是信息技术、计算机技术等的实现；另一方面还承载着管理模式，系统中信息的流转、处理以及表现都体现了一定的管理模式。因此，信

息化能够使得管理流程得到一定程度的优化，而信息系统的建设与实施促使参与各单位都能在这个平台上进行业务处理，从而使管理模式得以规范。

信息化利用成熟系统所蕴含的先进管理理念，进行工程管理业务流程的梳理和改革，通过信息化手段规范制度，固化先进的管理理念，将有效地促进工程组织管理的优化，提升管理水平。例如，在某水利工程项目管理信息化时，建设单位不希望该工程的管理信息系统单单是一个从工程管理的实施层、中间管理层到决策层以及对外联系的高效率信息系统，还希望通过引进先进管理经验形成对该工程各方面高效统一、规范协调的管理和控制体系。在该工程建设信息化管理之前，各部门为了内部运转方便，各自建立一套编码制度，导致一个合同可能会有六个编码，同时很多的合同审批变更程序不规范。在完成该工程建设管理系统后，所有的合同都只能有一个编号，方便跟踪，通过确定只有合同编码的合同才能付款的原则，杜绝了一大部分合同审批更改程序不合理的情况。又如，在工程管理的建设单位物资计划中，各个承包商提交的物资需求计划报表风格各异，申报物资时可能会出现一些非标准型号或者无详细规格的情况，这种不规范的申请有时会给计划审批人员带来一定的困惑从而影响到计划制订的进度。通过信息系统的实施，统一需求计划报表的风格，用信息化的纽带为建设单位和承包商提供更快捷、更准确的沟通途径。

4. 提高工程项目参与各单位的协同能力

工程项目管理涉及众多参与单位，各单位的协调显得格外重要，信息化使得各单位通过统一的信息平台进行工程管理成为可能，在统一的信息平台支撑下，协同管理项目，提高了彼此的协作能力。例如，在信息共享环境下，通过自动地完成某些常规的信息通知，减少工程项目参与单位之间需要人为信息交流的次数，并保证信息的传递迅捷、及时。

以施工现场质量监测监控流程为例，施工现场质检人员采集各种质量监测数据，填入监控电子表格；或者检测数据通过检测数据接口，自动转为要求的数据格式并记录于监控电子表格中对应的位置。模板数据填写区即刻调用内嵌的标准要求值，将检测到的质检数据与标准要求值进行比较，给出质量检测数据相对标准要求值的偏差，并根据偏差的程度，分别利用不同的警示符号（三角、圆圈等）加以提示；同时输出质量偏差列表；超出一定偏差容忍范围的，被视为质量缺陷，列出质量缺陷列表，并立即发送给相应的施工单位，提示其采取质量纠偏和处理措施，弥补缺陷；与此同时，这些检测数据瞬间传送到相应的承包商和监理工程师的工作平台，以便建设单位对工程质量进行总体监控。进一步，在工程完工后，所有的质量监测数据，自动备案到质量监督部门的系统，实现质量数据的远程电子备案。

此外，工程项目管理信息化系统能够减少管理层次、缩短管理链条、精减人员，使得决策层与执行层能够直接沟通、缩短管理流程、加快信息传递，提高参与各单位及时协同能力。

在"物联网"时代，钢筋混凝土、电缆将与芯片、宽带整合为统一的基础设施，在此意义上，工程项目管理信息化将进入一个新发展时期。

■ 1.5 工程项目管理信息化的发展趋势

1.5.1 信息技术在工程项目管理中的应用

信息技术深刻改变着传统产业的生产方式，尤其是在工程设计领域，从 20 世纪 60 年代的结构分析、70 年代的参数化设计、80 年代的计算机辅助设计，到 90 年代的 3D 可视化设计，大大提高了设计质量和效率。目前，信息技术在建筑设计、结构计算、工程施工和设施维护等领域不断深化与推广应用，提高建设效率，改善管理绩效，并形成了专业化、集成化和网络化特点。

1. 专业化

工程项目管理涉及合同管理、计划管理、成本管理、资金管理、安全管理、质量管理、进度管理、人员管理、设备管理、物资管理、分包管理、变更设计管理、定额管理、会计核算等内容。支持以上各类业务的软件很多，这些单一性功能的软件用来辅助技术和管理人员进行工程的设计和建造，如合同管理软件、进度控制软件和工程计量软件等。这些软件的功能更加趋于专业化，与工程项目管理理论结合更为紧密，软件功能更加具有针对性。然而，工程的质量、进度、成本等控制目标之间既相互制约又相互依存，工程管理追求的不是单一的目标，而是综合目标。单业务应用系统能够提高单一目标的管理绩效，但缺乏各功能之间集成，各业务之间的信息共享和沟通程度不高，在各职能部门间形成信息孤岛，同时，由于缺乏来自各个业务数据所形成的综合信息，导致不能很好地形成知识体系以提供决策支持。

2. 集成化

工程施工过程中对外涉及建设单位、监理单位、设计单位、地方政府、上级管理部门等多方利害关系人；对内涉及合同管理、现场施工管理、财务管理、概预算管理、材料设备管理等多个部门。通过集成化实现工程现场管理与企业内部系统的一体化；实现工程管理与政府职能机构、客户以及工程相关单位进行信息交互，实现信息的共享和传输，项目参与各单位可以更加便捷地进行信息交流和协同工作。工程建设管理信息化需要将工程前期项目开发管理、工程实施管理和工程物业管理在时间上的集成度提高。

当前集成化软件主要有国内的梦龙项目管理软件等，国外的 Microsoft Project，Primavera Project Planner 等。这些软件集成了进度管理、资源管理、费用管理和风险管理等功能。但是，多数仅停留在某一阶段的多个专业的多个系统之间的集成，如设计阶段 CAD、结构计算软件和工程量计算软件之间的集成。这些集成仍显局限性，还不能够实现多阶段、多专业、各管理要素的全面系统集成。此外，这些系统集成仍然缺乏对集成基础通用数据格式和数据共享问题的解决，仍然是"碎片化"。

3. 网络化

网络技术有效地压缩时空，从而将工程建设实施带入了网络化时代。在可行性研究与设计策划阶段，建设单位与设计咨询单位利用网络进行信息交流与沟通。在招标投标阶段，建设单位和咨询单位利用网络进行招标，施工单位通过网络投标报价。在施工阶段，承包商、建筑师、顾问咨询工程师利用 Internet 为平台的工程项目管理信息系统和专项技术软件实现施工过程信息化管理。在施工现场采用在线数码摄像系统，管理人员可随时随地掌握工程项目进展信息和现场具体工序情况，同时结合无线上网技术，不断将信息传给每一个在场与不在场的人员。在竣工验收阶段，各类竣工资料可自动生成并储存。

目前比较著名的网络平台有美国的 bidcom.com、buzzsaw.com、projectgrid.com、project-talk.com 以及欧洲的 build-online.com 等网络公司所推出的网络化项目管理平台。例如，Buzzsaw 协同作业平台为工程项目参与各单位的信息交流和协同工作、工程项目文档管理以及工作流管理提供支持。

这些网络系统的一个重要目标在于参与各单位协同，而协同工作的核心是建设工程信息的共享与转换。显然，这些协同方式仍然存在模型数据标准的统一问题，主要以文档的相互共享与交换为主，缺乏一个统一的模型数据标准，协同的深度不够。

信息技术的应用在提高效率、改善效益的同时，始终伴随着"信息孤岛"问题，这些应用的高度孤立性，给数据存储与管理带来一定的障碍，从而造成信息共享与交换不畅。

1.5.2 数字建造理论与相关技术

随着计算机、网络、通信等技术的发展，信息技术在工程建设领域的发展突飞猛进。其中以 BIM 为代表的新兴信息技术，成为前述各类信息技术的集大成者。BIM 技术正改变着当前工程建造的模式，推动工程建造模式转向以全面数字化为特征的数字建造模式。

1. 数字建造的定义

"数字建造"一词的来源还要追溯到 2000 年建筑师弗兰肯对宝马汽车公司的展厅设计和建造，所有的设计弗兰肯都是在计算机上完成的，并且创建了展厅的三维模型，在模型上对设计冲突、结构协调进行检查的调整；构件制作厂收到三维图样后利用数控设备对部分构件进行生产加工；在安装过程还利用了三维激光扫描技术。这一实践打破了以往各软件之间数据交流的局限，并且实现了从设计到施工全过程的数字化管控。从此建造业出现了"digital fabrication"一词，意即"数字建造"。

Kenneth Frampton 在《建构文化研究》一书中给出的建筑数字化与数字建筑的概念如下：建筑数字化是利用数字化技术来实现建筑设计、建筑建造和全寿命周期管理的总称。数字建筑即在设计理念与方法、设计过程、施工建造、后期使用与管理等环节具有某种数字化特征的建筑类型。

我们可以从学者们的研究中总结出以下与数字建造有关的关键词：数字设计、三维测量、数字协同、虚拟现实、信息化管理、BIM、信息技术、三维模型、计算机控制机器、材料革新等。

数字建造的提出旨在区别于传统的工程建造方法和管理模式。数字建造的本质在于以数字化技术为基础，带动组织形式、建造过程的变革，并最终带来工程建造过程和产品的变革。从外延上讲，数字建造是以数字信息为代表的新技术与新方法驱动下的工程建设的范式转移，包括组织形式、管理模式、建造过程等全方位的变迁。数字建造将极大提高建造的效率，使得工程管理的水平和手段发生革命性的变化。

其中，建筑信息模型（BIM）技术是数字建造技术体系中的重要构成要素。

建筑信息模型（BIM）可以从 Building、Information、Model 三个方面去解释。Building 代表的是 BIM 的行业属性，BIM 服务的对象主要是建设行业；Information 是 BIM 的灵魂，BIM 的核心是创建建设产品的数字化设计信息，从而为工程实施的各个阶段、各个参与单位的建设活动提供各种与建设产品相关的信息，包括几何信息、物理信息、功能信息、价格信息等；Model 是 BIM 的信息创建和存储形式，BIM 中的信息是以数字模型的形式创建和存储的，这个模型具有三维、数字化和面向对象等特征。

基于 BIM 技术的数字建造具有如下特征：

（1）两个过程 在 BIM 技术支持下，工程建造活动包括两个过程，即工程建造活动不仅仅是物质建造的过程，还是一个管理数字化、产品数字化的过程。

1）物质建造过程。物质建造过程的核心是构筑一个新的存在物，其过程主要体现为把工程设计图样上的数字产品在特定场地空间变成实物的施工。施工的主要任务有：地基与基础施工，如支护开挖、基础浇筑等；主体结构施工，如梁、板、柱等承重构件的浇筑，以及各类非承重构件的砌筑；防水工程施工；装饰与装修工程施工，如暖通等设备安装、幕墙安装等。通过上述任务，将物质供应链提供的"物料"如钢筋、混凝土等，通过人机设备加工浇筑安装成为具备特定功能的建筑构件与空间。

2）产品数字化过程。产品数字化过程是一个不断丰富完善的过程，体现为随着工程项目不断推进，从初步设计、施工图设计、深化设计到建筑安装再到运营维护，工程项目全寿命周期不同阶段都有相应的数字信息不断地被增加进来，形成一个完整的数字产品，其承载着产品设计信息、建造安装信息、运营维修信息、管理绩效信息等。在设计阶段，数字产品信息从概要设计信息丰富为产品的深化设计信息；在建筑安装阶段，以深化设计而成的数字产品为载体，建造过程的各类信息，如设备的数字描述、设备调试信息、建造质量性能数据等被添加进来。在工程项目竣工后，提交一个完整的数字建筑产品至运营阶段。在运营维护阶段，设施运行和维护信息又不断地被附加进来。

基于BIM的数字建造有效地连接了设计施工乃至全过程各个阶段，工程数字化成为与工程物质化同等重要的一个并行过程。

（2）两个工地　与工程建造活动数字化过程和物质化过程相对应，同时存在着数字工地和实体工地两个战场。数字工地以整个建造过程的可计算、可控制为目标，基于先进的计算、仿真、可视化、信息管理等技术，实现对实体工地的数字驱动与管控。数字工地与实体工地密不可分，体现在数字化建造模式下工程建造的"虚"与"实"的关系，以"虚"导"实"，即数字建造模式下的实体工地在数字工地的信息流驱动下，实现物质流和资金流的精益组织，工地按章操作，有序施工。

（3）两个关系　数字建造模式下，越来越凸显建造过程中的两种关系，即先试与后造，后台支持与前台操作。

1）数字建造过程越来越多地采用"先试后造"。例如，现代工程结构越来越复杂，在有限的施工空间中往往存在着大量的交叉作业过程，通过虚拟建造能够更好地发现空间的冲突，并优化交叉作业的顺序，避免空间碰撞。再如大型设备和重型建筑构件的吊装，需要精确模拟吊装过程的受力状况，从而选择合适的起重机和吊具。通过BIM技术，从设计到施工再到维护，始终存在一个以可视化的"建筑信息模型"为载体的虚拟数字建筑。以设计阶段的BIM为载体，到施工阶段的深化设计，再到基于BIM的虚拟施工仿真与演练，实现着工程建设领域的"先试后造"。通过"先试"环节发现潜在的问题并得到解决，从而极大提高了施工现场"后造"的效率。BIM模式下的"先试后造"正推动着工程建设领域向实现类似制造业领域的虚拟制造优势迈进。

2）数字建造过程也越来越显示出后台与前台的关系。数字建造需要后台的知识和智慧支持，也需要前台的人力与物力努力。工程建造体现为前台与后台的不断交互过程。例如，在工程施工中需要来自后台的监控，规范指导前台工人的施工以及监理工程师的质量监督。后台质量数据的统计分析支持前台发现施工中的质量控制薄弱点，并采取有针对性的措施。再如，在地铁工程施工中，前台需要不断采集地表沉降等各类数据并送往后台，后台基于数据挖掘结果与专家智慧给出风险点和风险预防措施，并反馈至前台。数字建造正是以"后台"的知识驱动着"前台"的运作。

（4）两个产品 基于 BIM 的数字建造，工程交付有两个产品，即不仅仅是交付物质的产品，同时交付一个虚拟的数字产品。工程建设的上一阶段不仅向下一阶段交付实体的工程产品，还向下一阶段提交描述相应工程的数字模型（产品）。每一阶段的实体交付与数字交付都体现着一个价值增值的过程。工程项目竣工时，功能完整的实体建筑和描述完整的数字建筑两个产品同时交付。并且这一数字产品在工程运营存续的整个过程中起着重要作用，为工程的运营维护乃至报废提供支持。

BIM 技术不仅仅支撑物质产品更好地交付，其本身就是交付数字产品的载体和体现。美国国家标准技术研究院将 BIM 定义为：在 3D 数字技术的基础上，集成建设工程项目全寿命周期各阶段不同信息的数据模型，是对工程设施实体与功能特性的数字化表达。

基于 BIM 的数字建造的核心在于数字化集成管理。传统的模式下，由于缺乏统一的信息编码与有效的集成载体，工程建造过程中各类信息的交换与流动显得杂乱无章，工程建设中的信息流动及其驱动的工程物质流动常显得粗放不精益。BIM 技术通过集成工程项目信息的收集、管理、交换、更新、储存过程和项目业务流程，实现着数字建造模式下数字流与物质流的高程度集成与高水平组织，推动工程建造走向精益化，实现精益建造。

简而言之，BIM 技术成为数字建造模式的支撑技术，并最终体现在 BIM 技术对整个建设项目全寿命周期各阶段、多要素的集成以及参与各单位协同的支持上。BIM 技术在工程建造中的应用，支撑了工程建造全过程、各要素和各实施主体的集成，实现了工程施工的物质产品交付与数字产品交付。

2. 数字建造系统结构（见图 1-5）

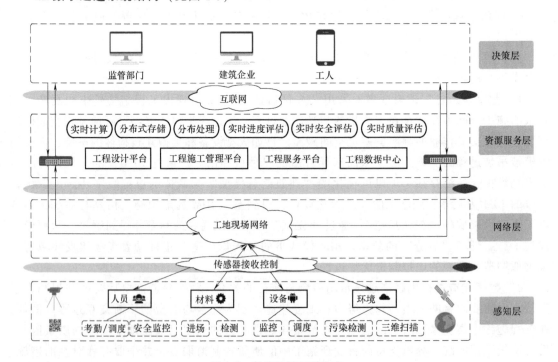

图 1-5　数字建造系统结构

（1）系统要素连接方式

1）专业协同。未来的工程建造活动必然需要各个专业之间尽量减少冲突与矛盾，实现建造目标的价值最大化，信息与过程的集成成为解决这一问题的关键。而在 BIM 技术的不断发展下，各个专业集成在 BIM 平台下共同进行建造活动成为可能，如图1-6所示。BIM 平台可以整合从设计源头到运营阶段的全部工程信息，各个专业之间不需要进行复杂、繁琐的信息传递过程，只需要及时在 BIM 平台中更新工程信息，就可以指导自身建造活动的开展。这种 BIM 平台减少了专业之间信息传递的损失，使各个专业主体在同一个平台上平等对话，可以有效地解决由于专业化分工带来的信息隔阂问题。

图 1-6　BIM 协同平台

2）数字技术加速了全球化进程，在人类历史上第一次成功构建了全球性的网络社会。在这个网络社会中，交往的深度和广度都得到拓展，生产要素相较于之前流动的范围更广，更便于合适的位置充分发挥自身的价值和优势。数字技术为人类提供了新的交往方式，人们的交往不再受到地域和业务的限制，只要双方有共同的需求并且认同交往内容，就可以产生联系。这种跨越地域和商业边界的交往方式将不同的组织动态的连接在一起，赋予组织更多的自由度和开放性。数字建造下的组织之间摆脱了空间的束缚。首先，在任何地点利用移动和协同技术可以进行实时对话。其次，各组织的界限将慢慢淡化，传统的雇佣关系被打破，各单位为了同一目标形成合作共同体。例如，数字化管理平台强调给工程项目参建各单位授权，激励相关人员发展各种能力，使传统的纵向组织模式变为扁平型和网状型的组织形式。这种模式强调主体沟通与交流，从而提高管理效率和效果。最后，组织沟通方式的改变也会影响项目决策。随着参与的程度越来越深，项目决策不再是单个主体智慧的发挥，而是各单位主体形成群体智慧在决策中发挥价值。

3）全寿命周期集成。数字技术弥合了设计、施工、运维等阶段之间的空隙，使其紧密地联系在一起，集成了全寿命周期工程建造活动。未来工程建造活动必须拥有全寿命周期理念，在传统注重施工过程的基础上，加强对纵向价值链资源的整合，将管理的触角伸入前期的投资融资阶段以及后期项目的运维阶段，集成全寿命周期管理。例如，领先全球建筑行业的 5D BIM 大数据技术提供商德国 RIB 与世界领军企业 3D 建筑、工程与施工软件公司 Autodesk 公司相互合作，为建筑、工程与施工产业升级打造全面整合、多方协作的 iTWO 5D BIM 全流程解决方案，如图 1-7 所示。两大公司的深化合作将促进 RIB 5D 技术的 3D BIM 引擎升级，降低项目风险，为行业提供一个高性价比的管理平台来增大产业利润率，提高生产效益。

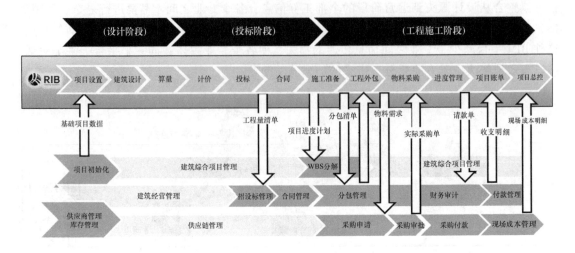

图 1-7　iTWO 5DBIM 全流程解决方案

4）虚实互联。西门子是"工业 4.0"最早的发起者和创建者之一，它首先在制造业中提出了"Digital Twins"模型概念，也就是实际的企业与虚拟的企业之间相互映射的关系模型。

"Digital Twins"模型是指利用数字化技术创建一个现实对象的虚拟模型，模拟现实对象在现实环境中的行为特征，进而实现以数字化方式在虚拟空间中呈现物理对象的需求。"Digital Twins"模型通过开发、测试、运营维护等角度，打破了现实与虚拟间的屏障，其利用自身模块化、自治性以及连接性的特点，实现了产品在全寿命周期内的生产、管理以及互相连接的数字化与模块化。

数字建造中的虚拟互联主要是指实体建造要素在数字化技术下变成虚拟实体，在虚拟的环境中模拟实际建造过程，生成虚拟的建造产品。虚拟互联是指虚拟环境和实体环境的互联、虚拟建造产品与实际建造产品之间的互联、虚拟建造过程与实际建造过程之间的互联。

1）虚拟环境和实体环境的互联。工程项目所在地周围的环境信息是工程建设的基本资料，地质条件、地形地势、日照情况等环境信息是项目设计与施工等工作的重要依据。而通过三维建模形成的虚拟环境模型可以全方位地展现地理环境信息，为项目决策与优化提供科学的判断依据。

2）虚拟建造产品与实际建造产品之间的互联。工程建设的上一阶段不仅向下一阶段交付实体的工程产品，还向下一阶段提交描述相应工程的数字模型（产品）。每一阶段的实体交付与数字交付都体现着一个价值增值的过程。工程项目竣工时，功能完整的实体建筑和描述完整的数字建筑两个产品同时交付，并且这一数字产品在工程运营存续的整个过程中起着重要作用，为工程的运营维护乃至报废提供支持。

3）虚拟建造过程与实体建造过程之间的互联。

① 物质建造过程。物质建造过程的核心是构筑一个新的存在物，其过程主要体现为把工程设计图样上的数字产品在特定场地空间变成实物的施工。通过施工工序，将物质供应链提供的"物料"（如钢筋、混凝土等）通过人机设备加工、浇筑、安装成为具备特定功用的建筑构件与空间。

② 产品数字化过程。产品数字化过程是一个不断丰富完善的过程，体现为随着项目的不断推进，从初步设计、施工图设计、深化设计到建筑安装再到运营维护，建设项目全寿命周期不同阶段都有相对应的数字信息不断地被增加进来，形成一个完整的数字产品，其承载着产品设计信息、建造安装信息、运营维修信息、管理绩效信息等。

（2）系统要素关系模式

1）工程建造主体之间的关系

① 价值目标的一致化。互联网、移动互联网和虚拟现实技术为工程建造主体提供一个新的交流空间——赛博空间，通过直观、全面、精确的目标展示，能够让所有参与主体准确把握工程建造的整体价值目标，避免由于信息不对称、信息误读而导致的理解偏差，为主体之间的分工合作和冲突协调奠定基础。

② 职责分工的系统化。传统工程建造过程中的分工，一般依托于文字和图样，在多级分工和信息传递过程中，常常会出现分工的碎片化现象，工作遗漏、界面模糊、理解失误等现象非常普遍。借助赛博空间提供的全面、直观的信息环境和逻辑、计算能力，能够确保工程项目整体任务集完整、准确、直观易懂地分配给各参与主体，并保持信息追溯的可能性。

③ 冲突协调的科学化。工程设计与建造过程，是一个充满不确定性的动态过程，在实施过程中常常会出现各主体间的冲突与矛盾，借助赛博空间，各参与主体能够全面理解出现的问题，对于其衍生影响可以精确地计算和分析，为决策者的理性决策和对策制定提供支持。

2）工程建造主客体之间的关系。主体和客体的关系主要有认知关系、实践关系和价值关系三个基本层次。认知关系是主客体之间的反映和被反映关系。实践关系是主体改造客体以及客体被改造的关系。价值关系是主体对客体的需要同客体满足需要之间的关系。

① 认知关系。数字技术改变了人们对物质世界的感知能力，人们可以超越感官、环境以及知识的束缚对物质世界做出新的认知。在数字建造中，利用 VR 技术实现虚拟现实（见图 1-8）、利用无人机进行采集实景信息（见图 1-9）以及利用 3D 激光扫描进行竣工验收（见图 1-10）等都是人们利用数字技术改变认知能力的初步实践。

图 1-8　VR 技术虚拟现实

图 1-9　无人机采集实景信息

图 1-10　激光扫描对构件进行验收

② 实践关系。数字建造中的实践关系的特征主要是建造过程向精细化、机械化、集约化转变。以建造机器人为例，一方面它解放了劳动力，人们可以不再直接参与建造过程，转为间接控制其操作；另一方面，建造机器人通过参数化的设置，提升了建造的精细度。建筑师与机器人的融合则让建筑师开始尝试更多实践的可能，机器人的反馈使实践活动有了双向的可能。以深圳华润城万象天地工程中的放样工程为例（见图1-11），可以看出建造机器人在降低生产劳动力成本上的巨大优势。传统的放样施工为人工现场放样，利用的工具通常为二维图样以及卷尺等，这种方式会造成放样工作存在较大的误差，后续的施工精度受到影响，并且花费的人工时长也较长。深圳华润城万象天地工程采用的是 BIM 放样机器人——天宝 RTS771 放线机器人，其工作原理是利用 BIM 模型中集成的数据在现场实现精准定位，实现了放样工作操作简单、速度快、精度高、所需工时少的工作目标。

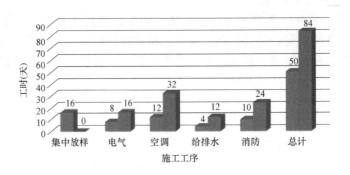

■天宝机器人放样及支吊架安装工时统计　　■传统方式放样及支吊架安装工时统计

图 1-11　放样及吊架安装工时对比

③ 价值关系。科技和社会的进步让人们对建筑产品的需求越来越高，建筑产品从传统的功能导向开始向审美为导向转变。数字建造为建筑师们打破束缚创造了可能，复杂的曲面造型设计就是外观审美的突破，如图1-12和图1-13所示。

图 1-12　北京银河 SOHO

图 1-13　北京凤凰中心

而在建筑内部，建筑开始追求对环境的主动响应服务，如用特殊的性能表皮响应室内环境的温度变化。在共享经济的影响下，建筑行业也不再关注产品的所有权，而是选择获得使用权满足自身的需求，如共享 3D 打印机、长租公寓等。

3）工程建造客体之间的关系。数字建造过程中客体与客体之间的关系特征主要是相互集成以及协同响应。例如，物联网将施工现场的各种客体直接连接起来，使它们彼此之间直接共享信息资源，获取自身所需要的关键信息，指导自身的行为。再如，工地现场的无人挖掘机通过无人机传回的测绘信息自动规划路径以及工作内容完成土方挖掘。物联网在智能家居中的应用则体现了其协同响应的特征，如智能环境盒子感应到室内甲醛浓度过高，则自动开启空气净化器系统；温度传感器感应室内温度过高，则自动开启空调等。

3. 数字建造系统功能（目标）

数字建造系统希望在整个工程建造产业链中，利用数字技术提升产品全寿命周期的服务，提高产品综合性能、工艺效率和组织绩效，实现参与主体、资源以及环境等方面的价值提升（见图1-14）。

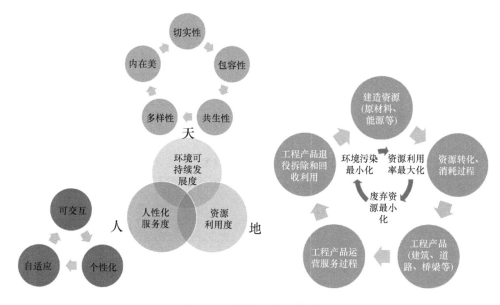

图 1-14 数字建造系统目标

（1）人性化服务度 工程建造的根本目的是为人类发展提供所需的物质基础设施环境。工业革命以前，工程建造产品强调建筑师个人的创新，世界上许多地区都创造出了一些具有特色的建筑。工业革命以后，"大规模标准化"的工业文明开始盛行，建筑产品也逐渐从个人创新走向"标准化、大统一"的局面。然而，随着科技的进步和人类认知能力的提升，其需求也在逐渐丰富和多元化。

1）个性化。数字时代，个性化的定制将代替传统的共性需求。个性化是工程产品用户需求变化的首要方面，这是信息时代人追求自我实现的表现之一。消费者对建筑产品的要求必然是尽可能地符合自己的个性和需求，并且最大程度上参与到产品的设计、建造过程中。建造者通过搭建的个性化定制平台等方式实现连接与沟通，增强消费者参与程度，提升自己的设计服务。

2）可交互。在数字技术的支持下，人类希望工程建造产品不再是被动的空间、物质范畴，而是一个能够与人进行互动的对象。

3）自适应。在互动的基础上，人类更希望工程基础设施能够更好地识别、理解并响应人的行为和要求，在不知不觉中帮助人类更安全、更便捷地生活和工作。

（2）环境可持续发展度　从生态环境保护和可持续发展的角度，数字建造系统致力实现的目标体现在五个方面。

1）工程建造产品服务的多样性。不同的地区有着不同自然生态，作为整体生态环境的一个组成部分，工程建造产品需要融入其所在地的生态环境中，必然会有其独特的地方，这是对目前千城一面的单调现状的纠偏。

2）数字建造追求工程产品的内在美。内在美是与生态环境相融合的和谐之美，而不只是简单追求工程外观的奇特，其造型、色彩、空间通过与所处环境的融合而得到彰显。

3）数字建造强调工程产品服务的切实性。切实性是能够充分利用工程所在区域的原材料和建造工艺，立足所在区域的社会、经济、习俗状况。

4）包容性。数字建造生态观还体现在包容性方面。

5）共生性。数字建造追求工程建造产品服务与生态环境的共同发展与进化。

（3）资源利用度　资源利用度是人类发展变革的主线，不同时代的技术创新，最直接的体现就是资源利用度的提升。

在数字建造系统中，规划设计、施工方式、生产模式以及装修工序等方面的改变都会在一定程度上提高资源利用度，减少不必要的浪费。传统建造方式与数字建造方式的区别见表1-1。

表 1-1　传统建造方式与数字建造方式的区别

内容	传统建造方式	数字建造方式
设计阶段	设计与生产、施工脱节	一体化、信息化协同设计
施工阶段	现场湿作业、手工操作	装配化、专业化、精细化
装修阶段	毛坯房、二次装修	装修与主体结构同步
验收阶段	分部、分项抽检	全过程质量控制
管理阶段	以农民工劳务分包为主追求各自效益	工程总承包管理，全过程追求整体效益最大化

数字建造采取建造周期全过程管理模式，通过一体化的设计、施工与装修，工程建造资源的价值得到充分的显现和发挥，资源的利用度得到大幅提升的同时必然会最大化的减少对自然环境负面的影响。另外，工厂预制生产以及机械化作业等也在推动工程建造活动的生产地点发生变化。例如，工程建造产品构件的生产地点不再局限于施工现场，而是转移到了环境可控且良好的工厂内。这一方面可以改善以往构件生产过程中出现的噪声污染、扬尘污染等问题，另一方面，工厂内的流水线作业也大大提高了构件生产的精度和质量，在一定程度上节约了建造资源。

数字建造系统希望在整个产业体系中实现资源的转化与重复利用。例如，在工地现场可以将废弃的砖块、混凝土块等大量的建筑垃圾经过处理后，直接在工地现场代替部分砂石进行使用；废弃的钢筋以及其他钢质配件可以通过集中分类、回炉融化以及重新加工形成所需种类的钢材；而使用后的木模板等废弃的木材则可以回收后制作大量的人造板材；各种砌块及砖材则可以由建造过程中回收的混凝土制作而成。传统的工程模式中被忽略的建造垃圾处则在数字建造系统中实现了转化与重复利用，使建造资源形成一个完整的循环利用模式。

思 考 题

1. 请简述工程项目的基本特点。
2. 请简述工程项目管理包括的范畴和核心任务。
3. 请简述工程项目管理的含义。
4. 请简述工程项目全寿命周期管理的意义。
5. 对于工程项目管理未来的发展方向，谈谈你的见解。

第2章

BIM技术与应用

学习目标

了解 BIM 的概念和 BIM 技术的概念，了解 BIM 技术的标准以及用到的软硬件和技术，熟悉 BIM 在建设项目中应用的范围和程度。

引入

"BIM" 是 "Building Information Modeling" 的缩写，中文译为 "建筑信息模型"。BIM 属于 21 世纪提出的新事物，已经在全世界的建筑业中被广泛提及，并发挥着巨大的作用。许多应用 BIM 的建设项目，都从中受益，提高了建设质量和劳动生产率，减少了返工和浪费现象减少，节省了建设成本，建设企业的经济效益也因此得到了改善。

本章介绍 BIM 是什么，并简要介绍 BIM 技术的标准以及所需用到的软件、硬件及技术，并举例说明 BIM 在建设项目中的应用。

■ 2.1 BIM 的概念

美国佐治亚理工学院（Georgia Tech College）建筑与计算机专业的查克·伊斯曼博士（Dr. Chuck Eastman）在 1975 年提出了建筑描述系统（Building Description System）的概念，是一个基于计算机的建筑物描述系统，以便于实现建筑工程的可视化和量化分析，提高工程建设效率。

国际标准化组织设施信息委员会（Facilities Information Council）对 BIM 的定义是：建筑信息模型（Building Information Model，简称 BIM）是在开放的工业标准下对设施的物理特性、功能特性及其相关的项目寿命周期信息以可计算或运算的形式表现，并将与建筑信息模型相关的所有信息组织在一个连续的应用程序中，并允许对其进行获取、修改等操作。

然而，BIM 并不单指 Building Information Model，还包括 Building Information Modeling 的含义。2007 年底颁布的美国国家 BIM 标准（NBIMS-US V1）中对 Building Information Modeling（BIM）和 Building Information Model（BIM）都给出了定义。

Building Information Modeling 是一个建立设施电子模型的行为，其目标为可视化、工程分析、冲突分析、规范标准检查、工程造价、竣工的产品、预算编制和许多其他用途。该定义明确了 Building Information Modeling 是一个建立数字化模型的行为，其目标具有多样性。

Building Information Model 是设施的物理和功能特性的一种数字化表达。因此，它从设施的寿命周期开始就作为其形成可靠的决策基础信息的共享知识资源。该定义强调了 Building Information Model 是一种数字化表达，是支持决策的共享知识资源。

同时，在美国国家 BIM 标准（NBIMS-US V1）的前言中对 BIM 有这样一段描述："BIM 代表新的概念和实践，它通过创新的信息技术和业务结构，将大大消除在建筑行业的各种形式的浪费和低效率。无论是用来指一个产品——Building Information Model（描述一个建筑物结构化的数据集），还是一个活动——Building Information Modeling（创建建筑信息模型的行为），或是一个系统——Building Information Management（提高质量和效率的工作以及通信的业务结构），BIM 是一个减少浪费、为产品增值、减少环境破坏、提高居住者使用性能的关键因素。"

通过美国国家 BIM 标准（NBIMS-US V1）对 BIM 的定义，可以总结出 BIM 的含义应当包括如下三个方面：

1）BIM 是设施所有信息的数字化表达，是一个可以作为设施虚拟替代物的信息化电子模型，是共享信息的资源，即 Building Information Model。

2）BIM 是在开放标准和互用性基础之上建立、完善和利用设施的信息化电子模型的行为过程，设施的有关各方根据各自职责在模型中插入、提取、更新和修改信息，以支持设施使用和管理的各种需要，即 Building Information Modeling，称为 BIM 建模。

3）BIM 是一个透明的、可重复的、可核查的、可持续的协同工作环境，在这个环境中，各参与方在设施全寿命周期中都可以及时联络，共享项目信息，并通过分析信息做出决策并改善设施的交付过程，使项目得到有效的管理，即 Building Information Management，称为建筑信息管理。

BIM 的核心为信息，如果没有信息，也不会有 BIM。

■ 2.2 BIM 技术

BIM 技术是一项应用于设施全寿命周期的 3D 数字化技术，它以一个贯穿其寿命周期的通用数据格式，创建、收集该设施所有相关的信息，并建立与信息协调的数字化模型作为项目决策的基础和共享信息的来源。

BIM 技术有以下四个特点：

1. 操作的可视化

BIM 技术的一切操作都是在可视化的环境下完成的。由于建筑物的规模越来越大、空间划分更为复杂、人们对建筑物功能的要求也日益提高，传统的 CAD 技术难以满足深入分析问题、寻求合理解决方案的需求。BIM 技术的出现为实现可视化操作开辟了广阔的前景，其附带的构件信息（几何信息、关联信息、技术信息等）为可视化操作提供了有力的支持，不但使一些比较抽象的信息（如应力、温度、热舒适性）可以用可视化的方式表达出来，还可以将设施建设过程及各种相互关系动态地表现出来。可视化操作为项目团队进行的一系列分析提供了方便，有利于提高生产效率、降低建设成本、提高工程质量。

2. 信息的完备性

BIM 是设施的物理特性和功能特性的数字化表达，包含设施的全面信息，除对设施进行 3D 几何信息和拓扑关系的描述外，还包括对完整的工程信息的描述。此外，信息的完备性还体现在 Building Information Modeling 这一创建建筑信息模型行为的过程，这一过程将设施的前期策划、设计、施工、运营维护等各个阶段都连接起来，把各个阶段产生的信息都存储在 BIM 模型中，使得 BIM 模型的信息来自单一的工程数据源并包含设施的所有信息。BIM 模型内的所有信息均以数字化形式保存在数据库中，可以及时更新和共享。

3. 信息的协调性

信息的协调性不仅体现在数据之间创建是实时的、一致性的关联（对数据库中数据的任何更改，都可以马上在其他关联的地方反映出来），还体现在各构件实体之间实现了关联显示及智能互动。

由于同一数字化模型的所有图样、图表是互相关联的，在任何视图（平面图、立面图、剖视图）对模型的任何修改，都视为对数据库的修改，都会在关联的其他视图或图表上实时地反映出来。通过关联性保持了 BIM 模型的完整性，在实际生产中大大提高了项目的工作效率，消除了不同视图之间不一致的现象，保证了项目的工程质量。

4. 信息的互用性

BIM 模型中所有数据只需要一次性采集或输入，就可以在整个设施的全寿命周期中实现信息的共享、交换与流动，使 BIM 模型能够自动演化，避免了信息不一致的错误，即实现互用性。而实现互用性最主要的一点是 BIM 支持 IFC（Industry Foundation Classes）标准。IFC 标准的数据格式是全球不同品牌、不同专业的建筑工程软件之间创建数据交换的标准数据格式，它可以在设施的全寿命周期中用于储存、共享、应用和流动信息。

BIM 技术改变了传统建筑业的生产模式，较好地解决了建筑全寿命周期中多工种、多阶段的信息共享问题，使整个工程的成本大大降低、质量和效率显著提高，为传统建筑业在信息时代下的发展展现了光明的前景。

■ 2.3 BIM 技术的标准（以 IFC 标准为例）

建筑数据模型在建筑全寿命周期各个阶段都被使用，其包含的信息来自不同参与方和不同专业的技术或管理人员，其信息的输入也采用不同的应用软件。因此，有必要制订与 BIM 技术相关的标准，使相关的技术或管理人员及相关的应用软件共同遵循，以便实现高效的信息管理和信息共享。

BIM 标准被定义为可以直接在 BIM 技术应用过程中使用的标准，可分为三类，即分类编码标准、数据模型标准以及过程标准。其中，分类编码标准直接规定建筑信息应该如何分类；数据模型标准规定 BIM 数据交换应该采用什么格式；过程标准用于规定 BIM 数据的内容，即什么人在什么阶段产生什么信息。在 BIM 标准中，不同类型的应用标准存在交叉使用的情况。

2.3.1 IFC 概述

IFC 是 Industry Foundation Classes（工业基础类）的缩写，IFC 标准是开放的建筑产品数据表达与交换的国际标准，由国际组织 IAI（International Alliance for Interoperability，国际互用联盟）制定并维护。该组织目前已改名为 buildingSMART International（bSI）。IFC 标准可被应用在从勘察、设计、施工到运营的工程项目全寿命周期中，迄今为止在每个项目阶段中都有支持 IFC 标准的应用软件。该组织的官方网站上公布了所有宣布支持 IFC 标准并已经通过 bSI 组织认证程序的商业软件的名单。

IAI 自 1997 年 1 月发布 IFC1.0 版以来，又分别在 1998 年 7 月发布 IFC1.5.1 版，在 2000 年 7 月发布 IFC 2×2 版，在 2006 年 2 月发布 IFC 2×3 版。2013 年 3 月，bSI 组织发布了最新的 IFC 4 版。在 bSI 组织的努力下，IFC 4 版已经成为国际标准 ISO 16739-1：2018《建筑和设施管理行业中数据共享的行业基础类（IFC）—第 1 部分：数据模式》。与前 4 个版本的 IFC 标准相比，IFC 4 版在参数化设计方面强化了对 NURBS（Non-Uniform Rational B-Splines）曲线和曲面等复杂几何图形的支持，增加了 IFC 扩展流程模型、IFC 扩展资源模型和约束模型。另外，MVD（Model View Definition，模型视图定义）方法已经被正式确定为 IFC 标准的一部分，并使用 mvdXML 格式（基于 XML 的 MVD 描述格式）实现了在计算机可读与在文档中人工可读的双重可读性。同时，bSI 组织还为其提供了 IFC-DOC 工具，用于自动生成相关文档。

IFC 标准采用面向对象方法进行描述，其中类被称作实体，其他概念的含义与在面向对象设计方法中相同。IFC 标准的体系架构如图 2-1 所示。IFC 标准的体系架构由 4 个层次构成，从下到上分别是资源层（Resource Layer）、核心层（Core Layer）、共享层（Interoperability Layer）和领域层（Domain Layer）。每层都包含一系列信息描述模块（图中的几何形状），每个信息描述模块包含了对实体、类型及属性集等的定义。在定义中遵循如下规则：每个层次只能引用同层次和下层的信息资源，而不能引用上层资源；当上层资源发生变动时，下层资源不受影响。IFC 4 版包含 766 个实体，391 个类型（59 个选择类型，206 个枚举类型，126 个定义类型），以及 408 个预定义属性集。相对于预定义属性集，IFC 标准允许用户自己定义属性集。

2.3.2　IFC 标准体系架构的 4 个层次

1. 资源层

资源层是 IFC 标准体系架构中的最低层，可以被其他 3 层引用，主要描述 IFC 标准需要使用的基本信息，不针对具体专业。这些信息是无整体结构的分散信息，主要包括材料资源信息、几何约束资源信息和成本资源信息等。

2. 核心层

核心层是 IFC 标准体系架构的第 2 层，可以被共享层与领域层引用，主要提供数据模型的基础结构与基本概念。该层将资源层的信息组织成一个整体，用来反映建筑物的实际结构。该层包括核心、控制信息扩展、产品信息扩展和过程信息扩展 4 个组成部分。

3. 共享层

共享层是 IFC 标准体系架构的第 3 层，主要为领域层服务，使领域层中的数据模型可以通过该层进行信息交换。它用以表示不同领域的共性信息，便于领域之间的信息共享。共享层主要由共享建筑服务元素、共享组件元素、共享建筑元素、共享管理元素和共享设备元素 5 部分组成。

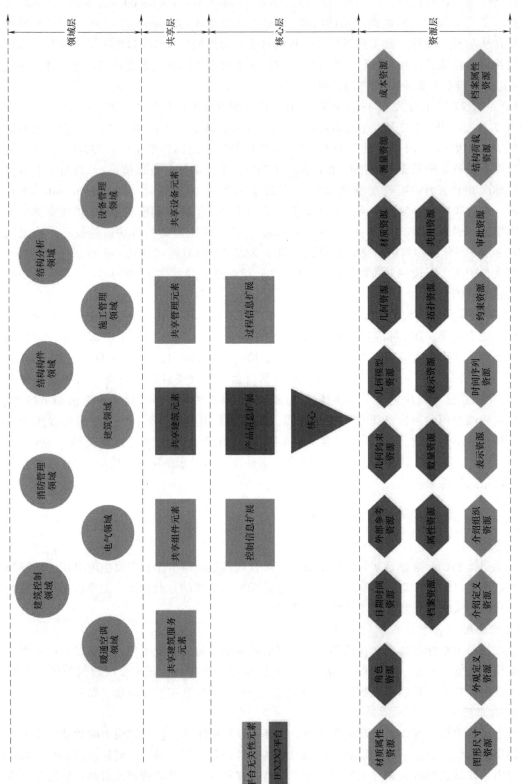

图 2-1　IFC 标准体系架构

4. 领域层

领域层是 IFC 标准体系架构的最高层，其中每个数据模型分别对应于不同领域。该层能深入到各个应用领域的内部，形成专题信息，如暖通空调领域和施工管理领域。另外，领域层还可根据实际需要进行扩展。

2.3.3 IfcRoot 实体及其子实体

基于 IFC 标准体系架构，IFC 标注使用 EXPRESS 语言和图形表示方法 EXPRESS-G 描述工程信息。以下使用 EXPRESS-G 图形表示方法对 IFC 标准的内容进行较为具体的介绍。在 IFC 标准中定义了一个根实体（ABS）IfcRoot 实体，它提供了一些诸如 GlobalId 和 Name 等基本属性定义，并由其派生出 3 个基本的抽象实体，如图 2-2 所示。

图 2-2 IfcRoot 实体及其子实体

1.（ABS）IfcObject Definition 实体

（ABS）IfcObject Definition 实体表示根据模型中一切可以处理的对象或工程项目，如墙体、空地、虚拟边界、工作任务、建筑过程或建筑设计人员等。实体名前的 ABS 表示该实体是抽象实体，它又派生出 3 个子实体，如图 2-3 所示。其中，（ABS）IfcContext 实体表示上下文环境；（ABS）IfcObject 实体表示工程中一切可以被定义的对象；IfcType Object 实体表示某对象的类型。（ABS）IfcObject 实体又派生出 6 个子实体，其中，IfcProduct 实体表示工程项目中的物理对象；IfcProcess 实体表示在工程中发生的有意识的行为，如获取和建造等；IfcResource 实体表示对象所需的资源；IfcControl 实体表示控制或是约束其他对象；Ifc-Group 实体表示对象的分组；IfcActor 实体表示参与工程的角色。

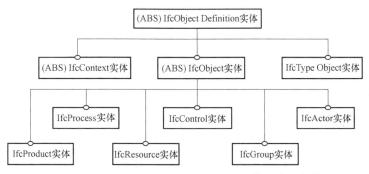

图 2-3 （ABS）Ifc Object Definition 实体及其子实体

2.（ABS）IfcProperty Definition 实体

（ABS）IfcProperty Definition 实体用来描述对象的特征，反映了对象在具体工程中的特殊信息，其子类如图 2-4 所示。其中，（ABS）IfcProperty Set Definition 实体表示用来描述对象特征的一组属性；IfcProperty Template Definition 实体表示定义属性时使用的模板。

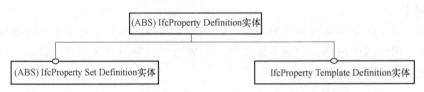

图 2-4 （ABS） IfcProperty Definition 实体及其子实体

3.（ABS） IfcRelationship 实体

（ABS） IfcRelationship 实体用来描述对象间的相互关系，它的子实体如图 2-5 所示。其中，（ABS） IfcRelAssigns 实体描述当一个对象使用另一个对象提供的服务时与其的关系；（ABS） IfcRelAssociates 实体描述对象与外部资源信息（如库、文档等）的联系；（ABS） IfcRelDecomposes 实体描述对象间的组成或分解关系；（ABS） IfcRelDefines 实体通过类型定义或是属性定义来描述对象的实例；（ABS） IfcRelConnects 实体定义了 2 个或多个对象间以某种方式连接的关系，这种连接可以是物理的，也可以是逻辑的；（ABS） IfcRelDeclares 实体定义了对象或属性与项目或项目库之间的关系。

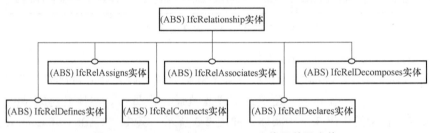

图 2-5 （ABC） IfcRelationship 实体及其子实体

4. IFC 标准中包含的其他实体

IFC 标准中包含的其他实体均是由上述 3 个抽象实体的子实体派生出来的。例如，表示梁的 IfcBeam Standard Case 实体就是派生自 IfcBeam 实体；IfcBeam 实体派生自 IfcBuilding Element 实体；IfcBuilding Element 实体派生自 IfcElement 实体；IfcElement 实体派生自 IfcProduct 实体；IfcProduct 实体派生自 （ABS） IfcObject 实体，（ABS） IfcObject 实体派生自 （ABS） IfcObject Definition 实体；（ABS） IfcObjectDefinition 派生自 （ABS） IfcRoot 实体。这样 IfcBeamstandardCase 实体最终由 7 个父实体层层派生。

下面就以某建筑物的梁为例，具体展示在 IFC 标准中定义数据模型（体现为大纲，用 EXPRESS 语言进行描述）。

ENTITY IfcBeamStandard Case

    ENTITY IfcRoot

        GlobalId：IfcGlobally UniqueId；

        OwnerHistory：OPTIONAL IfcOwner History；

        Name：OPTIONAL IfcLabel；

        Description：OPTIONAL IfcText；

        ENTITY IfcObject Definition

    INVERSE

HasAssignments:SET OF IfcRelAssigns FOR RelatedObjects;

Nests:SET [0:1] OF IfcRelNests FOR RelatedObjects;

IsNestedBy:SET OF IfcRelNests FOR RelatingObject;

HasContext:SET [0:1] OF IfcRelDeclares FOR RelatedDefinitions;

IsDecompoesdBy:SET OF IfcRelAggregates FOR RelatingObject;

Decomposes:SET [0:1] OF IfcRelAggregates FOR RelatedObjects;

HasAssociations:SET OF IfcRelAssociates FOR RelatedObjects;

ENTITY IfcObject

ObjectType:OPTIONAL IfcLabel;

INVERSE

IsDeclaredBy:SET [0:1] OF IfcRelDefinesByObject FOR RelatedObjects;

Declares:SET OF IfcRelDefinesByObject FOR RelatingObject;

IsTypedBy:SET [0:1] OF IfcRelDefineByType FOR RelatedObjects;

IsDefinedBy:SET OF IfcRelDefinesByProperties FOR RelatedObjects;

ENTITY IfcProduct

ObjectPlacement:OPTIONAL IfcObjectPlacement;

Representation:OPTIONAL IfcProductRepresentation;

INVERSE

ReferencedBy:SET OF IfcRelAssignsToProduct FOR RelatingProduct;

ENTITY IfcElement

Tag: OPTIONAL IfcIdentifier;

INVERSE

FillsVoids:SET [0:1] OF IfcRelFillsElements FOR RelatedBuildingElement;

ConnectedTo:SET OF IfcRelConnectsElements FOR RelatingElement;

IsInterferedByElements :SET OF IfcRelInterferesElements FOR RelatedElenment;

InterferesElements:SET OF IfcRelInterferesElements FOR RelatingElement;

HasProjections:SET OF IfcRelProjectsElement FOR RelatingElement;

ReferencedInStructures: SET OF IfcRelReferencedInSpatialStructure FOR RelatedElements;

HasOpenings:SET OF IfcRelVoidsElement FOR RelatingBuildingElement;

IsConnectionRealization : SET OF IfcRelConnectsWithRealizingElements FOR RealizingElements;

ProvidesBoundaries:SET OF IfcRelSpaceBoundary FOR RelatedBuildingElement;

ConnectedFrom:SET OF IfcRelConnectsElements FOR RelatedElement;

ContainedInStructure : SET [0:1] OF IfcRelContainedInSpatialStructure FOR RelatedElements;

ENTITY IfcBuildingElement

INVERSE

HasCoverings:SET OF IfcRelCoversBldgElements FOR RelatingBuildingElement;

ENTITY IfcBeam
    PredefinedType：OPTIONAL IfcBeamTypeEnum；
ENTITY IfcBeamStandardCase
END_ENTITY；

在上述使用 EXPRESS 语言对梁的定义中，IfcBeamStandardCase 实体包括 9 个属性，见表 2-1；其中，OPTIONAL 表示该属性是可选属性。

表 2-1　IfcBeamStandardCase 实体的属性

序号	属性名称	属性类型
1	GlobalID	IfcGloballyUniqueId
2	OwnerHistory	IfcOwnerHistory
3	Name	IfcLabel
4	Description	IfcText
5	ObjectType	IfcLabel
6	ObjectPlacement	IfcObjectPlacement
7	Representation	IfcProductRepresentation
8	Tag	IfcIdentifier
9	PredefinedType	IfcBeamTypeEnum

大纲规定了数据模型中包含的数据内容及其结构，对应于数据模型的具体数据需要基于大纲，用中性文件的形式表示出来。以下给出对应于 IfcBeamStandardCase 实体大纲的中性文件的部分内容作为例子。

#111 = IFCMATERIALPROFILESET($, $,(#112), $)；
#112 = IFCMATERIALPROFILE('IPE220', $,#113,#120, $, $)；
#113 = IFCMATERIAL('S275J2', $,'Steel')；
#120 = IFCISHAPEPROFILEDEF(. AREA. ,'IPE220', $,110. ,220. ,5. 9,9. 2,12. 0, $, $)；
……
#1000 = IFCBEAMSTANDARDCASE ('0juf4qyggSI8rxA20Qwnsj', $,'A-1','IPE220','Beam',#1001,#1010,'A-1', $)；
#1001 = IFCLOCALPLACEMENT(#100025,#1002)；
#1002 = IFCAXIS2PLACEMENT3D(#1003,#1004,#1005)；
#1003 = IFCCARTESIANPOINT((0. ,0. ,0.))；
#1004 = IFCDIRECTION((1. ,0. ,0.))；/ * local z-axis co-linear to beam axis * /
#1005 = IFCDIRECTION((0. ,1. ,0.))；/ * local x-axis * /
#1010 = IFCPRODUCTDEFINITIONSHAPE($, $,(#1050,#1020))；
#1020 = IFCSHAPEREPRESENTATION(#100011,'Body','SweptSolid',(#1021))；
#1021 = IFCEXTRUDEDAREASOLID(#120,#1030,#1034,2000.)；
#1030 = IFCAXIS2PLACEMENT3D(#1031, $, $)；
#1031 = IFCCARTESIANPOINT ((-55. 0,110. 0,0.))；/ * defines cardinal point 1 * /

#1034 = IFCDIRECTION((0. ,0. ,1.));

#1040 = IFCRELASSOCIATESMATERIAL('0juf4qyggSstrxA20QfZsj', $, $, $,(#1000),#1041);

#1041 = IFCMATERIALPROFILESETUSAGE(#111,1, $);

#1050 = IFCSHAPEREPRESENTATION (#100011,'Axis','Curve3D',(#1051));

#1051 = IFCPOLYLINE((#1052,#1053));

#1052 = IFCCARTESIANPOINT((0. ,0. ,0.));

#1053 = IFCCARTESIANPOINT((0. ,0. ,2000.));

……

100011 = IFCGEOMETRICREPRESENTATIONCONTEXT ($,'Model', 3, 1.0E-5, #100040, $);

#100022 = IFCLOCALPLACEMENT($,#100040);

#100025 = IFCLOCALPLACEMENT(#100022,#100040);

#100040 = IFCAXIS2PLACEMENT3D(#100041,#100044,#100042);

#100041 = IFCCARTESIANPOINT((0. ,0. ,0.));

#100042 = IFCDIRECTION((1. ,0. ,0.));

#100044 = IFCDIRECTION(0. ,0. ,1.));

在上述中性文件中，第#1000 行记录一根有 IfcBeamStandardCase 实体定义的梁的数据，表 2-2 列出该梁每个属性的取值。当以"#"开头的行号作为梁的属性值时，表示该属性的取值有单独一行定义。

表 2-2　由 IfcBeamStandardCase 实体定义的梁的属性取值

序号	属性名称	属性取值	注释
1	GlobalId	0juf4qyggSI8rxA20Qwnsj	—
2	OwnerHistory	$	表示忽略
3	Name	A-1	—
4	Description	IPE220	—
5	ObjectType	Beam	—
6	ObjectPlacement	#1001	梁的位置由#1001 行定义
7	Representation	#1010	梁的形状由#1010 行定义
8	Tag	A-1	—
9	PredefinedType	$	表示忽略

值得说明的是，当需要交互的信息类型没有包括在当前版本 IFC 标准定义的数据模型中时，用户可以使用 IFC 模型提供的属性定义机制进行定义扩展。

利用 IFC 标准，用户可以更好地在应用软件之间实现数据交换，但其前提是，采用的软件都支持 IFC 标准。具体地说，就是应用软件支持以 IFC 格式导出数据，以及将 IFC 格式的数据读入另外一个应用软件中。其过程是，如果应用软件 A 的数据需要交换给应用软件 B，首先需要由支持 IFC 标准的应用软件 A 生成基于 IFC 标准的建筑模型，并保存在一个符合 IFC 标准的中性格式文件中。然后，在应用软件 B 中直接从该中性格式文件中读取数据，从而完成二者的数据交换。当然需要指出的是由于 IFC 标准已经推出了多个版本，不同应用软件可以识别的版本可能不同，所以交互时最好选择交互双方都支持的版本。

2.3.4 IFC 标准的应用

ISO 16739-1：2008《建筑和设施管理行业中数据共享的行业基础类（IFC）—第 1 部分：数据模式》颁布后，许多国家和地区开始大量研究并应用该标准。

韩国 LG CNS 公司、成均馆大学（SungKyunKwan University）与汉阳大学（Hanyang University）三方联合开发了设计信息管理系统（Design Information Management System，DIMS），实现了设计信息、结构信息、预算信息、进度信息的集成。

加拿大英属哥伦比亚大学的 Kevin Yu 等根据 IFC 标准，建立了 FMC 物业管理数据描述标准（Facilities Management Classes，FMC），并在此基础上开发了一套集成物业管理系统。

英国的 I. Faraj 等开发了 WISPER（Web-based IFC Shared Project Environment），这是一个基于网络的 IFC 数据共享环境，实现了设计信息、预算信息、计划信息等的集成及共享。

英国索尔福德大学开发了一个基于 IFC 标准的 4D 计划管理工具，用于四维的进度计划模拟、概预算及施工项目的假设分析。

新加坡南洋理工大学在 IFC 标准的基础上，利用网络与 XML 技术构建了一个将建筑设计模型转换为结构分析模型的平台；与新加坡制造技术研究所（Singapore Institute of Manufacturing Technology，SIMTech）共同立项研究基于 IFC 标准与产品模型的建筑与结构集成交互设计。该项目主要研究了 IFC 在结构领域的应用，对 IFC 数据模型存在的不足以及如何扩展 IFC 模型在结构分析领域的应用做了大量理论性研究工作。

ToCEE（Towards a Concurrent Engineering Environment）项目开发了一个多层客户服务器系统，用于解决并行工程问题。该项目遵循了 STEP 方法并且以 IFC-V1.5 为基础。

建筑全寿命周期交互软件项目（Building Lifecycle Interoperable Software，BLIS），通过推动基于 IFC R2.0 的软件开发来推动对象数据模型标准在 AEC/FM 行业（建筑业和设施管理业）的普及。

IFC 标准在其他领域也得到了一定程度的应用，如建筑维护管理领域。世界上许多软件开发商也已开发了基于 IFC 的软件产品，如 Autodesk IFC Import/Export Utility Preview 软件。

■ 2.4 支持 BIM 应用的软件、硬件及技术

2.4.1 与 BIM 应用相关的硬件及技术

BIM 是 3D 模型所形成的数据库，包含建筑全寿命周期中大量重要信息数据，数据库中的信息数据在建筑全寿命周期中是动态变化的，用户可以及时准确地调用系统数据库中包含的相关数据，与建筑行业传统的 2D 设计软件相比，其模型大小和复杂程度都超过 2D 设计软件，因此 BIM 应用对计算机的计算能力和图形处理能力都有较高的要求。用户要充分考虑 BIM 系统对计算机硬件资源的需求，配置更高性能的计算机硬件以满足 BIM 软件应用。

BIM 的核心功能之一是在创建和管理建筑信息模型过程中能够产生一系列可作为共享知识资源 BIM 模型（Building Information Models），能够为用户对项目全寿命周期过程中的决策

提供支持。因此，BIM 系统必须具备共享功能。共享可分为 BIM 系统共享、应用软件共享、模型数据共享三个层级。BIM 系统共享是构建一个全新的系统，由该系统解决项目全寿命周期中所有的问题。应用软件共享是在数据共享的基础上，同时将 BIM 涉及的所有相关软件集中进行部署供各方共享使用。应用软件共享可基于云计算的技术实现。模型数据共享是将所有数据存放在一个共享存储系统内，供所有相关方进行查阅参考。共享存储系统需要考虑数据版本和使用者的权限问题。

1. BIM 系统构建

BIM 以 3D 数字技术为基础，是集成了建筑工程项目各种相关信息的数据模型。传统 CAD 一般是平面的、静态的，而 BIM 是多维的、动态的。BIM 系统随着应用的深入，模型精度和复杂程度的提高，建筑模型文件容量可高达数 GB。工作站的图形处理能力、中央处理器（CPU）、内存、虚拟内存的性能，以及硬盘读写速度等都是十分重要的。

BIM 应用于复杂的工程项目时需配置专业图形显示卡。例如，Quadro K2000 以上的图形显示卡。在模型文件读取到内存后，设计者不断对模型进行修改、移动和变换等操作，图形处理器（GPU）承担着用户对模型文件的每个操作结果的显示（通过显示器及时显现出最新模型样式），这要求图形处理器（GPU）对图形数据与图形有快速地显示。

（1）强劲的处理器　由于 BIM 模型是多维的，在操作过程中通常会涉及大量计算，中央处理器（CPU）在交互设计过程中承担更多的关联运算。因此，BIM 系统需配置多核处理器以满足高性能要求。另外，在 BIM 模型的 3D 图像生成过程中需要渲染，大多数 BIM 软件支持多中央处理器（CPU）、多核架构的计算渲染，所以随着模型复杂度的增加，对中央处理器（CPU）频率要求越高、核数也是越多越好。中央处理器（CPU）宜采用主流规格的 4 核 Xeon E5 系列配 8G 内存，同时还要兼顾到使用模型的容量。以基于 Bentley 软件的 BIM 图形工作站为例，可配置 4~8 核的处理器，内存不小于 16G。再以 Revit 为例，当模型达到 100MB 时，至少应配置 4 核处理器，主频应不低于 2.4GHz，8GB 内存；当模型达到 300MB 时，至少应配置 6 核处理器，主频应不低于 2.6GHz，8GB 内存；当模型达到 700MB 时，至少应配置 4 个 4 核处理器，主频应不低于 3.0GHz，16GB 内存（建议值为 32~64GB）。

（2）共享的存储　项目中的 BIM 模型贯穿于整个设计、施工、运营过程中。因此，BIM 模型必须保证能够实现不同人员和不同阶段的数据共享。所以，BIM 系统的基本构成是多个高端图形工作站和一个共享的存储。

硬盘的重要性经常被使用者忽视，大多数使用者认为硬盘就是用于数据存储，但是很多用于处理复杂模型的高端图形工作站，在模型编辑过程中移动、缩放非常迟钝的原因是硬盘上虚拟内存在数据编辑过程中数据交换明显迟滞。所以，硬盘的读写性能对高端应用非常重要。复杂模型的数据量大，从硬盘读取和虚拟内存的数据交换时间长，推荐使用转速超过 10000rpm 的硬盘，并可考虑阵列方式提升硬盘读写性能，也可以考虑企业级 SSD 硬盘阵列。另外，建议系统盘采用 SSD 固态硬盘。

2. BIM 系统企业平台

（1）企业传统使用模式的主要问题

1）投入高：传统 CAD 设计模式中，软件运行在本地图形工作站，图形处理和计算、模型数据存储也都在本地，需要为每一个设计人员配置高性能图形工作站，高性能的图卡、中央处理器和硬盘，导致硬件整体投入高。

2）数据安全性低：对于单机设计模式和基于 PDM 产品数据管理（Product Data Management）的 CAD 设计早期阶段，由于设计数据存放在设计人员本地图形工作站，设计人员可以自由控制和管理，因此数据安全性低。

3）管理复杂：IT 管理人员需要管理和维护每一台 CAD 设计人员的工作站及其设计软件和数据，当 CAD 设计人员较多时，有效管理这些软件、硬件及其模型数据的工作量大且管理复杂。

4）性能瓶颈：基于 PDM 产品数据管理的 CAD 设计，虽然引入了 PDM 服务器，集中存放和管理设计完成的模型数据，实现了数据集中管理。但当访问 PDM 数据服务器的人数较多时，PDM 服务器性能便成为瓶颈。

5）影响 CAE 分析效率：在基于 HPC（Hybrid Parallel Computer）的 CAE（Computer Aided Engineering）分析计算过程中，由于需要不断地上传模型和下载结果数据，尤其是当分析结果数据量非常庞大时，系统配置不当将大大影响分析效率。

（2）用云计算技术构建企业级 BIM 系统平台　　BIM 系统作为一个建筑设计、施工和运营等全过程管理的系统，不可避免地涉及多个应用软件、多个业务部门甚至是外部关联企业。这就决定了 BIM 系统平台是一个跨专业、跨部门的平台。为实现跨专业、跨部门的系统共享，企业可采用云计算技术构建基于应用软件共享的 BIM 系统平台。

在 BIM 系统企业云平台中，BIM 应用软件的逻辑计算和图形界面显示是分开执行的，应用软件的逻辑执行工作在云端工作站上完成。过程如下：首先把键盘和鼠标动作等控制信息传输到云端工作站并由应用软件处理，然后将图形界面的信息进行压缩，最后通过网络协议传输到本地客户机进行解压并显示在用户界面上。在上述过程中传输的只是增量变换的压缩图像信息，而无须将整个模型传输到本地客户机，降低了对本地客户机及网络的资源要求。本地客户机图形操作速度能够等同或接近图形工作站的速度便可满足要求。一般情形下信息传递所需带宽仅为 1~2MB，因此企业内部局域网就可满足要求。

基于云计算技术的 BIM 系统企业平台，其云端工作站采用多用户共享模式，而不是传统的虚拟化技术，此时不同的用户可以共用一个工作站，只是根据模型的需要和实际操作分别占用一部分系统资源。由于现在处理器的核数较多，6 核、8 核甚至 12 核的处理器和单根容量为 16GB 的内存条都已经大规模使用，单台机器 16 核 CPU 和 128GB 内存都可以轻易配置，在传统模式中一个设计软件通常只能用到 1 个核以及有限的内存，虽然这样配置是浪费的，但是在多用户共享模式下恰恰能够发挥多处理器和大内存的优势。

基于云计算技术的 BIM 系统企业平台，其硬件部分主要包含工作站、管理服务器、存储服务器和网络四个部分。其中，工作站主要运行 BIM 设计的应用软件，因此其对图卡和 CPU 的要求比较高，考虑到多用户的模式，建议配置 2 个 6 核或 8 核处理器，而处理器的主频应不低于 2.6GHz，内存应不少于 64GB。管理服务器的负载一般不会太重，因此采用普通的单路处理器，12GB 内存即可满足要求。存储服务器的存储容量一般根据设计人员的规模进行配置，需充分考虑构建系统的可扩展性以便对其升级扩容。网络也是一个核心组成部分，由于所有的数据均存放在后端存储，因此一般建议在平台内部以万兆网络构建数据存储和通信网络。

BIM 系统企业平台中的部分产品目前支持市场主流的虚拟化技术系统。一般的瘦客户端硬件资源就可以满足 BIM 系统平台在虚拟化 IT 基础架构上运行。瘦客户端的硬件要求基本等同于或低于个人计算机终端，是服务器集中存储的 IT 基础架构中对个人终端的最低要求（入门级配置）。

3. BIM 系统行业平台

随着网络技术的不断发展，Internet 带宽也在不断提高。这为基于 Internet 的 BIM 系统行业平台提供了必要保障。BIM 系统行业平台，除了 BIM 系统企业平台中配置的工作站、管理服务器、存储服务器和网络外，还涉及基于 CAE 的建筑性能分析等。建筑性能分析的内容很多，可以分为舒适性能、环境性能、安全性能和经济性能四类。

BIM 系统行业平台对硬件配置提出了更高的计算性能要求，具体包括：

1）计算节点：负责并行计算分析，计算节点配置高端处理器，如 Intel E7 等。

2）管理节点：负责整个高性能计算系统的监控和管理，配置要求相对较低。

3）存储节点：负责模型的存放和计算数据的保存，需配置较大容量的云数据存储。

4）计算网络：负责计算节点的数据通信，当前一般选择带宽为 56Gb/s 的 InfiniBand。

5）管理网络：负责管理节点和计算节点间的信息和通信管理。

实际上，BIM 系统还会用到激光测距仪、3D 扫描仪、GPS 定位仪、全站仪、高清摄像机、大量的传感器等一系列数据采集和监控设备。这些设备是 BIM 系统完整性和可靠性的重要保证。

2.4.2　与 BIM 应用相关的功能分析及技术

人们在 BIM 的应用中认识到：没有一种软件是可以覆盖建筑物全寿命周期的，必须根据不同的应用阶段采用不同的软件。

现在很多软件都标榜自己是 BIM 软件。严格来说，只有在 buildingSMART International（bSI）获得 IFC 认证的软件才能称得上是 BIM 软件。这些软件一般都具有 BIM 技术特点，即操作的可视化、信息的完备性、信息的协调性、信息的互动性。有许多在 BIM 应用中的主流软件如 Revit，MicroStation，ArchiCAD 等就属于 BIM 软件。

还有一些软件，并没有通过 bSI 的 IFC 认证，也不完全具备以上的四项 BIM 技术特点，但在 BIM 的应用过程中也常常用到，它们和 BIM 的应用有一定的相关性。这些软件，能够解决建筑全寿命周期中某一阶段或某个专业的问题，但它们运行后所得到的数据不能输出为 IFC 的格式，无法与其他软件进行信息交流与共享。这些软件只称得上是与 BIM 应用相关的软件，而不是真正的 BIM 软件。

1. 项目前期策划阶段

（1）数据采集　数据的采集和输入是一切有关 BIM 工作的开始。数据采集方式有"人工搭建""3D 扫描""激光立体测绘"和"断层模型"等方式；数据的输入方式有"人工输入""标准化模块输入"等方式。其中"人工搭建"与"人工输入"的方式在实际工程中应用较多，通常有以下两种形式：

1）由设计人员直接完成，其投入成本较低，但采集效率也较低，且往往存在操作不规范和技术问题难以解决的问题。

2）由公司内部专业 BIM 团队来完成，其团队建设、软件及硬件投入、日常维护成本高，采集效率也较高，基本不会存在技术难题，工作流程较为规范，但由于设计人员并未直接控制，所以对 BIM 团队与设计人员之间的沟通与协作有较高的要求。

（2）投资估算　在进行投资估算时，预算员通常要先将建筑图数字化，或将 CAD 图导入投资估算软件中，或者利用建筑图手工算量。上述方法增加了出现人为错误的风险，也使建筑图中的错误继续扩大。

用 BIM 模型来取代建筑图，投资估算所需材料的名称、数量和尺寸都可以在 BIM 模型中直接生成，而且这些信息将始终与设计保持一致。当设计出现变更时，如窗户尺寸缩小，变更将自动反映到所有相关的施工文档和明细表中，预算员使用的所有材料的名称、数量和尺寸也会随之变化。

BIM 模型可以自动处理繁琐的数量计算工作，可以帮助预算员利用节约下来的时间从事项目中更具价值的工作，如确定施工方案、套价、评估风险等对于编制高质量的预算非常重要的工作。

（3）阶段规划　基于 BIM 的进度计划包括了各项工作的最早开始时间、最晚开始时间和工作持续时间等基本信息，同时明确了各项工作的前后搭接顺序。因此，进度计划的安排可以是弹性的，可依据项目的进展适当地为后期进度计划的调整留有一定余地。利用 BIM 指导进度计划的编制，可以将各参与方集中起来协同工作，经充分沟通交流后进行进度计划的编制，可以对具体的项目进展以及人员、资源和工器具的布置进行具体安排，并可通过可视化的手段对总体进度计划进行验证和调整。同时，各专业分包商也可以 4D 可视化动态模型和总体进度计划为指导，在充分了解前后工作内容和工作时间要求的前提下，再对本专业的具体工作安排进行详细计划。各参与方相互协调实施进度计划，可以更加合理地安排工作面和资源供应，防止本专业内以及各专业间的不协调现象发生。

2．设计阶段

（1）场地分析　场地分析是影响建筑选址和定位的决定因素。气候、地貌、植被、日照、风向、水流流向和建筑物对环境的影响等自然及环境因素，相关建筑法规、交通系统、公共设施等政策及功能因素，保持地域本土特征、与周围地形相匹配等文化因素都深刻影响着设计决策。BIM 具有强大的数据收集与处理能力，用户可对场地进行更客观科学的分析，可以更有效地平衡大量复杂的信息和进行更精确定量导向性计算。运用 BIM 技术进行场地分析的优势在于：

1）通过量化计算和处理，可以确定拟建场地能否满足项目要求、技术标准和经济要求等。

2）可以降低使用需求和拆迁成本，提高能源利用效率。

3）可以最小化潜在危险情况的发生概率，最大化投资回报。

BIM 场地模型参考地理空间基准，可以分析建筑布局和方向信息，集成有明确的施工活动相关要素如现存或拟建的给水排水等地下设备信息及道路交通信息等。BIM 场地模型还涵盖劳动力资源、材料和相关交付信息，可以为环境设计、土木工程、外包顾问提供充分客观的信息支持，可满足大部分初步分析的要求，包括模型的基本概念形态，基本的信息以及大概的空间模型。也能在初步设计中帮助建筑师进行更深入全面的考量。同时，BIM 模型所包括的大量相关数据还可以在设计深化过程中起到重要作用。

（2）设计方案论证 采用 BIM 方案设计软件设计时，其成果可以转换到 BIM 核心建模软件里面进行设计深化，并可以验证其能否满足业主的要求。在设计方案论证阶段，项目投资方可以采用 BIM 来评估设计方案的布局、设备、人体工程、交通、照明、噪声等情况，还可以对建筑局部细节进行推敲，迅速分析设计和施工中可能需要应对的问题。在设计方案论证阶段，BIM 还可提供多种方便的、低成本的解决方案供项目投资方选择，通过数据对比和模拟分析可以找出不同解决方案的优缺点，以便项目投资方迅速评估项目投资方案的成本和时间。采用 BIM 技术进行设计方案论证的优势在于：

1）节省费用：各种准确的论证可以减少设计方案在全寿命周期中潜在的问题。在设计初始时进行论证可以有效减少规范及标准的采用错误、遗漏，避免后期设计或在施工阶段进行更为昂贵的设计变更。

2）提高效率：建筑师借助 BIM 工具自动检查论证各种规范及标准，可以得到快速反馈并及时对不合理处进行修改，以便建筑师将更多的时间用于设计。

3）精简流程：为本地规范及标准审核机构减少文件传递时间或者减少与标准制定机构的会议时间，以及参观场地进行修改的时间；改变规范及标准的审核以及制定方式。

4）提高质量：本地的设计导则以及任务书可以在 BIM 工具使用过程中充分考量并自动更新。节省在多重检查规范及标准的时间以及通过避免对支出及时间的浪费以达到更高效的设计。

（3）设计建模

1）初步概念 BIM 建模。在初步概念 BIM 建模阶段，设计者需要对建筑形体和体量进行推敲和研究。对于复杂形体建筑的建模和细化是初期的挑战。在这种情况下，运用其他建模软件可能比直接采用 BIM 核心建模软件更方便、更高效，甚至可以实现很多 BIM 核心建模软件无法实现的功能。这些软件的模型也可以通过格式转换插件较为完整地导入 BIM 建模软件中进行细化和加工。Rhinoceros（包括 Grasshopper 等插件）、SketchUp、form·Z 等是较为流行的初步概念 BIM 建模软件。这些工具可以快速地实现 3D 初步建模，便于满足设计初期的各种初步条件要求，并便于团队初步熟悉和了解项目信息。另外，借助这些软件的几何建模优势，可以大大缩短 BIM 模型中的复杂建模所需要的时间。

2）可适应性 BIM 建模。

可适应性 BIM 建模可以大大提高建模效率，能够对不同的设计要求快速高效地提供不同的解决方案。在设计初期阶段以及原生族库中，需要设计或者已具有大量可适应性的构件可以应用 CATIA、Digital Project 以及 Revit 等软件，然而由于这些软件设置有复杂的时间考量以及对于复杂形态的处理，故在设计初期阶段往往还需要借助用户开发插件等辅助手段。在 Rhinoceros 平台下的 Grasshopper 插件在很大程度上对这方面的需求进行了较为完善的处理和考量，其所具备的大量几何工具以及数学工具可以处理设计过程中所面对的大量重复和复杂的计算。通过大量用户开发的接口软件，如纽约 CASE Inc. 公司的一系列自研发工具，Grasshopper 所生成的几何模型可以较为完整地导入 Revit 等原生 BIM 建模平台来进行进一步的分析及处理。Revit 软件自身所具有的 Adaptive Component（即可适应构建、建模方式）为幕墙划分、构件生成及设计等提供了有力的支持，在一次完整参数设定下，可即时对不同环境、几何状况及物理状况进行反馈和修改，实现及时更新。

3）表现渲染 BIM 建模。在设计初期阶段，需考虑材料、形态以及业主对初步效果的需求，需要不断地修改和生成大量的建筑渲染图。在 Revit 中，Autodesk 360 的云渲染技术能在极短的时间内对所需表现的建筑场景进行无限次、可精准调节的在线渲染服务。Lumion、Keyshot、CryEngine 等专业动画及游戏渲染软件也对 BIM 模型提供了完善的接口支持，使得建筑师能够通过 IFC、FBX 等通用模型格式对 BIM 的原生模型进行更专业和更细致的表现处理。

4）施工级别 BIM 建模。以往建筑师无法对设计建造施工过程进行直接的设计和控制，只能提供设计图和概念。BIM 模型不同于 CAD 图，不会将图样和 3D 信息、材料和建设信息分开，使建筑师获得了更多的控制施工和建造细节的能力。BIM 模型可以详细准确地表达建筑师的意图，使得承建商在设计初期即可运用建筑师的 BIM 模型创立自己独立的建筑模型和文件，在建筑施工过程中两方都可以对模型进行无缝衔接和修改，并且在承建商遇到困难和疑问时，建筑师能够及时了解情况并做出相应对策。施工级别 BIM 建模能起到重要的整合作用，设计、建设以及预先计划都被更详细地表示出来，各个细节的建造标准会被清晰地分类和表现。一方面，使设计团队和承建商的合作更加顺畅；另一方面，可以使施工方对设计有更深刻的理解，优化建造过程，提高建筑生产效率和质量。

5）综合协作 BIM 建模。在综合协作 BIM 建模过程中，结构、施工、设计、设备、暖通、排水、环境、景观、节能等不同专业人员可以采用 BIM 软件工具进行协同设计。BIM 软件（如 Revit）所提供的协同工作模式可以帮助不同专业工作人员通过网络实时更新和升级模型，以免在设计后期发生重大变更。另外，综合协作 BIM 建模使团队合作和交流得到更好的实现，建筑质量得到显著提高，成本得到更好的控制。

（4）结构分析　在 BIM 平台下，不同状态的结构分析可以分为概念结构、复杂结构和深化结构。

1）概念结构：建筑师可以运用 BIM 核心建模软件自带的结构模块进行大概的分析与研究，以取得初步设计时所需要的结果。

2）复杂结构：建筑师可以使用参数化分析软件（如 Millipedes 和 Karamba 等软件）进行复杂形体的分析。

3）深化结构：建筑师结合其他的专业结构分析软件进行分析与研究。

（5）能源分析　在不同的设计阶段，BIM 模型需要提供的信息内容的深度不同。在前期方案设计阶段，主要提供建筑体形、高度、面积等信息，以进行相对宏观的分析。BIM 模型可以提供包括基本的建筑模型元素，总体系统以及一部分非几何信息，分析会相对集中于日照、遮阳、热工性能、通风以及基本的能源消耗等。在施工设计阶段，BIM 模型可以提供精确的数量、尺寸、形状、材料以及与分析研究相关的深化信息，可以实现非常细致的采光分析、通风分析、热工计算以及生成能源消耗报告。

（6）照明分析　与照明分析相关的参数包括几何模型、材质、光源、照明控制以及照明安装功率密度等，这些参数都可以在 BIM 软件中直接定义。因此，与能源分析软件相比，照明分析软件对于建筑信息的需求量相对较低。例如，照明分析往往不需要确定房间的用途、分区以及各种设备的详细信息。

3. 施工阶段

（1）3D 视图及协调　施工阶段是将建筑设计图变为工程实物的生产阶段。将基于 BIM 技术的施工过程进行 3D 视图虚拟分析，可以加强对建筑施工过程的事前预测和事中动态管理，还可以改进和优化施工组织设计，能够拓宽项目管理的思路，改善施工管理过程中信息的共享和传递方式，提高工程管理水平和建筑业的生产效率。

（2）数字化建造预制构件 BIM系统能将模块可参数化、可自定义化、可识别化，使得数字化建造预制构件成为可能。但由于条件的限制，如数字加工材料有限、加工成本昂贵、数字加工工具尺寸限制、大量各不相同的模块等，必然会增加制造成本和施工难度。

（3）施工场地规划

基于BIM的施工场地规划时，首先建立施工项目所在地已有和拟建的建筑物、管线、道路、施工设备和临时设施等相关实体的3D模型；然后赋予各3D实体模型以动态时间属性，实现各对象的实时交换功能，使各对象随时间动态变化进而形成4D场地模型；最后在4D场地模型中，修改各实体的位置和造型，使其符合施工项目的实际情况。基于BIM的施工场地规划需要建立统一的实体属性数据库，并存入各实体的设备型号、位置坐标和存在时间等信息，包括材料堆放场地、材料加工区、临时设施、生活文化区、仓库等设施的存在数量及时间、占地面积和其他各种信息。用户通过漫游虚拟施工场地，可以直观地了解施工现场布置，并查看各实体的相关信息。当有影响施工布置的情况出现时，用户可以修改数据库的相关信息进行调整。

（4）施工进度模拟 BIM模型集成了材料、场地、机械设备、人员甚至天气情况等信息。通过4D施工进度模拟，可以直观地反映施工的各项工序，方便施工单位协调好各专业的施工顺序，提前组织专业班组进场施工、准备设备、场地和周转材料等。4D施工进度模拟具有很强的直观性，非工程技术出身的人员也能快速准确地了解工程的进度。

4. 运营阶段

BIM参数模型可以为业主提供建设项目中所有系统的信息。在施工阶段做出的修改将全部同步更新到BIM参数模型中形成最终的BIM竣工模型。BIM竣工模型作为各种设备管理的数据库可为系统的维护提供依据。

BIM参数模型可同步提供有关建筑使用情况或性能、入住人员与容量、建筑已用时间以及建筑财务方面的信息。BIM参数模型还可提供数字更新记录以改善搬迁规划与管理。BIM参数模型还促进了标准建筑模型对商业场地条件的适应。有关建筑的物理信息和关于可出租面积、租赁收入或部门成本分配的重要财务数据都更加易于管理和使用。

■ 2.5 BIM在建设项目中的应用

2.5.1 BIM在超高层建筑中的应用

1. 应用背景

上海某超高层建筑主楼，地下5层，地上120层，总高度632m。竖向分为9个功能区，1区为大堂、商业、会议、餐饮区，2~6区为办公区，7区、8区为酒店和精品办公区，9区为观光区，9区以上为屋顶皇冠。其中1~8区顶部为设备避难层。外墙采用双层玻璃幕墙，内外幕墙之间形成垂直中庭。裙房地下5层，地上5层，高37m。

2. 应用内容

（1）三维扫描技术的应用

1）设备：ZF5010，精度 0.5mm。

2）软件：Revit，CAD。

3）数据：彩色点云数据库，标准层的 BIM 模型。

4）成果：通过高精度数据采集建立标准层的主体结构 BIM 模型；在三维 BIM 模型中发现原本应该封闭的墙体没有封闭，设备、暖通、桥架等施工后与设计理论值产生了偏差，擦窗机的轨道也与设计产生了偏差，Z 轴方向出现局部跳动的情况；基于三维扫描的数据成果形成的 BIM 模型在精度上有所欠缺，主要原因是毛坯面、非规则面、曲面在 Revit 软件中没有模型库，无法建立该类需要反映现状的数据，局部斜面或大小头的面被软件计算成了标准平面；同时，由于数据采集不全（部分构件已经安装且区域无法进入）而导致三维 BIM 建模时数据的偏差略大。

针对标准层精装修前的三维扫描应用主要包括：

1）高精度快速扫描主体数据，包括墙面、暖通管道、桥架及其他设备，但每个对象不必全部扫描完整。例如，一根管子没必要扫描到 100% 的数据，达到 60% ~ 70% 即可。

2）将扫描数据直接与理论 BIM 模型进行三维比对，并对误差大的部件在软件中进行标注而非建立三维 BIM 模型后再比对。

3）针对特殊区域（前期已经发生偏差的重点区域）进行全局扫描，也就是被扫描对象必须有 90% 以上数据被完整采集，且采用的设备精度需要达到 0.1 ~ 0.5mm，甚至更精确。由此才能先分析原来安装或运行时变形的情况，然后依托完整三维数据开展再设计，更方便有效地解决问题。

4）坐标系的应用，由于三维扫描使用的是相对坐标系，因此需要和现场的绝对坐标系进行匹配，这将大大提高扫描数据与理论 BIM 数据比对依据的可靠性。

（2）施工方案模拟的应用 在此项目的 BIM 技术应用过程中，总承包单位作为项目 BIM 技术管理体系的核心，从设计单位拿到 BIM 的设计模型后，先将模型拆分给各个专业分包单位进行专业化设计，深化完成后汇总到总承包单位，并采用 Navisworks 软件对结构预留、隔墙位置、综合管线等进行碰撞检验，各分包单位在总承包单位的统一领导下不断深化、完善施工模型，使之能够直接指导工程实践，不断完善施工方案。另外，Navisworks 软件还可以实现对模型进行实时的可视化、漫游与体验；可以实现四维施工模拟，确定工程各项工作的开展顺序、持续时间及相互关系，反映出各专业的竣工进度与预测进度，从而指导现场施工。

在工程项目施工过程中，各专业分包单位加强维护和应用 BIM 模型，按要求及时更新和深化 BIM 模型，并提交相应的 BIM 技术应用成果。对于复杂的节点，除利用 BIM 模型检查施工完成后是否有冲突外，还要模拟施工安装的过程，避免后安装构/配件由于运动路线受阻、操作空间不足等问题而无法施工。

根据用三维建模软件 Revit 的 BIM 施工模型，构建合理的施工工序和材料进场管理，进而编制详细的施工进度计划，制订出施工方案，便于指导项目工程施工。按照已制订的施工进度计划，再结合 Autodesk Navisworks 仿真优化工具来实现施工过程的三维模拟。

3. 应用效果

运用 BIM 技术能为装饰行业带来如下的好处：

1）能够建立项目协同管理平台，实现三维设计、三维分析、四维模拟的交互体验。

2）参数化、三维可视化设计，实现施工模拟、运维管理、施工难点分析。

3）三维碰撞检查，排除施工过程中的冲突及风险。

4）能够精确计算异型结构中非标准化材料板块的尺寸及用量，减少材料损耗。

5）提供大型可视化现实虚拟环境，实现施工工艺优化，以及CNC加工中心设备数据关联等系列功能。

运用BIM技术还可保障施工质量，降低施工成本。通过三维的仿真模拟，可以提前发现并避免在实际施工中可能遇到的各种问题，如机电管线碰撞、构件安装错位等，以便指导现场施工和制订最佳施工方案，从整体上提高建筑的施工效率，确保施工质量，消除安全隐患，并有助于降低施工成本和减少时间消耗。

2.5.2　BIM在桥梁工程中的应用

BIM技术在工程建设领域中的发展为科学有效地解决沉井施工风险评估的弊端提供了很好的思路，利用BIM技术在数字化、可视化等各方面的优势，可以在已有风险评估理论体系的基础上，对沉井施工实现动态化、可视化的风险评估。

1. 应用背景

武汉某大桥工程位于长江之上，处于白沙洲长江大桥与长江一桥之间，总长度4317.8m，桥梁的效果图如图2-6所示，为77.2m×40.0m（长×宽），壁厚2.0m，隔墙厚1.2m；钢筋混凝土沉井分榫头（ST）节段、标准节段一（BZ-1）、标准节段二（BZ-2）及顶节段（DJ），节段高度分别为5.0m、6.0m、5.35m及7.65m，榫头节与标准节连接处倒角0.9m×0.9m。

该桥梁沉井施工的主要工程量有底节钢壳1365t，沉井井壁混凝土30534.7m^3，封底混凝土22254.5m^3，盖板和承台混凝土20532.6m^3，钢筋4314.5t，钢材555.9t。

图2-6　全桥效果图

2. 应用内容：风险评估

（1）DFTA-BIM模型建立　武汉某大桥沉井基础施工受设计、环境、管理等多方面因素的影响，通过收集相关资料，建立动态故障树分析法（DFTA）模型。

1）沉井结构BIM模型。运用BIM相关建模软件构建了沉井结构BIM模型、沉井下沉施工位置处的施工地质BIM模型以及长江水位BIM模型，如图2-7~图2-9所示。

2）DFTA模型。该桥沉井基础施工所面临的地质、水文及周边环境等因素极其复杂，沉井施工难度主要集中在沉井下沉阶段。此外，桥梁沉井施工经验以及相关研究表明：沉井下沉过程中最大的风险是沉井产生变形，一旦沉井发生严重变形，将对整个桥梁工程造成无法挽回的损失。因此，选取沉井下沉过程为施工风险评估主要研究阶段，以下沉过程中的沉井产生变形作为动态故障树的顶事件 T，并根据 DFTA 的构建方法以及对沉井变形失效原理的分析，结合了本工程的实际特征建立了动态故障树，如图 2-10 所示。

图 2-7　沉井结构 BIM 模型

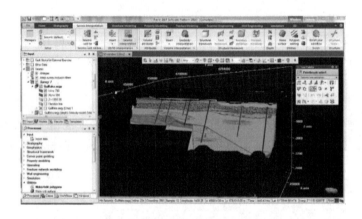

图 2-8　沉井施工地质 BIM 模型

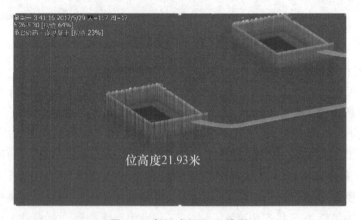

图 2-9　长江水位 BIM 模型

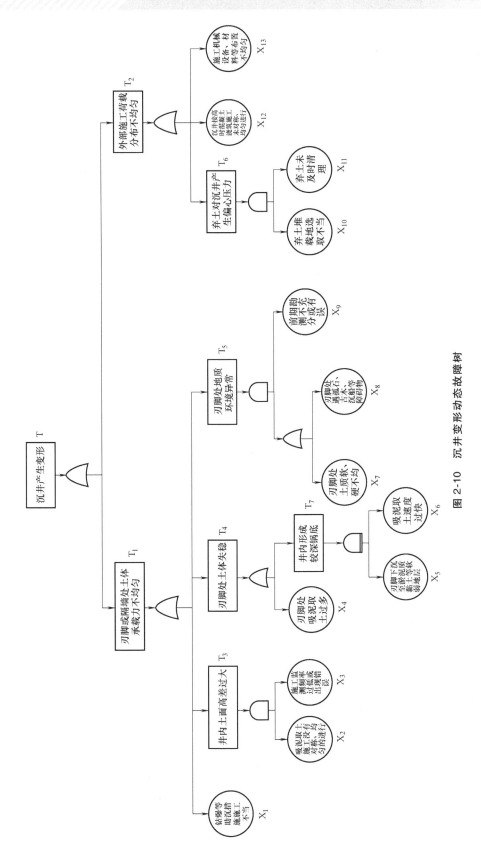

图 2-10 沉井变形动态故障树

3）离散贝叶斯网络模型。根据图 2-10 所示的 DFTA 模型，通过 GeNie 软件建立了图 2-11 所示的离散贝叶斯网络模型。

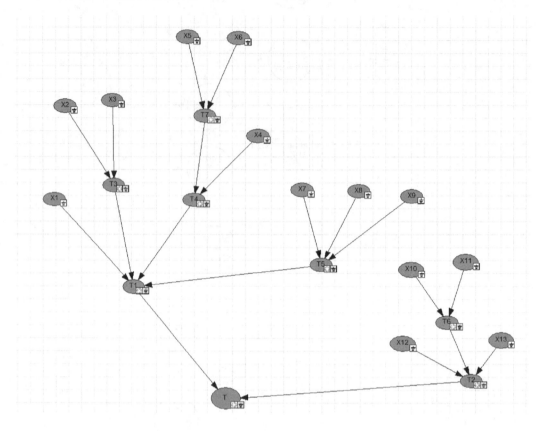

图 2-11　沉井产生变形离散贝叶斯网络模型

（2）DFTA-BIM 模型计算与分析　通过 DFTA-BIM 模型对沉井施工进行风险计算与分析，主要是利用 BIM 模型中的相关数据以及各模型之间的集成化模拟，得到动态故障树中各底事件$^{\ominus}$的失效概率及其离散失效概率分布，再通过离散贝叶斯网络模型进行计算与分析。

沉井 BIM 模型数据提取（图 2-12）。沉井施工 BIM 模型的数据提取主要有三个方面，其一为沉井 BIM 模型数据提取，其二为地质 BIM 模型数据提取，其三为通过施工模拟进行集成化数据提取。

在地质 BIM 模型中，可以快速便捷地了解沉井施工位置处的地层分布状况，如图 2-13 所示，其数据信息主要包括土层类别、厚度、土体承载力等。

（3）风险可视化表达与应对

1）风险评价。根据风险评价相关标准，结合以往沉井工程案例及专家意见，武汉某大桥沉井在各施工阶段内产生变形的风险损失等级见表 2-3，同时根据风险等级划分标准及沉井产生变形的失效概率计算结果，得到图 2-14 所示的风险等级变化图。

$\ominus$　底事件：故障树分析中仅导致其他事件的原因事件。

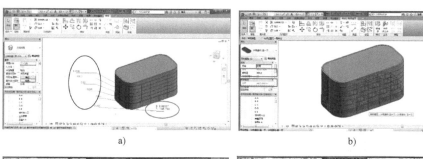

a)

b)

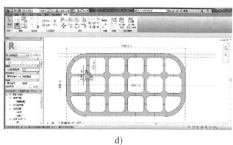

c)

d)

图 2-12 沉井 BIM 模型数据提取

a）高程与坐标　b）高度与体积　c）前视图数据　d）俯视图数据

粉砂、粉质黏土，约9.6m

细砂、中砂、圆砾土，19.2m

圆砾土、硬塑黏土，约14.2m

图 2-13 地质 BIM 模型数据提取

表 2-3 沉井施工风险损失等级划分

施工阶段	开始下沉	稳定下沉	辅助下沉	终沉
风险损失等级	一般	一般	较大	重大

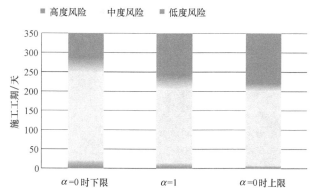

图 2-14 武汉某大桥沉井产生变形风险等级变化趋势

2）可视化表达。通过上述计算与分析，将沉井施工在整个施工期内的风险状态进行可视化表达，如图 2-15 所示，随着沉井的不断下沉，右上方表示风险等级的圆点不断变化，其中绿色、黄色、浅橙色、深橙色分别代表低度、中度、高度与极高四种风险状态。

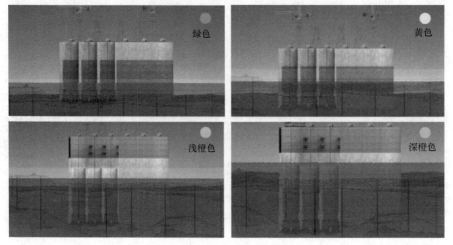

图 2-15　武汉某大桥沉井施工风险可视化表达

3. 应用效果

将下沉过程与工程、水文地质等通过 BIM 模型进行集成模拟，将沉井的高度、高程等数据与工程、水文地质等通过 BIM 模型中地层信息、地质参数、水位等数据进行集成，进而确定沉井变形 DFTA 中底事件失效概率及分布。

通过风险可视化表达，管理人员能够快速直观地了解沉井在不同施工阶段的风险状态。

2.5.3　BIM 在地下工程中的应用

1. 应用背景

中南路站是武汉地铁 2 号线与 4 号线的重要换乘车站，车站总长 298.4m，总体建筑面积 $3080m^2$。车站为标准地下二层车站，共设 6 个出入口、1 个紧急消防安全疏散出入口。通过构建地铁车站 BIM 综合模型，如图 2-16 所示，完成了基于 BIM 的地铁机电设备维修管理

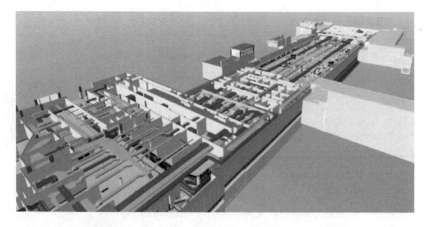

图 2-16　武汉地铁 2 号线中南路车站 BIM 综合模型

系统的开发，并应用于武汉地铁运营公司机电部门，在地铁2号线中南路车站实际维修管理工作中检验了系统的应用效益。

2. 应用内容

（1）设备上下游管理　地铁设备系统繁杂，在地下空间装饰装修工程完成后，许多设备系统都将隐蔽而不可见。当故障发生时维修人员难以快速完成故障排查、锁定故障点，为实现更有效的设备管理及故障排查，需建立正确的设备间的上下游关系。例如，设备系统中相连的两个设备，一般把处于控制地位的设备称为上游设备，处于被控制地位的设备称为下游设备。在图2-17所示的通风空调设备BIM模型及设备编码中，组合式空调机在通风空调系统中是风阀的上游设备，可通过设备唯一编码实现设备的快速定位，同时在图2-18中赋予两者关联属性，完成设备上下游关联与查找定位。

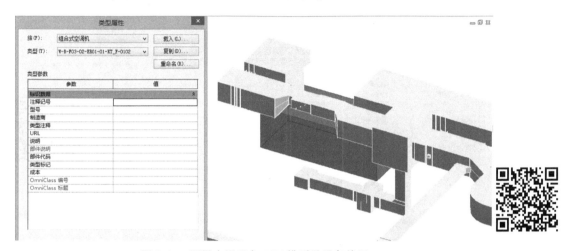

图2-17　通风空调设备BIM模型及设备编码

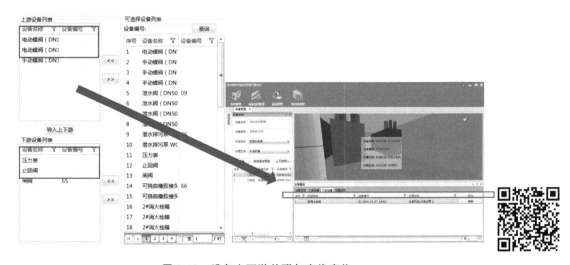

图2-18　设备上下游关联与查找定位

（2）综合信息管理

1）设备信息索引。基于BIM的信息管理平台能实现信息的有效关联与索引，帮助管理人员快速完成信息的查询与获取。通过查找所需的某一设备后，系统根据设备唯一编码迅速锁定该设备，同时获取与之相对应的所有运营维修信息和资料，如设备台账、巡检记录、养护记录、维修记录、应急预案等各方面运维信息、设备 CAD 图、操作规程等文件资料。设备信息定位查询和设备维修信息关联索引分别如图 2-19 和图 2-20 所示。维修人员能依据出厂日期、使用期限等设备信息采取合适的维修策略，保证维修质量。

图 2-19 设备信息定位查询

图 2-20 设备维修信息关联索引

2）维修状态统计。系统的信息集成能整合更完备的维修数据，为实现设备维修状态的统计分析提供可能。系统根据近期维修记录生成统计图表，直观展示各专业设备故障率情况，便于管理者分析维修工作重点来修正维修工作目标与计划。图 2-21 所示为地铁各专业维修频次统计图，其中供电专业维修频率最大；图 2-22 所示为维修单状态直方图，表明该周大多数维修工作已按期完成。

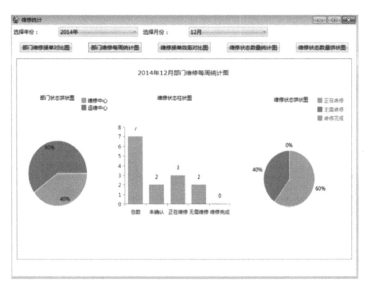

图 2-21　地铁各专业维修频次统计图

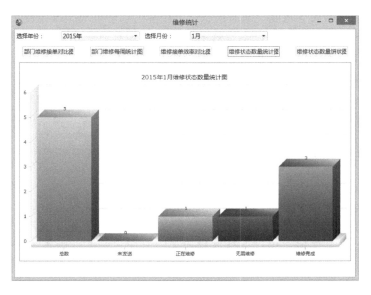

图 2-22　维修单状态直方图

3）现场扫码识别。地铁作为地下空间结构，其网络通信受限，现场维修人员有时难以使用系统，这时可通过手持射频识别（RFID）扫描器扫描故障设备的射频识别（RFID）标签来获取设备信息，如图 2-23 所示。当网络通信良好时，可连接系统远程数据库，获取设备维护保养信息、故障维修信息、应急预案或设备图样、操作规程等更多文件资料。系统使维修人员能够在执行维修任务时免于携带纸质资料，实现维修管理信息库的电子化，提高了工作效率。

3. 应用效果

BIM 解决了设备运营维护中信息高效获取和传递的难题，它拥有完善的信息集成平台，实现了信息高效储存、传递与动态管理。BIM 技术建立的三维可视化建筑空间实体模型能直

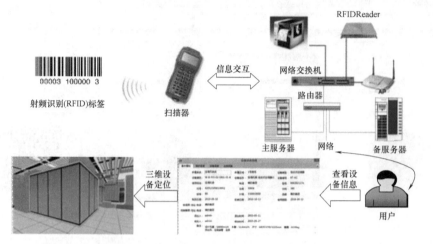

图2-23 基于射频识别（RFID）的三维设备定位功能

观地显示各设备构件的布置状况，创建设备构件间的上下游动态关联，并将设备构件相关信息结构化，实现信息的高度集成，从而让维修工作从杂乱的纸质二维图样、资料和繁琐的手工纸质记录中解放出来，对实现设备维修的信息化管理具有突出效用。同时，在基于BIM的设备管理平台中，BIM模型与数据库实现了信息间的关联共享，并在数据库中存储更完善、更复杂的设备相关信息，设备信息的集成与共享为设备综合管理提供了充足的数据保障。因此，基于BIM的地铁设备维修管理能帮助管理者更快速、更准确地掌握维修设备信息，直观形象地完成设备维修管理调度工作，从而提高维修效率，降低设备维修成本。

2.5.4 BIM在装配式建筑中的应用

1. 应用背景

贵阳市上枧公租房是2017年6月开工建设的贵州省首个装配式高层住宅楼项目，项目位于贵州省贵阳市观山湖区产业园区内，总建筑面积14万 m^2，由3层地下室和12栋32层的住宅塔楼组成，其中住宅2层以上标准层均采用装配式施工，为等效现浇剪力墙结构体系，贵阳市上枧公租房项目效果图，如图2-24所示。

2. 应用内容

（1）装配式住宅构件拆分设计中的应用 项目总包方建立了一个基于BIM的各专业协同设计的信息平台，并借助国内二次开发的Revit辅助设计软件智能化地完成了3号住宅楼构件拆分设计。在3号住宅楼构件拆分设计的基础上，进一步分析，创新性地提出采用先化整为零，以基本户型为模型单元找共性，完成户型内的预制构件拆分和机电部品分解，各专业运用BIM辅助设计软件先完成通用户型内的专业设计，并将拆分出的标准预制构件、机电部品以族文件的形式整理成库。在后期的住宅楼设计中运用基本户型组合完成各栋楼的标准层模型，进而叠合完成各栋的整体建筑模型。因为基本户型中结构、机电、给水排水构件属性是以族文件的形式对应自带的，所以按编号对应各专业BIM模块后，可快速同步生成各栋住宅楼的结构、机电等专业模型。BIM的可视化等特性十分有利于专业间的冲突检查。BIM出图功能生成各预制构件的加工详图，为出图指导施工提供了保障。BIM在上枧公租房

图 2-24　贵阳市上枧公租房项目效果图

装配式住宅设计中的应用方法如图 2-25 所示。

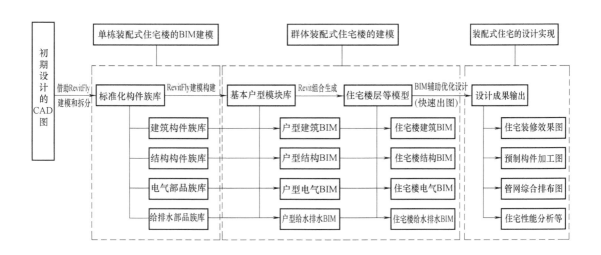

图 2-25　BIM 在上枧公租房装配式住宅设计中的应用方法

（2）装配式住宅设计方案的优化

1）采用 BIM 辅助设计插件提取工程量。基于 Revit 平台的装配式建筑设计插件，可在设计阶段及时对模型的构件信息和项目信息进行汇总、查阅和输出，再通过分项算量数据统计实现算量数据汇总，然后在"准量"的基础上，根据不同地区的定额，对该地区的造价进行"预估"，最后根据定额要求生成工程量清单及含税费的综合价估价表，如图 2-26 ~图 2-30 所示。

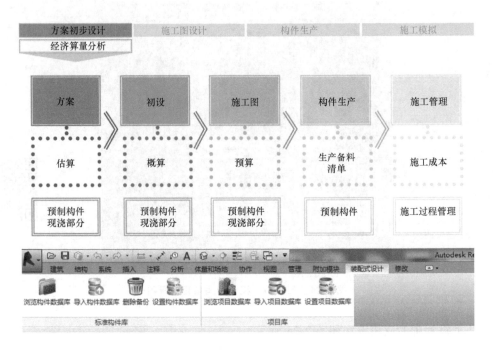

图 2-26　装配式建筑辅助设计软件的统计数据功能

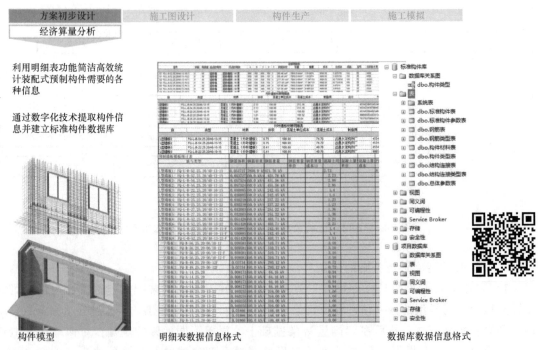

图 2-27　明细表功能获取预制构件信息

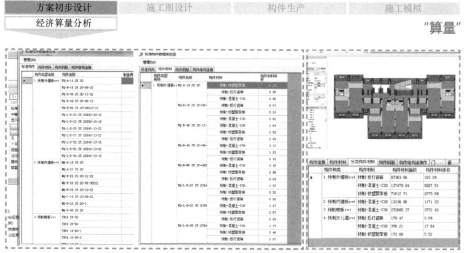

预制构件按名称分类统计　　不同类别预制构件　　　不同类别预制构件
　　　　　　　　　　　　按材质分项算量统计　　按材质分项算量统计

图 2-28　算量数据汇总

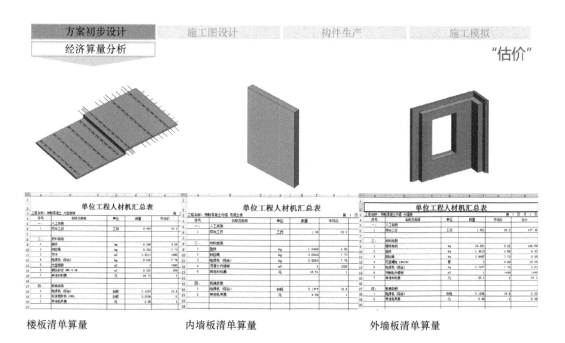

楼板清单算量　　　　　　内墙板清单算量　　　　　外墙板清单算量

图 2-29　套用定额进行造价预估

2）设计方案的建筑性能分析

① 建筑风压分析（图 2-31 和图 2-32）

方案初步设计	施工图设计	构件生产	施工模拟

经济算量分析

| 预制构件工程量清单（总表）
（测算依据：北京市建设工程预算定额2012、工程量清单项目计量规范2013-北京） | | | | | | | | "估价"
含税费综合价
（根据北京地区以往工程经验所得估价） | |
预制件类型	构件材质	编号	个数	单项体积(m³)	体积合计(m³)	折合单价(元)	价格合计(元)	折合单价(元)	价格合计(元)
预制外墙板	预制外墙板 混凝土	FQ-1	216	1.57	339.12				
		FQ-2	108	2.48	267.84				
		FQ-3	216	1.72	371.52				
		FQ-4	108	1.47	158.76				
		FQ-5	108	3.21	346.68				
					1483.92	1776.26	2635827.739	3500	5193720
	保温板 挤塑保温板	FQ-1	216	0.54	116.64				
		FQ-2	108	0.81	87.48				
		FQ-3	216	0.58	125.28				
		FQ-4	108	0.5	54				
		FQ-5	108	1.01	109.08				
					492.48	1400	689472		
预制内墙板	混凝土	NQ-1	108	1.77	191.16				
		NQ-2	108	1.99	214.92				
		NQ-3	108	2.32	250.56				
		NQ-4	108	2.02	218.16				
					874.8	1381.34	1208396.232	2200	1924560
预制楼板	混凝土	YB-1	432	0.55	237.6				
		YB-2	216	0.75	162				
		YB-3	108	0.16	17.28				
		YB-4	108	0.54	58.32				
					475.2	2019.14	959495.328	2000	950400
预制设备平台 （空调板）	混凝土	YKB-1	416	1.26	524.16	2257.31	1183191.61	2000	1048320
预制楼梯	混凝土	YTB-1	52	1.25	65	2019.14	131244.1	2000	130000

图 2-30　生成工程量清单及含税费的综合价估价表

方案初步设计	施工图设计	构件生产

性能化分析

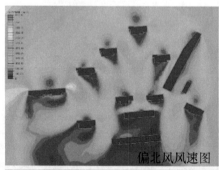

偏北风风速图

偏北风风压图

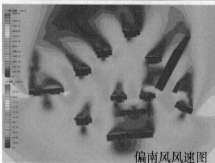

偏南风风速图

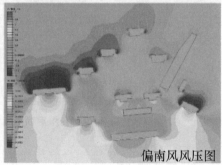

偏南风风压图

图 2-31　利用辅助设计软件对住宅楼盘模型进行风压分析

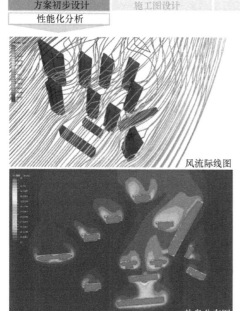

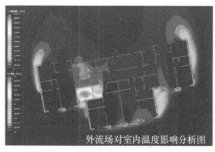

图 2-32　BIM 模拟分析当地风流下的住宅楼盘性能

建筑日照分析图　　　　　　　　　　建筑投影分析图

图 2-33　住宅楼盘的日照分析图

② 采光温效分析（图 2-33）

（3）预制构件的设计优化　上枫公租房项目的预制构件基于 BIM 的深化设计列举三例如下：

1）通过对整体外立面的优化确定单个外墙构件的几何尺寸和装饰属性，如图 2-34 所示，外墙构件的深化设计如图 2-35 所示。

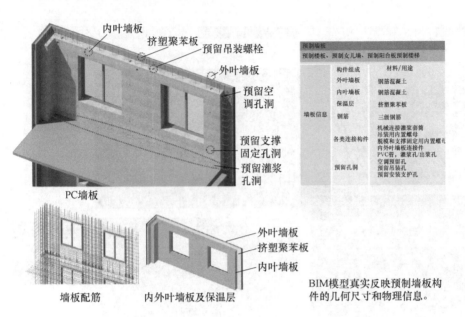

预制墙板		
预制楼板、预制女儿墙、预制阳台板预制楼梯		
	构件组成	材料/用途
	外叶墙板	钢筋混凝土
	内叶墙板	钢筋混凝土
墙板信息	保温层	挤塑聚苯板
	钢筋	三级钢筋
	各类连接构件	机械连接灌浆套筒 吊装用内置螺母 脱模和支撑固定用内置螺母 内外叶墙板连接件 PVC管、灌浆孔/出浆孔
	预留孔洞	空调预留孔 预留吊装孔 预留安装支护孔

PC墙板

墙板配筋　　内外叶墙板及保温层

外叶墙板
挤塑聚苯板
内叶墙板

BIM模型真实反映预制墙板构件的几何尺寸和物理信息。

内叶墙板
挤塑聚苯板
预留吊装螺栓
外叶墙板
预留空调孔洞
预留支撑固定孔洞
预留灌浆孔洞

图 2-34　预制外墙族模型携带的信息

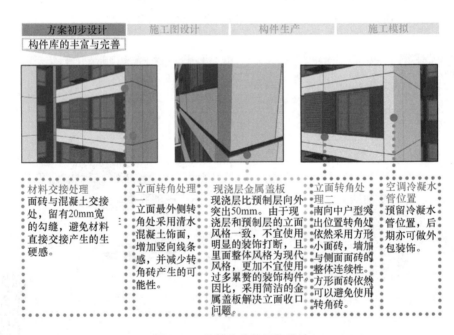

方案初步设计	施工图设计	构件生产	施工模拟
构件库的丰富与完善			

材料交接处理
面砖与混凝土交接处，留有20mm宽的勾缝，避免材料直接交接产生的生硬感。

立面转角处理一
立面最外侧转角处采用清水混凝土饰面，增加竖向线条感，并减少转角砖产生的可能性。

现浇层金属盖板
现浇层比预制层向外突出50mm。由于现浇层和预制层的立面风格一致，不宜使用明显的装饰打断，且里面整体风格为现代风格，更加不宜使用过多累赘的装饰构件。因此，采用简洁的金属盖板解决立面收口问题。

立面转角处理二
南向中户型突出位置转角处依然采用方形小面砖，墙加与侧面面砖的整体连续性。方形面砖依然可以避免使用转角砖。

空调冷凝水管位置
预留冷凝水管位置，后期亦可做外包装饰。

图 2-35　外墙构件的深化设计

2）构件族模型用于对构件内配筋的检查和优化调整，外墙构件的钢筋制作安装优化设计，如图 2-36 所示。

3）运用 BIM 辅助拆分软件进行连接节点深度设计。从辅助设计软件中调用装配式建筑做法标准图集（15G310-1~2《装配式混凝土结构连接节点构造》中搁置式主次梁连接节点构造（图 2-37），完成主次梁的标准连接节点构造的建模（图 2-38）。

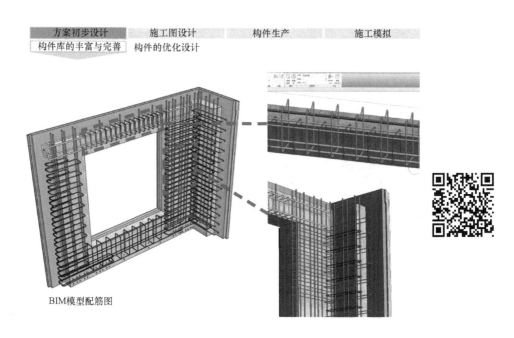

图 2-36 外墙构件的钢筋制作安装优化设计

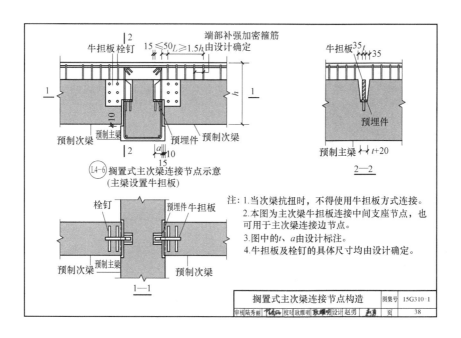

图 2-37 搁置式主次梁连接节点构造

（4）施工图优化

1）构件碰撞检测。利用 BIM 软件自带的碰撞检测功能，能协助设计人员在同一个模型中快速完成各专业间的碰撞检测和设计内容的查漏补缺；对预制构件进行模拟吊装，检测构件之间的位置冲突、钢筋连接对位和钢筋碰撞问题，如图 2-39 所示。

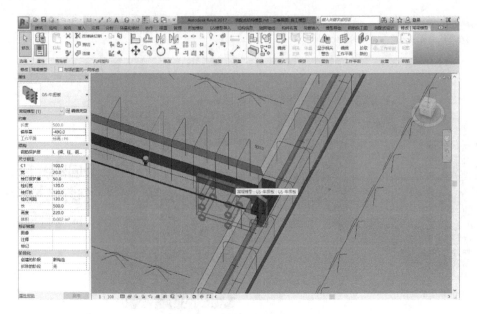

图 2-38　连接节点构造的建模

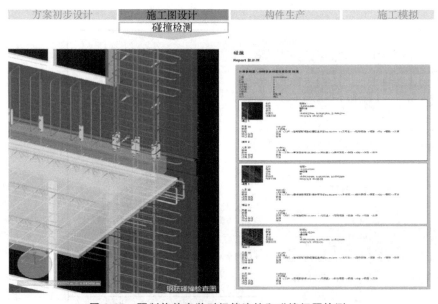

图 2-39　预制构件安装时钢筋连接和碰撞问题检测

　　2）管线综合布线。以上规公租房装配式住宅户内卫生间为例，其结构楼板虽采用现浇结构，但与周边预制结构和机电管网间有着紧密的关联。深化设计内容包括冷热水管、线管、排水管、排污管、电线管、插座、排风口、洁具等综合布线和预埋定位。运用 BIM 复核排水管位置预埋止水节如图 2-40 所示。

　　3）调取 BIM 模型中对应的预制构件族模型，可以自动生成该构件的加工详图，出图指导生产，完成预制构件加工图的深化设计。

图 2-40　运用 BIM 复核排水管位置预埋止水节

3. 应用效果

贵阳上枧公租房装配式住宅项目除借助 BIM 辅助设计软件运用户型模块组合设计方法完成预制构件拆分设计外，还借助 BIM 模型的可视化、可协调性、可优化性，借助目前一些设计辅助软件进行前期设计方案的建筑效能分析、物料统计经济分析，后期的机电管网综合布线和校核（包括碰撞检测、效果图展示等）、预制构件预留、预埋生产指导等深化设计工作，取得了较好的效果。

思　考　题

1. 请简要描述 BIM 的概念。
2. 请谈一下你对 BIM 技术的理解。
3. 请列举出一些你在运用 BIM 技术时所使用过的软件。
4. 你认为除了在书中列举的应用点之外，BIM 技术还可以运用在哪些方面？

第 3 章

基于BIM的工程项目进度管理

学习目标

了解工程项目进度管理的基本概念、技术与方法的发展方向，理解 BIM 在工程项目进度管理中的价值和流程，掌握基于 BIM 的工程项目进度管理方法。

引入

案例 1：位于河北省任丘市某住宅小区建设项目，原定 2010 年 5 月 17 日开工，2012 年 5 月 5 日竣工，按期开工之后直到 2012 年 9 月 1 日工程尚未完工，具体竣工日期未定。为此施工单位向建设单位提出索赔，报告称自承建该项目以来，施工单位一直按照编制的施工组织设计及详细的施工方案组织实施，科学管理、精心施工，已按照合同约定于 2011 年 7 月完成了主体结构的施工封顶任务，并顺利通过有关质量监督检查部门的质量检查验收。但由于本工程专业分包单位多数为甲方指定分包且分包前没有合同约定征得施工单位同意，造成了许多分包单位不服从施工单位统一管理的混乱局面，以至于该工程的装修工程一拖再拖，严重影响了工期，不能按照进度计划完工，给施工单位造成了巨大经济损失，使施工单位由此增加了人工费、材料费、周转材料费、机械租赁费、现场管理费、总部管理费等一系列费用。故向建设单位提出索赔。

案例 2：随着建筑行业标准化、工厂化、数字化水平的提升，以及建筑使用设备复杂性的提高，越来越多的建筑构件及设备通过工厂加工并运送到施工现场进行组装。而这些建筑构件及设备是否能够及时运到现场，是否满足设计要求，质量是否合格将成为影响施工计划关键路径的重要因素。在 BIM 出现以前，建筑行业往往借助较为成熟的物流行业管理经验及技术方案（如条码标签）。把建筑物内各个设备构件贴上标签，通过扫描条码实现对这些物体的跟踪管理。但扫描条码无法进一步获取更详细的建筑构件及设备信息（如生产日期、生产厂家、构件尺寸等），而 BIM 模型恰好详细记录了建筑构件及设备的所有信息。此外，BIM 模型作为一个建筑物的多维度数据库，并不擅长记录各种构件的状态信息，而基于条码技术的物流管理信息系统对建筑构件及设备的过程信息有非常好的数据库记录和管理功能。BIM 与条码技术结合能够良好地解决建筑行业日益增长的物料跟踪带来的管理压力。

由上面的案例可以看出，施工进度延误会给施工单位、建设单位造成巨大的经济损失，工程项目进度管理是工程中最重要的工作之一，且贯穿整个工程始终，做好工程项目进度控制是保证工程顺利完成的重要前提。传统的工程项目进度管理存在诸多弊端，在计算机技术高速发展的今天，运用先进技术进行工程项目进度管理已成为趋势。在本章中，我们将从传统工程项目进度管理的内涵、发展入手，阐述 BIM 在工程项目进度管理中的价值和流程，提出基于 BIM 的工程项目进度管理方法。

■ 3.1　工程项目进度管理概述

3.1.1　工程项目进度管理的内涵

工程项目进度管理是指全面分析工程项目的目标、各项工作内容、工作程序、持续时间和逻辑关系，力求拟定具体可行、经济合理的计划，并在计划实施过程中，通过采取各种有效的组织、指挥、协调和控制等措施，确保预定进度目标实现。一般情况下，工程项目进度管理的内容主要包括工程项目进度计划和工程项目进度控制两大部分。

工程项目进度计划的主要方式是依据工程项目的目标，结合工程所处特定环境，通过工程分解、作业时间估计和工序逻辑关系建立等一系列步骤，形成符合工程目标要求和实际约束的工程项目计划排程方案。

工程项目进度控制的主要方式是通过收集进度实际进展情况，并将之与基准进度计划进行对比分析、发现偏差并及时采取对应措施，确保工程项目总体进度目标的实现。

施工进度管理属于工程项目进度管理的一部分，是指根据施工合同规定的工期等要求编制工程项目施工进度计划，并以此作为管理的依据，对施工的全过程进行持续检查、对比、分析，及时发现工程施工过程中出现的偏差，有针对性地采取有效应对措施，调整工程建设施工作业安排，排除干扰，保证工期目标实现的全部活动。

工程项目进度计划作为项目管理的三大目标之一，无论是在项目策划阶段还是在工程施工阶段都起到至关重要的作用，工程项目进度计划是否能顺利实施，直接影响项目的成败。施工进度计划除了表示各项工作之间的先后顺序及持续时间，还能表示各个时段所需的各种资源的数量以及各种资源强度在整个工期内的变化，从而进行资源优化，最终达到资源的合理安排和有效应用的目的。在施工期间，施工进度计划是指导和控制各项工作进展的重要依据。

施工进度计划有多种分类方法，见表 3-1。

表 3-1　施工进度计划的分类

分类依据	内容
根据功能的不同	控制性进度计划、指导性进度计划、实施性进度计划
根据编制对象的不同	施工总进度计划、单位工程施工进度计划、分阶段工程施工进度计划、分部分项工程施工进度计划
根据施工的时间长短	年度施工进度计划、季度施工进度计划、月度施工进度计划、句或周施工进度计划

3.1.2　工程项目进度管理技术与方法的发展

工程项目进度管理技术与方法的发展大致可分为以下两个阶段：

1. 传统的工程项目进度管理技术与方法

20世纪初，被称为计划和控制技术之父的亨利·甘特（Henry Gantt）发明了表示项目进度的横道图（Gantt Chart），在第一次世界大战中运用该技术极大缩短了建造货轮的时间。横道图具有形象直观、简明易懂、绘图简单、便于检查和计算资源需要量等优点。

1956年，美国杜邦公司（DuPont）为了制订内部不同业务的系统规划，提出了关键路径法（Critical Path Method，CPM）。该方法根据单个任务的工期和依赖关系来计算整个项目的工期，并标识关键任务，对这些关键任务的进度进行重点监控，以保证项目按期完成。

1958年，美国海军特种计划局（US Navy's Special Projects Office）、克希德公司（Lockheed Corporation）系统工程部和博思艾伦咨询公司（Booz Allen Hamilton Holding Corporation）根据研发北极星导弹核潜艇的需要，提出了计划评审技术（Program Evaluation and Review Technique，PERT）。这一技术把该工程的200多家承包商和1万多家分包商有效地组织起来，使该项目提前两年完成。

1962年，美国国家航空和宇宙航行局（Nationgal Aeronautics and Space Administration，NASA）引入一种采用计划评审技术的系统，它强调成本控制和作业分解结构（Work Breakdown Structure，WBS）的必要性。

1962年美国国防部（United States Department of Defense，DOD）规定：凡是与政府签订合同的业务，都必须采用网络计划技术，以保证工程的进度和质量。

这些方法的应用有效促进了工程项目进度管理效率的提升。但是随着工程项目规模的扩大和复杂性的提高，工程项目进度管理者面临的信息处理压力越来越大，传统的工程项目进度管理方法和技术需要在信息集成和分析效率方面做出一些革命性的改进和创新。

2. 现代工程项目进度管理技术与方法

20世纪70年代末，美国国防部最早提出了项目成本和进度管理系统规范（Cost/Schedule Control System Criteria，C/SCSC）；90年代末，美国项目管理协会（Project Management Institute，PMI）在此基础上提出了项目挣值管理（Earned Value Management，EVM）的方法；之后随着计算机技术不断发展，使用软件来开展项目成本和进度集成管理的技术方法也相继出现了，如Primavera Project Planner以及Microsoft Project等项目管理软件可以支持实现项目进度与成本的集成管理。这些发展不但成为现代项目进度管理理论和方法的重要组成部分，而且也已经成为各国现代项目管理实践的重要工具。

随着计算机技术以及计算机辅助设计（Computer Aided Design，CAD）技术的普及和进步，三维模型乃至多维模型的概念逐步成为国内外工程管理界的研究热点，如何构建工程三维模型并将工程三维模型与时间维度集成，实现基于4D模拟技术的进度管理也是其中的一个方面。

从资料来看，最早研究4D进度管理的是美国斯坦福大学集成设施工程中心（Center for Integrated Facility Engineering，CIFE）。CIFE将计算机三维模型与施工进度进程集成，实现了对施工顺序的可视化表达，使用者可以任意选取模型组件，将其与具体施工活动关联，并定义逻辑关系，实现更高效率的人机交互。随后，CIFE开发了能够支持实现施工冲突最小化的4D Production Model系统，该系统由冲突检测器、4D仿真器和结果修改器三个模块组成，分别支持用户实现施工冲突识别、施工过程仿真，以及生产率修改与施工时间定义等。

4D进度管理理论提出后，伯克德公司（Bechtel）在施工进度模拟方面做了大量的研究进而扩展了旗下 3DMTM 的功能，使其可以支持系统工程计划的制订、施工进度仿真等。Bechtel 也开发出一款图形仿真工具 4D-Planner 软件，用户可导入进度文件与三维模型，实现模型与进度关联，自动生成仿真文件，可协助项目管理人员高效地完成工程进度计划与管理工作。

■ 3.2 基于 BIM 的进度管理单元划分与识别

进度管理单元作为 BIM 进度计划的基本组成部分，是编制进度计划的基础。因此，本章将详细介绍进度管理单元的相关知识，主要包括进度管理单元的概念、进度管理单元的创建，以及进度管理单元之间的逻辑关系等。

3.2.1 BIM 进度管理单元的划分

1. 进度管理单元的概念及信息结构

AlanRussell 提出建立物理构件分解结构（Physical Component Breakdown Structure，PCBS）以便更好地进行项目管理。他认为应该分六个层次来描述建筑构件，即项目、子项目、系统、子系统、构件、子构件。

2005 年 Tang-Hung Nguyen 提出了一种基于区域的进度计划自动生成方法，其核心在于施工区域的划分。他认为可以按照功能将施工区域划分为地下室、大堂、办公室、电梯井等。

进度管理单元是构成 BIM 进度计划的基本单元，是以 BIM 构件或者构件组为基础，附加与施工相关的时间信息、资源信息以及相互之间的逻辑关系等的信息单元。进度管理单元的大小主要与 BIM 进度计划的粗细程度有关。

由于施工总进度计划比较简单，并且可以由单位工程施工进度计划在一定程度上整合而成，因此本节重点介绍单位工程施工进度计划的编制。

由进度管理单元的定义可知，进度管理单元应该至少包括构件或构件组信息、时间信息、资源信息、相互衔接关系等信息。为了便于进度管理单元的识别以及相互之间的衔接引用关系，需要采用 ID 信息对进度单元命名。进度管理单元有不同的施工状态。因此，还应该有施工状态控制信息。进度管理单元的完整数据结构如图 3-1 所示。

ID	构件	时间信息		资源信息	逻辑关系		状态信息
		开始时间	结束时间		紧前	紧后	

图 3-1 进度管理单元的完整数据结构

ID：区别于其他进度管理单元的唯一标识。

构件或构件组：进度管理单元的基础，进度管理单元的大小与之有关。

时间信息：主要包括施工过程的"开始时间（ST）""完成时间（FT）"。

资源信息：施工组内构件所消耗的资源，如人工、机械、材料等。

逻辑关系：用来表示与其他进度管理单元之间的先后顺序关系，"紧前"表示本进度管理单元施工开始前应完成的前置进度管理单元，用前置进度管理单元的进度 ID 表示；"紧后"表示本进度管理单元所有工作完成后紧接着开始的进度管理单元，以后置进度管理单元的进度 ID 来表示。

状态信息：用来控制进度管理单元的施工状态，构件共有四种施工状态，未施工、正在施工、已完工、已拆除。

2. 构件的分类标准及划分的原则

一个合理的进度计划应该是在指导施工的前提下，又不失计划的弹性，如果计划编制得过细就容易限制施工班组的积极性，不利于正常的施工。一个建筑模型构件成千上万，从梁、板、柱到阀门、开关，并不是所有构件都要显示出来。因此，进度管理单元的创建过程实际上就是项目分解和构件的划分归类过程。

（1）构件分类标准 关于建筑构件的分类，国内外均有一定的标准体系。国外的主要以美国的 Uniformat Ⅱ 为代表，国内的建筑工程综合定额对建筑构件做了比较系统的分类。

Uniformat Ⅱ 是由美国材料试验协会（American Society for Testing and Material，ASTM）在 Uniformat 基础上制定的建筑构件和相关场地工作的分类标准，主要针对的是房屋建筑工程构件及相关场地工作的分类，共分为四个层次。第一层次为主要元素组，总共包括七大类：基础、壳体、建筑物内部、配套设施、家具及装潢、特殊构筑物及拆除、场地工作。第二层次为元素组，是对第一层的分解，共分为 22 个小类，如壳体分为地上结构、外部围护构件和建筑物屋顶。第三层次称为单独元素，共 79 个条目，是对第二层次的分解，如外部围护又可分为外部墙体、外部门窗等。第四层次称为子元素，是对单独元素的进一步分解。

我国的建筑工程综合定额主要用于施工图预算和施工图决算，是编制标底和决算的依据，采用线分法分类。其中，一级子目共有 11 个，分别是土方工程、基础工程、墙体工程、柱梁工程、楼地面和天棚工程、门窗工程、钢筋工程、构筑物工程、附属工程、屋架工程、脚手架。

以上两种分类标准都不能直接用于进度计划中的构件分类，主要原因如下：

1）Uniformat Ⅱ 只是对建筑产品构件进行了分类，并没有涉及施工过程中所用的临时构件产品（如模板、脚手架等），而这些对工期的影响较大，在进度计划中是必须要考虑的。

2）我国的建筑工程综合定额虽然考虑了钢筋、脚手架等构件，但整个分类仅限于建筑工程，没有涉及安装工程，在编制进度计划时安装工程显然是不能够忽视的。

3）不管是 Uniformat Ⅱ 还是建筑工程综合定额，都是出于工程估价的目的而进行分类的，可以很方便地进行估价或者预算，但并不尽适用于进度计划的编制。例如，综合定额中的梁柱工程只是考虑到梁、柱这一施工成果性构件，施工过程中的构件（钢筋、混凝土、模板）并没有考虑，这些构件每一种都是工程量较大，施工耗时很多，在进度计划中是要分开考虑的。再如，Uniformat Ⅱ 中将内墙门分为门框、五金、门上开口、门油漆或者装饰等，这些表现在进度计划中是无意义的。

本节在划分 BIM 构件时综合考虑了这两种分类标准，并在其基础上重新分类组合，以满足进度计划编制的需要。

（2）BIM 进度单元划分的原则 建设工程项目具有单件性、特殊性等特点，用以指导施工的进度计划就各不相同，组成进度计划的进度管理单元更是千差万别。但作为建筑生产过程的产品，建设工程项目是具有很多共性的，如一个建设项目无论结构多么复杂，都可以分为基础、主体结构、屋面结构、管线水暖安装、室内装饰等。而这些共性正是进度管理单元划分的基础。同时将 BIM 模型划分为一个个的进度管理单元还需要遵守以下原则：

1）分层原则。实际的施工往往是以楼层为单位从下至上依次施工。因此，为了保证数据的完备性以及进度计划展示的方便，不同楼层的构件尽量不要归为一个进度管理单元。

2）风险分解原则。在划分进度管理单元的过程中，如果遇到风险很大的任务时，应当将这些任务再细分，必须能够更早更好地暴露风险。例如，大型预制构件的吊装任务应进一步细化。

3）按照构件类型进行划分的原则。BIM模型包括承重的结构构件（如柱、梁、板、楼梯等）、非承重的填充构件（如填充墙等）以及设备安装构件（如暖通空调、电气照明等）等，不同类型的构件往往施工方法和施工顺序也不相同。因此，不同类型的构件应该划分为不同的进度管理单元。

4）按照施工方法进行划分。不同的施工方法会直接导致施工工艺的不同，如预制构件分为预制构件的运输和安装，现浇构件分为支模板、绑钢筋、浇筑混凝土等过程。因此，不同施工方法的构件尽量划分为不同的进度管理单元。

5）责任明确的原则。进度管理单元的划分应该使相互之间具有较为明确的界面，从而防止在实施过程中业主单位、施工单位和分包单位相互推诿界面上的任务，引起组织之间的界面冲突。

6）考虑构件的施工复杂性。对于施工过程复杂，需要涉及多个工种的构件，应将其进一步细分；对于施工过程单一、施工时间比较短的构件，可将其归类组合。例如，钢筋混凝土构件的施工包括支模板、绑扎钢筋、浇筑混凝土、拆模板等施工过程，涉及多个工种，应分别落实责任，因此需将其进行细分；门窗这种安装构件施工过程单一，责任明确，需将其进行组合归类，如将一个楼层的门窗作为一个进度管理单元。

3. BIM进度管理单元的分类

根据以上原则，BIM进度单元可以做如下分类：楼层类、房间类、构件类和子构件类。楼层类进度管理单元以楼层为单位进行划分，房间类进度管理单元以房间为单位进行划分，构件类进度管理单元以构件为单位进行划分，子构件类进度管理单元以子构件为单位进行划分。BIM进度管理单元的划分如图3-2所示。

BIM模型基础构件在施工过程中可能涉及多个施工活动而进一步细分为子构件。以钢筋混凝土构件（梁、板、柱、楼梯、剪力墙）为例，这些构件可以分为钢筋、混凝土子构件，另外由于在施工过程中需要用到模板这一类临时构件。所以，子构件类主要包括模板、钢筋、混凝土三类。

构件类是指那些施工过程不是特别复杂，但工作量较大，施工时间较长的构件，主要包括墙体构件、预制构件（预制构件的场内预制和运输一般不显示在进度管理计划中）、临时模型中的脚手架。

房间类构件是指那些施工具有很强的区域性的构件，如室内装修，吊顶、墙面处理、地面处理等都需要在房间内部完成。

楼层类构件是指那些施工过程比较单一、施工时间较短的构件，主要有门窗构件、栏杆扶手构件、屋面防护层（防水、保温隔热层）、风管构件、水管构件、电气构件等。

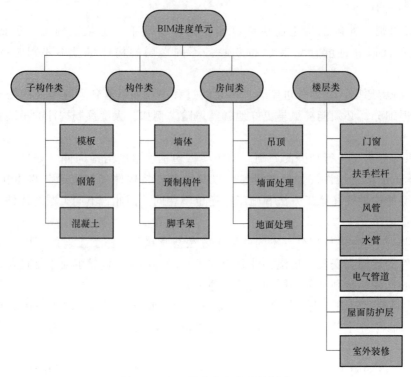

图 3-2　BIM 进度管理单元的划分

3.2.2　BIM 进度管理单元的识别

1. BIM 构件的识别

BIM 构件的识别方法有多种，本书采用 IFC 实体类型识别和名称识别结合的方式来准确识别每一个构件。构件在计算机中可采用 IFC 实体类型来识别构件类型，为了便于人工调整进度计划及估算费用，需要用构件的名称来辅助识别构件。

（1）IFC 实体类型识别　IFC 标准中的建筑产品由 IfcProduct 实体来定义，IfcProduct 实体一般看作是具有几何形体描述和空间属性描述的物体。IfcProduct 的派生实体 IfcBuildingElement 可用来描述 BIM 模型中的构件。IfcBuildingElement 是一个描述建筑构件的抽象实体，具体类型的建筑构件可用其派生实体来表达。经分析，建立了上述 BIM 构件与 IFC 标准中的实体的对应关系，如表 3-2 所示。由此可见，BIM 构件可用 IFC 标准中的实体来表达识别。对于建筑施工临时产品类构件（模板、脚手架），IFC 标准没有提供具体的实体来描述，需要通过 IFC 的扩展属性 IfcProxy 实体自定义。

表 3-2　建筑构件与 IFC 实体的对应表达

IFC 实体	可表达的建筑构件	IFC 实体	可表达的建筑构件
IfcBeam	梁	IfcFooting	基础
IfcColumn	柱	IfcSlab	板
IfcWall	墙	IfcWindow	窗
IfcPile	桩	IfcDoor	门

（续）

IFC 实体	可表达的建筑构件	IFC 实体	可表达的建筑构件
IfcRoof	屋面板、屋架	IfcReinforcingElement	钢筋
IfcRailing	栏杆、扶手	IfcPlate	钢平台
IfcRamp	坡道	IfcRampFlight	坡道坡段
IfcStair	楼梯	IfcStairFlight	楼梯梯段
IfcBuildingElementPart	防水、防腐、保温隔热层	IfcBuildingElementProxy	压顶、挑龙骨等异形构件
IfcMember	钢结构构件（网架、托架、檩条、屋面支撑、柱间支撑、扶梯）	IfcCovering	垫层、找平层、面层、屋面、抹灰、油漆、涂料

（2）构建名称识别构件 进行费用估算时，因设计人员个人的喜好、地理区别等因素往往会出现构件的名称与定额规范或者清单规范中的表达不一致的情况，套用定额或者清单时就会出现语义问题。例如，清单规范中的"现浇混凝土柱"，实践中就有"现浇混凝土柱子"，"现浇砼柱"等多种表达。由于计算机的语义分析能力有限，目前还不能解决这些问题。为了解决语义问题，国际IAI组织提出了构件IFD库，IFD库是在国际标准框架下对工程术语、构件属性的标准表达。目前我国还没有构建IFD，如何创建IFD的思路也是五花八门。因此，要选择合适的方式来创建语义库。

为了解决这种问题，我们可查阅清单规范或者定额规范，将规范中对构件及属性的表达都提取出来，同时广泛搜集这些信息的其他表达，根据规则创建语义库，表3-3列出了一些例子，由于篇幅关系，本节并未真正建立语义库。

表3-3 语义库举例

标准中文表达	描述 1	…
现浇混凝土	现浇砼	…
柱	柱子	…
矩形	长方形	…
条形基础	带形基础	…

2. 楼层类进度管理单元的识别

楼层类进度管理单元包括表3-2中的门窗、栏杆扶手、设备安装类、幕墙系统，这类进度管理单元的识别分为两个部分，一是楼层的识别，二是楼层所包括构件的识别。

IFC标准将建筑空间结构分成四个层次：场地（IfcSite）、建筑（IfcBuilding）、楼层（IfcBuildingStore）、构件（IfcBuildingElement）。

3. 房间类进度管理单元的识别

房间类进度管理单元主要针对室内装饰装修工程（天棚装修、墙体装修、地面装修），这样划分的目的是更贴近现实。BIM模型定义了梁、板、柱等基本实体构件，但对于房间这种功能性元素却没有直接的定义。因此，如何识别房间成为识别这类进度管理单元的关键。目前有两种方法可以识别房间：一是通过手动在模型上添加标签的方法来识别，二是通过自动识别算法来识别。

主流 BIM 建模软件（如 AutoDesk Revit）都会提供房间标记的功能，方法是对模型中的每个房间添加一个标记（标签），通过识别这些标记就可以识别每一个房间。这种方法的优点是简单、直接，缺点是增加建模的工作量，同时不具备通用性，每个项目都需要单独添加标记。

■ 3.3 基于 BIM 的施工进度计划编制

3.3.1 基于 BIM 的施工进度计划的编制流程

基于 BIM 的管理进度计划的编制流程如图 3-3 所示。

1）BIM 条件下，在编制管理进度计划之前必须要有一个可用于管理进度计划的基础模型，这里基础模型包括，建筑产品模型和临时施工模型两类。建筑产品模型是最后形成一定交付产品的模型，也就是常说的 BIM 模型；临时施工模型是主要用于施工过程中，辅助产品模型的完成，施工完成后需要进行拆除的临时构件，主要包括现场土石方、垂直运输设备、内外脚手架、模板等。

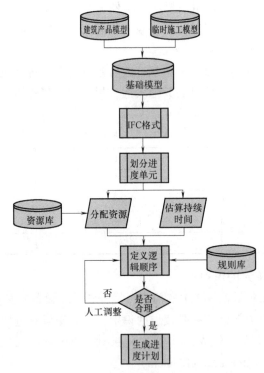

图 3-3 基于 BIM 的管理进度计划的编制流程

2）将基础模型导出 IFC 格式并划分进度管理单元，如何划分进度管理单元前文已经详细介绍，这里不再赘述。

3）对进度管理单元分配资源和估算持续时间，资源主要包括人工、机械和材料。其中人是施工的主导因素，为了简化思路，本书只考虑人工对施工进度的影响，不考虑机械和材料的影响，即假设施工过程中机械和材料供应充足。

4）根据分配的资源及进度管理单元之间的逻辑关系，来确定进度管理单元的逻辑顺序。

5）生成 BIM 施工进度计划。

众所周知，施工进度计划在项目实施前描述项目的实施过程和前景情况，作为项目的工作指南，并且在项目实施后作为评价和检验实施成果的尺度。为了实现这些功能，作为进度计划的载体，BIM 基础模型应该满足一定要求。

（1）建筑产品模型 模型必须满足一定要求才可能实现施工进度计划。在建模深度方面，美国建筑师协会（American Institute of Architects，AIA）在 2008 年 E202 号文件中定义了 BIM 模型的详细程度等级 LOD（Level Of Detail），将 BIM 模型分为五个等级，见表3-4。用于编制施工进度计划的模型应该至少达到 LOD300 级别。

表 3-4 BIM 模型 LOD 等级

LOD 等级	名称	项目阶段
LOD100	Conceptual，概念	概念设计
LOD200	Approximate geometry，近似构件	方案设计或扩大初步设计
LOD300	Precise geometry，精确构件	施工模型设计
LOD400	Fabrication，加工制造	深化模型
LOD500	As-built，竣工	竣工模型

（2）临时施工模型 临时施工模型主要用来辅助产品模型的施工，待产品模型施工完成后需要进行拆除。根据施工进度计划的需要，同时不干扰产品模型的交付，临时施工模型需要单独创建。而现行 IFC 标准中并没有这些临时构件的描述，因此不能像墙体等基本构件一样通过 BIM 建模软件直接生成，需要用户自定义创建，临时施工模型主要用来辅助施工，因此对建模深度没有特别的要求，用户可以通过 BIM 软件创建，也可以由其他三维建模软件创建，然后转为 BIM 支持的格式即可。

3.3.2 进度信息的添加

1. 资源的分配

资源是影响进度计划的关键因素之一，只有在充分考虑资源供应的前提下制订的施工进度计划才是合理的施工进度计划。这里的资源主要指人工的消耗，所有进度管理单元需要消耗的人工，见表3-5。

表 3-5 BIM 进度管理单元消耗的资源

分部施工	进度管理单元类	消耗的资源(人工)
结构施工	脚手架	架子工人
	模板	模板工人
	钢筋	钢筋工人
	混凝土	浇筑工人
	吊装构件	吊装工人

（续）

分部施工	进度管理单元类	消耗的资源（人工）
建筑施工	墙体	砌筑工人
	门窗	门窗安装工人
	栏杆扶手	栏杆扶手安装工人
设备安装	风管	管道安装工人
	水管	设备安装工人
	电气管道	电气安装工人
装饰装修	天棚装修	天棚装修工人
	墙面装修	墙面装修工人
	地面装修	地面装修工人
	室外装修	室外装修工人

每个进度管理单元的施工都需要消耗一定量的人工，由于资源的供应，往往会有多个同类型的进度管理单元同时施工，如某一时间可能有多根柱子在同时绑扎钢筋。那么如何确定同时施工的相同类型进度管理单元的个数？为此，本节引入平均进度管理单元人工消耗量和人工总量的概念。

平均进度管理单元人工消耗量是所有同类型进度管理单元所需要消耗人工的均值，人工总量是指某一时刻可用于施工的所有人工数量。以绑扎柱钢筋为例，假设某一结构层共有 n 个钢筋混凝土柱，那么就会有 n 个绑扎柱钢筋的进度管理单元，分别需要消耗的钢筋工数量为 H_1、H_2、$\cdots$、H_n，那么平均进度管理单元人工消耗量 $\overline{H}$ 为

$$\overline{H} = \frac{1}{n} \sum_{i=1}^{n} H_i \tag{3-1}$$

实际情况中由于每个进度管理单元的人工消耗量 H_i 难以精确计算，需要人为估算，所以本书不采用式（3-1）计算平均进度管理单元人工消耗量 $\overline{H}$，而直接由编制人员根据经验进行估算。假设某一时刻钢筋工总量为 S，那么这个时刻同时进行绑扎柱钢筋的进度单元的个数 m 为

$$m = \left[\frac{S}{\overline{H}} \right] \tag{3-2}$$

因此，创建资源（人工）安排表，其中进度管理单元平均人工消耗量由经验丰富的人估计，人工总量可以在相关文件中的资源供应计划获得。表 3-6 为某工程资源（人工）消耗表。

表 3-6　某工程资源（人工）消耗表

分部施工	进度单元类	进度单元平均人工消耗量	人工总量
结构施工	脚手架	5	5
	模板	2	20
	钢筋	2	18
	混凝土	2	24
	吊装构件	1	15

（续）

分部施工	进度单元类	进度单元平均人工消耗量	人工总量
建筑施工	墙体	2	20
	门窗	1	15
	栏杆扶手	1	5
设备安装	风管	10	10
	水管	5	5
	电气	5	5
装饰装修	天棚装修	2	10
	墙面装修	2	10
	地面装修	2	10
	室外装修	2	10

2. 持续时间的估算

时间信息是进度管理单元从开始施工到完成的时间，主要包括开始时间、完成时间、持续时间，本进度管理单元的开始时间可以由紧前进度管理单元的完成时间来确定，完成时间由开始时间和持续时间来确定。这里主要研究进度管理单元的持续时间的确定。

进度管理单元的持续时间与进度管理单元中包含的施工活动有关，首先估算施工活动的持续时间，再计算进度管理单元的持续时间。

施工活动持续时间的估算方法有三种：经验估计法、定额计算法和倒排工期法。

（1）经验估计法 顾名思义，经验估计法是利用以往的类似工程的经验来估计当前项目的持续时间，一般采用"三时估计法"确定项目的持续时间，计算公式为

$$T = \frac{A + 4M + B}{6} \tag{3-3}$$

式中 T——施工活动的期望持续时间（d）；

A——乐观时间估计值，是指在非常顺利情况下完成所需要的时间（d）；

B——悲观时间估计值，是指在最不顺利情况下完成所需要的时间（d）；

M——最可能时间估计值，是指在工作正常情况下完成所需要的时间（d）；

（2）定额计算法 施工活动的持续时间与工程量、资源供应、施工定额相关。具体的计算公式为

$$T = \frac{Q}{RSC} \tag{3-4}$$

式中 T——施工活动的持续时间；

Q——分项工程的工程量；

R——人力或机械（拟配备）的数量；

S——施工定额；

C——每天安排的工作班制数。

（3）倒排工期法 首先确定工程最后的验收工期，从后往前依次确定工程各阶段的持续时间。倒排工期的施工活动持续时间 T 和需要的人力、机械的数量 R 可通过下式计算

$$T = \frac{P}{RC}$$

(3-5)

式中　T——施工活动的持续时间；

　　　P——劳动量（工日）或机械台班量（台班）；

　　　R——拟配备的人力或机械的数量；

　　　C——每天安排的工作班制数。

编制人员可以根据实际情况来选择计算方法。一般来讲，采用新工艺、新方法、新技术同时又没有工期定额的工程一般采取经验估计法，如果对项目总工期有明确要求，可采用倒排工期法；一般工程具有工期定额，可估算工程量，则采取定额工期法。

3.3.3　定义进度管理单元逻辑顺序

进度单元之间的逻辑顺序有顺序关系、平行关系、交叉关系三种。在附加进度信息后，必须定义进度管理单元之间的逻辑关系才能形成进度计划。一个模型往往包含成百上千个进度管理单元，人工定义这些进度管理单元之间的逻辑关系会导致工作量大大增加，编制效率也会大大降低。因此，本书采用计算机技术来自动生成进度管理单元逻辑顺序，而后根据项目具体情况进行人为调整，这样既能减少编制人员工作量，又能提高逻辑关系的准确性。

1. 进度管理单元逻辑顺序的生成思路

进度管理单元按照分部工程可以分为结构施工类、建筑施工类、设备安装类、装饰装修类，其中建筑施工和设备安装可统称为楼层施工。因此，进度管理单元的逻辑顺序生成思路如图 3-4 所示。

1）Sangyoon Chin 认为结构施工应该处于施工进度计划中的关键线路上。因此，结构施工应该是进度顺序的起始点。结构构件主要包括梁、板、柱、剪力墙等，结构构件采用空间上自下而上的排列顺序。图 3-4 中结构施工按照楼层划分为不同的部分，并且只有每个部分的完成才能导致楼层内部工作的开始。

2）楼层施工需要将相应楼层的结构施工完成作为前置条件。这一部分的工作主要包括砌筑墙体、安装门窗、电气管道和卫生管道的固定等。

3）装饰装修主要包括吊顶、装饰、铺设墙地砖、电气和卫浴器具的安装等。出于对已完工作的保护，本部分应该采用自上而下的方法排序。但是这个部分并不是完全按照楼层进行排序，因为这个部分的工作在不同的楼层是独立的。例如，三层地砖的铺设可能跟二层地砖的铺设同时进行；也有可能为了保护已经完成的工作而采用从三层到二层的施工顺序。

2. 定义进度管理单元之间的逻辑关系

在项目施工进度计划编制的过程中，首先要考虑主体结构类型，因为不同结构类型的施工顺序和进度管理单元都会不同。常见的主体结构形式有砖混结构、框架结构、剪力墙结构等。本书选取框架结构来作为研究对象。根据前文分析得知，进度管理单元之间主要有顺序关系，平行关系和交叉关系三种逻辑关系，下面具体分析。

（1）顺序关系

1）结构类进度单元之间。主体结构的上部荷载单方向向下传递，施工方向为自下而上单向施工；同时结构构件施工遵循强工艺逻辑顺序（如柱的工艺施工顺序为：柱钢筋→柱模板→柱混凝土）。因此，结构类进度管理单元之间的逻辑关系为严格的先后顺序。主体结

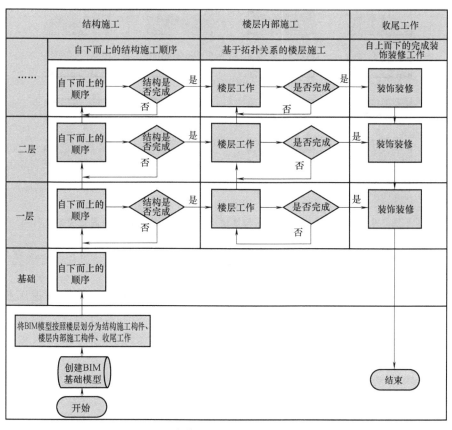

图 3-4　进度管理单元逻辑顺序的生成思路

构的进度管理单元逻辑顺序如图 3-5 所示。

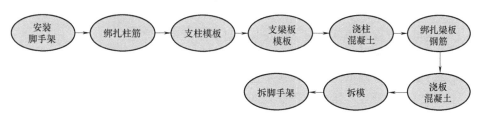

图 3-5　主体结构进度管理单元之间的逻辑顺序

2）结构类进度管理单元与其他进度单元之间。只有在结构施工完成后，才能进行建筑施工、设备安装等工作。因此，结构类进度管理单元与其他类进度管理单元之间的关系为严格的先后顺序关系，如图 3-6 所示。

3）同层墙体进度管理单元与门窗、栏杆扶手进度管理单元之间。门窗和墙体之间的关系是植入关系，只有墙体施工完成才能安装同层门窗。因此，墙体进度管理单元与同层门窗进度管理单元之间为严格先后顺序关系；墙体和扶手栏杆之间虽然没有明确的工艺逻辑关系，也没有资源和工作面的交叉，但为了施工组织的方便，也将墙体进度管理单元和扶手栏杆进度管理单元之间定义为先后顺序关系。

4）同层设备安装进度管理单元与装饰装修进度管理单元之间。同层之间，考虑到工作

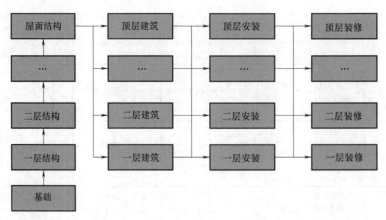

图 3-6　结构类进度管理单元与其他类进度管理单元之间的逻辑关系

面的需求，设备安装工程应优先于装饰装修工程施工。因此，同层设备安装进度管理单元与装饰装修进度管理单元之间定义为先后顺序关系。

5）同层设备安装类进度管理单元之间。实际施工过程中，为了降低返工损失，一般采取"小让大"的原则，即截面尺寸小的构件让截面尺寸大的构件先施工。根据这个原则，管道安装优先于电气安装，因此，设备安装类进度管理单元之间定义为先后顺序关系。

6）同房间装修进度管理单元之间。出于对已完工程的保护，装饰装修工程应采用自上而下的施工顺序，即从天棚装修、墙面装修至地面装修。因此，同房间装修进度管理单元之间定义为先后顺序的逻辑关系。

（2）平行关系　平行关系是进度管理单元相互之间既没有共同资源的约束，又不占用同一工作面，以下几种进度管理单元之间的关系均属于相互平行的逻辑关系：

1）上层墙体进度管理单元与下层门窗、扶手栏杆进度管理单元之间。

2）上层建筑类进度管理单元与下层安装类进度管理单元之间。

3）上层设备安装类进度管理单元与下层装修类进度管理单元之间。

4）同层门窗进度管理单元与栏杆扶手进度管理单元之间。

5）同层门窗进度管理单元与设备安装进度管理单元之间。

（3）交叉关系　室内装修进度管理单元需要使用相同的资源，只有前一房间的装修进度管理单元将资源释放后，后一房间的装修进度管理单元才能开始，故为交叉关系。

3. 进度管理单元逻辑顺序的生成算法

（1）结构类进度管理单元的排序　分为不同类型构件之间、相同类型构件之间两种情况。

1）不同类型构件之间。不同类型构件之间的逻辑关系主要指梁、板、柱等不同构件之间的先后关系。将这些构件按照如下排序逻辑进行排序，就能得到正确的施工顺序。

计算楼层数 floor(n)；

对于每一楼层 i，if[1，n-1]；

　遍历所有基础；

　　如果存在，将楼层 i 的结构类进度单元进行排序：

基础(i),柱(i),梁(i),板(i),其他承重构件(i)

否则将楼层 i 的结构类进度单元进行排序;

脚手架,柱(i),梁(i),板(i),其他承重构件(i),脚手架

对于楼层 n,进行如下排序:

脚手架,柱(n),梁(n),屋顶/板(n),其他承重构件(n),脚手架

2) 相同构件之间。由于资源的供应以及组织的安排,可能有多个相同的构件同时施工,如在某一时间可能有多根柱子同时施工,需要考虑同时施工的构件个数,式(3-2)给出了同时施工的构件的计算公式。另外,在实际施工过程中往往采取"小让大"的原则,即截面尺寸大的构件优先于截面尺寸小的构件施工,主梁优先于次梁的施工。因此,首先将构件按照尺寸排序。排序逻辑如下:

对于特定楼层 i;

对于特定的构件 1fcX;(X 代表 Slab、Beam、Colunm)

遍历并计算构件的个数 n;

将构件根据截面尺寸从大到小排序 C1,C2,…,Cn;

基从资源库中调用该类构件施工相关的资源;

并计算可同时施工的构件个数 m;

依次选取前 m 个构件成组并排序

$(C1,C2,\cdots,C_m),(C_{m+1},C_{m+2},\cdots,C_{2m}),\cdots,(C_{im},\cdots,C_n)$

(2) 楼层施工进度管理单元排序 楼层施工进度管理单元包括建筑进度管理单元、设备安装进度管理单元。楼层施工进度管理单元施工的前提是结构施工完成。因此,在建筑进度管理单元施工前需要进行一次判定:

IF 结构施工完成 THEN 从下至上依次砌筑墙体 ELSE 返回结构层施工

楼层内部工作的前提是本层墙体砌筑完成。因此,本类进度管理单元施工前需要进行一次判定:

对于特定楼层;

if 楼层 i 的墙体施工完成 Then

(

安装 i 层门窗;

安装 i 层栏杆扶手;

i 层管道施工;

i 层电气施工;

i 层设备安装;

)

(3) 装修进度管理单元的排序 室内的装修应该在本层的管道施工完成后进行,因为装修层与设备管道之间的空间关系属于覆盖关系,所以装修工作进行前应该有一次判定:

IF 本层管道施工完成 THEN 依次对本层每个房间进行装修

可以同时施工的房间个数及排序规则可参照结构类相同构件的进度管理单元的施工排序。对于每个房间内的施工顺序应该充分考虑工人的工作空间,从而对已完的工作起到保护作用,应该采取天棚装修、墙面装修、地面装修的施工顺序。

4. 进度单元逻辑顺序的调整

上述自动生成的方法是按照一般工程的施工顺序逻辑排序的，但由于工程项目的单件性、唯一性，结果往往还不能直接应用于施工项目中。就框架结构而言，模板的材质和所选用的施工方案都会对进度管理单元的逻辑顺序产生影响。另外，施工现场条件、气候条件及环境条件等都会影响施工顺序，上述方法在生成过程中均没有考虑。因此，要根据具体的项目来进行人工调整。

人工调整的依据主要有：施工方案，主要材料和设备的供应能力，施工人员的技术素质和劳动效率，施工现场条件、气候条件、环境条件等。

（1）施工方案 这是施工项目管理实施规划中先于施工进度计划已经确定的内容。施工方案中所包含的内容都对施工进度计划有约束作用。其中的施工顺序，也是施工进度计划的施工顺序；施工方法直接影响施工进度；设备的选择，既影响所涉及项目的持续时间，又影响总工期。

（2）主要材料和设备的供应能力 在进度计划编制过程中，必须要考虑材料和机械设备的供应能力，主要看其是否能满足需求。因此，就产生了进度需要与供应能力的反复平衡问题，一旦进度确定，则供应能力必须满足进度的需要，而不是相反。

（3）施工人员的技术素质和劳动效率 编制施工进度计划的目的是确定是施工速度。施工项目的活动以人工为主、机械为辅，施工人员的技术素质高低，直接影响着速度和质量，技术素质必须满足规定要求，不能以"壮丁"代"技工"，应按照劳务分包企业的标准对劳动力进行衡量和检查。作业人员的劳动效率以历史情况为依据，不能过于乐观或者过于保守，应考虑平均先进水平。

（4）施工现场条件、气候条件、环境条件 这三种条件靠调查研究，施工现场条件要认真踏勘，气候条件既要看历史资料，又要掌握预报情况；环境条件也要踏勘，如果是供应环境和其他支持性环境，则要通过市场调查掌握资料。

3.3.4 施工进度计划的表达

传统的施工进度计划表现方法有横道图、网络图等，这些都只能表现二维的、静态的计划。基于 BIM 的施工进度计划以三维的 BIM 模型为载体，可实现动态的、多维的施工进度计划表现。

1. 实体进度信息的表达

实体进度信息在 BIM 模型中用构件来表达。构件有未施工、正在施工、已完工和已拆除四种施工状态。这四种状态可通过进度管理单元中的状态控制信息属性用不同颜色来表示，见表 3-7。

表 3-7 构件施工状态的识别与显示

构件施工状态	状态识别	状态显示
未施工	状态控制属性为 00	构件隐藏,不显示
正在施工	状态控制属性为 01	构件显示,黄色强调
已完工	状态控制属性为 10	构件显示,初始颜色
已拆除	状态控制属性为 11	构件隐藏,不显示

2. 非实体进度信息的表达

非实体进度信息的表达主要包括时间信息、资源信息、进度单元之间的逻辑关系。时间信息和资源信息可以通过文字加表格的方式显示在 BIM 模型上，如图3-7所示。

构件（施工分部）	开始时间	结束时间	总调用时间	人工消耗	施工状态
框柱-2层	2013-7-1	2013-7-10	10		正在施工
框柱1-2层	2013-7-1	2013-7-3	3	4	正在施工
绑扎钢筋	2013-7-1	2013-7-1	1	2	正在施工
支模板	2013-7-1	2013-7-1	1	2	正在施工
浇筑混凝土	2013-7-2	2013-7-2	1	-	未施工
模板拆除	2013-7-3	2013-7-3	1	-	未施工
框柱2-2层	2013-7-1	2013-7-3	3	4	正在施工
框柱3-2层	2013-7-1	2013-7-3	3	4	正在施工
框柱4-2层	2013-7-2	2013-7-5	3	-	未施工

图 3-7　非实体信息的表达

3. 与传统的进度计划的对比

从内容、表现、修改的难易程度两个方面比较基于 BIM 的施工进度计划和传统的施工进度计划，见表3-8。

表 3-8　基于 BIM 的进度计划于传统的进度计划的比较

项目	内容上	表现上	修改的难易性
传统的施工进度计划	包括分项工程的进度信息,不包含资源的消耗,施工状态需要人为分析	二维的、静态的计划	出现变更时需要手动修改,且容易出错
基于 BIM 的施工进度计划	包括构件的进度信息,包括各个施工活动的资源消耗量,施工状态直接显示,一目了然	三维的、动态的进度表现	自动的,实时更新

1）在内容上，传统的施工进度计划最多表达分项工程之间的先后关系，每个施工活动的资源消耗不能表达，所以时间信息也只是人为的估算，不能精确；而基于 BIM 的施工进度计划甚至能表达构件的施工信息以及资源的消耗。

2）在表现上，传统的施工进度计划多用横道图、网络图来表达，这种二维的表现方式比较抽象、难以理解；基于 BIM 的施工进度计划则是在三维模型上以动态的方式表现进度状况，更加贴近实际施工，更加直观方便。

3）一旦出现工程变更，传统的方法只能手动调整施工进度计划，工作量很大且容易出错；基于 BIM 的施工进度计划只需要修改模型，或者更新数据库，施工进度计划就可以实时更新，非常方便且不易出错。

■ 3.4　基于 BIM 的施工进度计划跟踪

施工进度计划是在施工开始前就已经完成。然而由于施工现场环境复杂、条件多变，常常会出现施工进度与计划不符的情况。因此，有必要对施工进度进行跟踪以掌握实际项目进展情况，与施工进度计划进行比较，找出偏差，并提出解决方案。

3.4.1 传统的施工进度跟踪

传统的施工进度跟踪过程如图 3-8 所示，首先由项目经理发出统计项目进度的指令，然后由班组负责人将具体工作任务的完成情况汇报给专业负责人，由项目经理统计并汇总各个专业的完成情况，最终得到整个工程的施工进度。

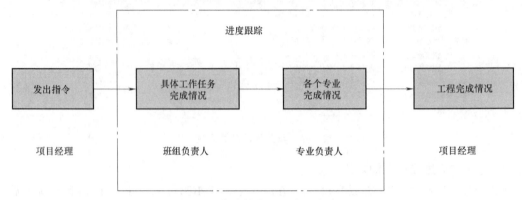

图 3-8 传统的施工进度跟踪过程

传统的进度跟踪主要有以下几个问题：

（1）进度信息的滞后性 从图 3-9 所示进度跟踪的过程需要多方的参与，包括班组负责人、专业负责人及项目经理。进度信息在每一级传递的过程都会占用一定的时间，但是现场施工是不会停止的，因此项目经理最终得到的进度信息不是当前的施工进度情况，信息的不及时性影响项目经理的决策。

（2）信息的不完整性 项目班组拥有最完整的进度信息，但是在信息的传递过程中由于各方人员的理解差异、文字表达的多意会导致进度信息的逐层减少。

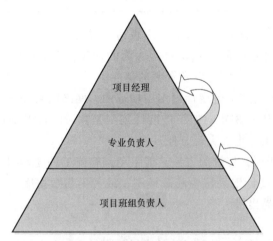

图 3-9 进度信息的传递方向

3.4.2 基于 BIM 的施工进度跟踪

在 BIM 的基础上应用全球定位系统（Global Positioning Systems，GPS）技术、射频识别

（RFID）技术等可实现施工进度的实时跟踪。下面以预制构件的施工为例来说明如何实现基于BIM的施工进度跟踪。基于BIM的施工进度跟踪过程如图3-10所示。

在建筑设计阶段，由设计人员创建3D建筑模型，并进行构件编号。构件预制工厂根据3D建筑模型生成的构件预制图进行构件生产，构件生产完成并通过质量验收后贴上标签，创建标签和3D建筑模型构件的关联。关联后的标签和对应编号的构件指向相同的对象信息，并通过服务器数据库进行储存和管理。此时，构件的状态为"生产"。构件的出厂扫描和运输，构件的数据同步传送到服务器的数据库中，构件状态为"运输"。与生产状态的信息一起，模型服务器中有关时间、日期、用户及经过GPS得到的构件当前位置信息得到更新。

构件到达施工现场后再一次进行标签扫描和接收构件，构件的状态由运输转为"接收"。在构件到达现场之前，现场的人员通过模型服务器已经获得构件的安装时间、日期、楼层、坐标位置等信息。现场相关人员对到达的构件进行验收，并可以输入构件的备注信息，同时更新模型服务器中的构件信息。对虚拟模型的一系列更新，使得各相关人员容易获得预制构件的最新信息。

构件就位进行安装前，进行最后的标签扫描，作业人员根据返回的信息指导构件的现场安装。同时，构件状态变为"安装"，并拆除标签返回工厂循环利用，此时标签和构件的对应关系解除。三维模型中的对应构件根据构件的不同状态数据，相应地按规定的法则用不同的颜色将构件对象在三维视图中同步呈现。在施工过程中，承包商、设计人员、工程师和业主在办公室内就能跟踪项目的进展情况。此外，可以对特定的构件进行跟踪设置，一旦构件的状态发生变化，工作人员将通过接收电子邮件或者短消息等方式得到构件的最新信息。

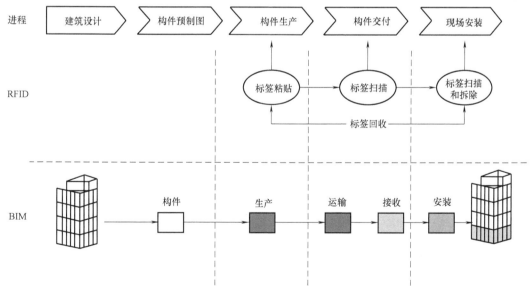

图 3-10 基于 BIM 的施工进度跟踪过程

基于BIM的施工进度跟踪通过射频识别（RFID）技术跟踪构件的不同状态，根据构件状态信息在三维模型中用不同的颜色表示，从而可以实时获得准确的整体施工进度状态信息。基于BIM的施工进度跟踪能够获得最及时的现场施工信息，便于对施工进度的控制以及管理。

■ 3.5 基于 BIM 的施工进度管理案例

3.5.1 4D 进度模拟与虚拟进度演示

BIM4D 施工进度动态模拟（4D 进度模拟）可以将整个施工进度直观地展示出来，使项目管理人员可以在三维可视化环境中查看施工作业。施工过程的可视化使得计划编制人员可以更容易地识别出潜在的作业次序错误和冲突问题，在处理设计变更或者工作次序变更时更有弹性。此外，施工过程的可视化使得项目管理人员在计划阶段更易预测建造可行性问题和进行相关资源分配的分析，如现场空间、设备和劳动力等，从而在编制和调试进度方案时更富有创造性。4D 进度模拟可以实现施工进度、资源、成本及场地信息化、集成化和可视化管理，从而提高施工效率、缩短工期、节约成本。

4D 进度模拟的应用可以分成两类，一类是基于 Activity Level，即任务层面；另一类是基于 Operations Level，即操作层面。基于任务层面的 4D 进度模拟是通过关联三维模型和施工进度来获得的。通过这种方式，能够快速地实现对施工过程的模拟，其缺陷在于缺乏对施工机械和临时工序及场地资源的关注，如脚手架和临时进场的起重机等。而基于操作层面的 4D 进度模拟则能够很好地解决这类问题。通过对施工工序的详细模拟，能够观察到各种资源的交互使用，从而提高工程进度管理的精确度以及各个任务的协调性。

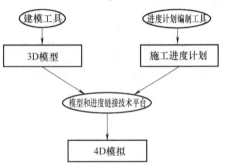

图 3-11　任务层面的 4D 进度模拟过程

1. 任务层面的 4D 进度模拟

任务层面的 4D 进度模拟的过程是将编制完成的进度计划和施工模型链接，在三维可视化环境中根据时间信息将模型构件按次序装配成整体建筑的过程，如图 3-11 所示。进度计划和施工模型的链接可以通过不同的方法和技术实现。例如，利用工作分解结构（WBS）技术进行两者的链接，首先使用 WBS 技术实现 3D 模型和进度计划自动链接，再通过建模人员的人工审查和修正保证链接的正确性。

4D 模拟可以用于进度可视化、设备定位、现场空间分析、识别潜在的施工流水冲突、资源分配计划，还可以用于不同项目参与单位的沟通协调。图 3-12 所示为某项目的进度模拟示例图。

2. 操作层面的 4D 进度模拟

操作层面的 4D 进度模拟需要详细地表现施工的具体过程，包括临时工序及资源的调配等。相对于任务层面的 4D 进度模拟，其模拟的精度更细，过程也更复杂，常用于重要节点的施工具体方案的选择及优化。

【工程案例】　某大型液化天然气项目（LNG）操作层面的 4D 进度模拟。

本案例的目的是在 4D 的环境下，模拟起重机的工作状态，包括起吊位置的选择以及起重机的最优行驶路线的选择。

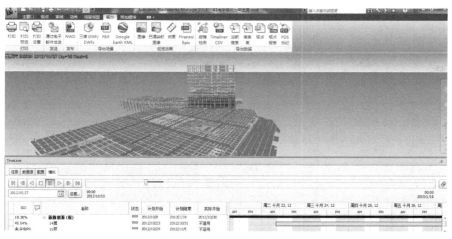

图 3-12　某项目的进度模拟示例图

1. 起重机起吊位置的选择

起重机的起吊位置是通过计算工作区域决定的。出于安全考虑，起重机只能在特定的区域内工作，通常来说，这个区域在起重机的最大工作半径和最小工作半径之内。以履带式起重机为例

$$K_i = \frac{M_S}{M_O} = \frac{G_1 l_1 + G_2 l_2 + G_0 l_0 - G_3 d}{Q(R - l_2)} \geq 1.4 \tag{3-6}$$

式中　G_0——平衡重力；

　　　G_1——起重机旋转部分的重力；

　　　G_2——起重机不能旋转部分的重力；

　　　G_3——起重机臂的重力；

　　　M_S——固定力矩；

　　　M_O——倾覆力矩；

　　　K_i——考虑荷载作用下的参数（$i = 1$、2），K_1 为在考虑所有荷载下的参数，包括起重机的起重荷载和施加在其上面的其他荷载；K_2 为在考虑起重机的起重荷载下的参数，在大多数的施工中，K_2 通常被用作分析的对象；

　　　Q——起重机的起吊荷载；

　　　l_1——G_1 重心与吊杆一侧的起重机悬臂梁的支点 A 之间的距离；

　　　l_2——G_2 重心与吊杆一侧的起重机悬臂梁的支点 A 之间的距离；

　　　d——G_3 重心与吊杆一侧的起重机悬臂梁的支点 A 之间的距离。

　　　l_0——G_0 重心与吊杆一侧的起重机悬臂梁的支点 A 之间的距离。

最大工作半径 R_{max} 可由下式计算得到

$$R_{max} \leq \frac{G_1 l_1 + G_2 l_2 + G_0 l_0 - G_3 d}{K_2 Q} + l_2 \tag{3-7}$$

最小工作半径由机械工作的安全指南决定，如图 3-13 所示。

2. 起重机的最优行驶路线的选择

图 3-14 所示为起重机施工现场布置及机械路径示意图。

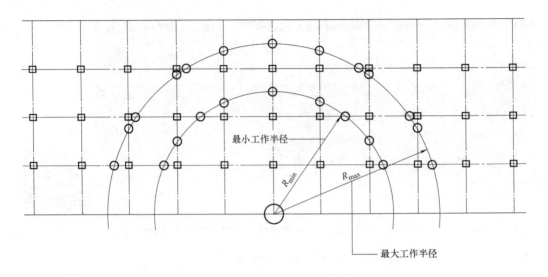

图 3-13　起重机最小工作半径示意图

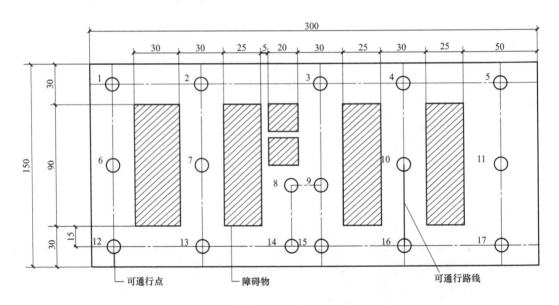

图 3-14　起重机施工现场布置及机械路径示意图

图 3-14 所示阴影部分表示在施工现场的建筑模型，圆圈表示起重机行进的工作点，虚线表示可通过的行驶路线。图中的每个点坐标都可以在 CAD 图上找到并可以计算出两个工作点之间的距离，故用传统的最短路径算法可以得到一台起重机的工作路线。最短路径算法如图 3-15 所示。

可通过 Matlab 程序来计算最短路径。程序运行之前，需要输入一些起始的数据，包括起始节点的数据（起重机原始位置）、终点的位置、所有可通过节点的坐标、可以作为起重机的工作行驶路径。假设起始节点为 1，结束节点为 10，则起重机工作路线的最终计算结果为（1，2），（2，3），（3，4）和（4，10），如图 3-16 所示。

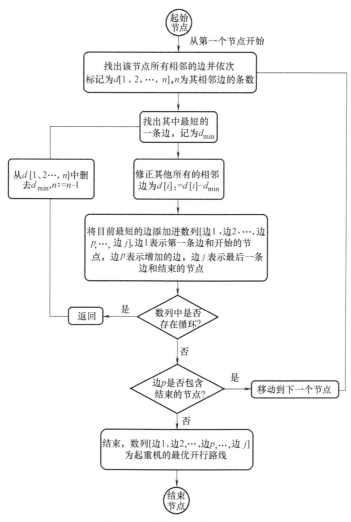

图 3-15　最短路径算法

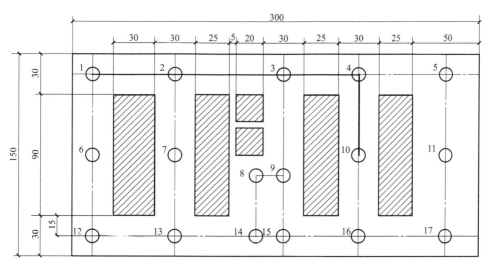

图 3-16　起重机路径示意图

表 3-9　起重机参数表

项　目	履带起重机/kg	汽车起重机/kg
长度/m	22	4.3
宽度/m	10	5.5
吊杆最大伸长长度/m	138	35.2

假设现场有汽车起重机和履带起重机两种不同的起重机。对于某些路线，汽车起重机可以通过但是履带起重机却不能通过。表 3-9 列出了两种起重机在计算路线时用到的基本的数据。

在实际的施工现场中，根据准确的空间要求需调整起重机吊杆的角度，还要考虑起重机吊杆所在三维空间的限制，以及考虑移动的起重机和相邻建筑、工作人员和传送设备之间的距离。如图 3-17 和图 3-18 所示，汽车起重机可以通过这条道路，但是履带起重机却因为格网状吊杆过长而无法通过。

图 3-17　汽车起重机行驶空间示意

图 3-18　履带起重机行驶空间示意

因此当采用履带起重机时，需要重新考虑起重机的路线选择问题，为此，需要修改之前的路径选择优化算法，即添加检测路线是否可以通过起重机的判定。用数字 2 代表起重机臂长可以通过邻近模型，数字 0 则代表不能通过。对相应的流程图也做出一定的修改，如图 3-19 所示。

得到最终优化后的起重机平面工作路线如图 3-20 所示。

计算模拟路线示意如图 3-21 所示。

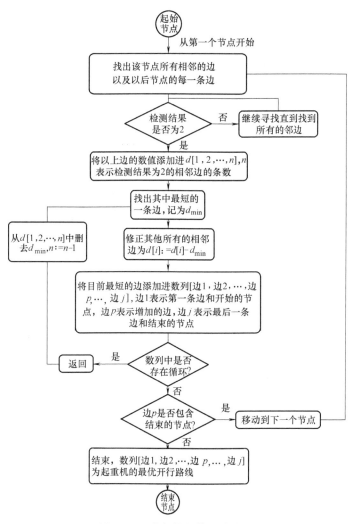

图 3-19   路径优化算法流程图

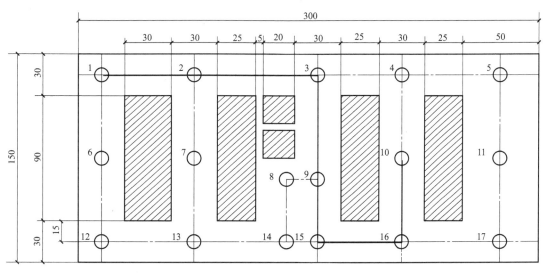

图 3-20   优化后的起重机平面工作路线

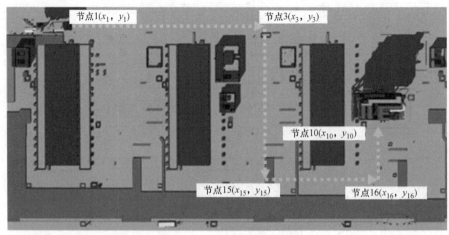

图 3-21　计算模拟路线示意

在 4D 环境下，根据计算结果定义起重机的具体路径，则能够实现操作层面的 4D 进度模拟，如图 3-22 所示。

图 3-22　三维路径示意图

本案例中，实现操作层面的 4D 进度模拟包含以下五个步骤：

1）定义出约束条件，包括 3D 空间要求。

2）使用 Matlab 计算出两种起重机的最短工作路线。

3）在 4D 的环境下确定每次移动的开始节点和结束节点。

4）在 4D 的环境下设定出开始节点和结束节点之间的运动时间。

5）通过 4D 的进度模拟比较两种起重机，并选择较好的一种作为最终的施工计划。

3.5.2　基于 BIM 的施工看板系统

1. 看板管理的概念

"看板管理"被视为提高现场标准化作业水平、提高施工作业效率的一项创新举措，现已被制造业广泛采用。在建设行业中，传统的工地看板往往只包括工程项目名称，施工企业名称，开工、竣工日期，施工项目负责人及其联系电话，咨询投诉电话，办公地址等静态信息。这些信息对施工现场的科学管理意义不大。为发挥看板的参考作用，在部分项目的工地看板上设置施工进度表、施工现场管理措施、施工现场安全措施、巡检登记表等标示牌。但传统看板更新的过程复杂、工作量大、看板信息内容陈旧与施工实际严重脱节、内容繁杂，难以发挥其应有的参考信息传递和展示作用。

基于 BIM 的施工现场看板管理系统利用信息化手段、结合 BIM 模型，将建筑模型、施工组织设计、实际施工进度、标准化作业流程、工作计划、质检控制及安全管理等信息写入"管理看板"，利用简化的图表、具体的数据、直观的模型使原本繁琐的进度、流程、注意事项更加直观、简明。现场管理人员通过"看板"，可以快速掌握所需信息，便于监控作业进度，及时发现、纠正发生问题的环节及个人；施工作业人员通过"看板"，可以对工作一目了然，及时、高效地掌握工作流程，避免发生跳步、遗漏及盲目作业等情况。

基于 BIM 的施工现场看板管理系统的运用，可以为各项施工作业的安全、高效完工，打下坚实的基础，同时为作业现场管理工作提供强有力的支持。

2. KanBIM 的概念

为了解决工程进度管理工作中的突出问题，Rafael Sacks 提出了基于 BIM 平台并引入拉动工作流程的看板管理技术的工程进度管理方法，称为"KanBIM"。他设想通过提供实时三维可视化的环境来展示工程进度实时状态和未来进度计划的内容，将其提供给所有现场人员并由他们来实时反馈现场状况，使他们能够更好地管理每一天的工作。通过看板管理增强进度管理指令和反馈信息传递的准确性和时效性，打通参建各方的信息传递通道，实现工程项目的精益建造。

KanBIM 系统中包括了一个支持各方协同编制工程进度计划的子系统，如图 3-23 所示（图中下部的界面摘取自 Rafael Sacks 的论文）。子系统中包括了一个供存储项目进度计划的服务器和显示数据视图和模型视图的两块看板。项目管理人员、承包商和材料设备供应商等相关人员同时接入该系统协同完成进度计划的编制。

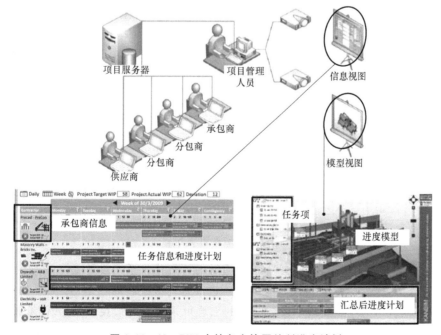

图 3-23 KanBIM 支持各方协同编制进度计划

各承包商和材料设备供应商在图 3-23 左下方的信息界面中编制自己的工作内容和进度计划安排，添加工作任务，上传至项目服务器。系统读取项目服务器中汇总的各方进度计划安排，经过后台处理后构成项目整体的进度计划安排并生成 BIM 进度模型。项目管理人员和各单位可以在图 3-23 右下方的模型视图界面中完成任务项检查和进度计划模拟审核的工作。

KanBIM 还包括了一个支持进度管理和进度跟踪的子系统，如图 3-24 所示。工程建设人员通过现场设置的若干触摸屏显示器来了解工作任务安排和设计信息，并通过触摸屏来反馈现场施工状况，如提交工作完成和意外终止等情况的报告。现场的信息同步上传到项目服务器中，系统后台将上传的信息拆分重组并与 BIM 模型关联。管理人员在室内接入 KanBIM 系统，通过工程进度跟踪界面了解工程信息和进展情况，完成日常进度管理。

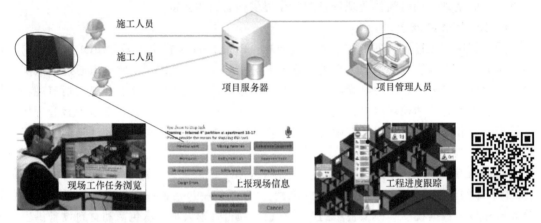

图 3-24　KanBIM 支持进度管理和进度跟踪

3. KanBIM 进度管理方法

KanBIM 进度管理方法是一种 BIM 技术的应用方法，它在 BIM 技术和看板管理技术的基础上实现和改善了进度管理工作。KanBIM 进度管理方法包括多个方面的内容，如图 3-25 所示。

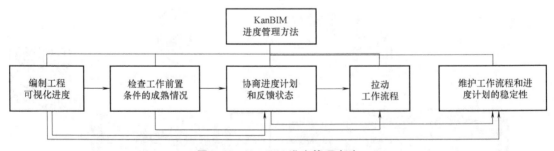

图 3-25　KanBIM 进度管理方法

（1）编制工程可视化进度　KanBIM 中工程项目的可视化包括了设计信息和进度可视化两方面的内容，其中后者属于 KanBIM 特有的一项进度管理方法。

KanBIM 中的建筑信息模型实现了设计信息的三维可视化，可以灵活地、无遗漏地向工人传递动态信息。通过 KanBIM 可以减少因设计意图不明带来的沟通工作量增加和已建工程拆除返工等问题。

KanBIM 技术提供的三维数字视角可以更好地展示进度信息，可以简单的图形标识显示工程当前的进展情况。施工进度管理人员可以直观地观察到项目中每一个工作面每一项任务当前的进度状态，可以合理安排进度、调配人员和机械设备，保证进度计划的顺利执行。施工进度可视化发展过程如图 3-26 所示。

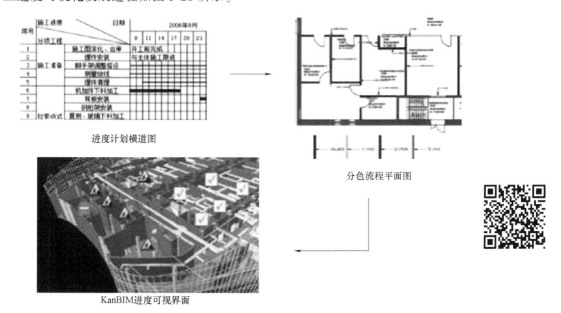

图 3-26 施工进度可视化发展过程

施工进度可视化对工程建设的好处还包括：施工进度管理人员通过清晰地了解进度信息可以采取措施以提高施工效率，施工人员在此条件下反映的问题可以得到全面快速地回复，从而提升工人在持续优化工作中的参与度。

（2）检查工作前置条件的成熟情况　在采用传统的百分比计划完成统计情况显示的情况下，即使施工进度管理人员着力提高了施工进度计划和执行的可靠性，但实际完成量仍只能达到施工进度计划的 80%，还有 20% 的任务没有完成。这部分任务计划不能完成的主要原因是其前置条件没有成熟，包括任务需要的人员材料或机械设备没有到位、施工任务的作业面被其他施工队伍占用、前一项基础性工作没有按计划完成等。

KanBIM 进度管理注重检查工作前置条件是否成熟，并尽可能地将这些信息提供给施工进度管理人员以帮助他们及时调整短期施工进度计划和周施工进度计划。工作前置条件检查项目包括任务的前置工作、设计信息、材料、机械设备、施工人员、作业空间和其他外部条件，见表 3-10。

工作前置条件的检查结果有已达成、可按进度计划安排达成和未达成三种状态。工作前置条件的这三种状态有不同的可信度，在检查结果的界面中会区分显示。

（3）协商进度计划和反馈状态　网络计划技术和关键路径法（CPM）的基本假设是工作可以被清晰地分解并打包成不同的活动，这些工作包之间的界限明显。现有工程进度管理工作效果较差的部分原因是在进度计划制订的层面上对工作任务的描述过于笼统和概念化。工作任务范围的界定不明确导致施工队伍的工作内容有重复或遗漏，进而引发现场冲突问题。而这些具体工作任务的界限关系可以在计划编制过程中细化，也可以通过各施工队伍或承包商之间的小范围协商来解决。考虑到这种情况，KanBIM 进度管理为协商谈判提供功能支持和可靠路径，以便进行细部调整。

表 3-10　工作前置条件检查项目

类别	内容	信息来源
前置工作	检查本工作相关前置工作的当前状态	进度计划中工作的逻辑关系 前置工作施工人员上报的完成情况
设计信息	检查该工作的设计信息是否齐全,有无待解决的设计问题	BIM 模型和原始设计资料
材料	检查工作所用材料是否到位,保证充足供应	供应商和分包商提供的材料进场报告
机械设备	施工所用的机械设备准备情况	施工队伍上报自备工具准备情况 现场统一调度的大型机械占用情况
施工人员	检查按计划要求配置施工人员是否准备就绪	施工进度计划中的劳动力安排 施工队伍上报的人员情况
作业空间	检查开展本工作的施工作业空间被占用情况	KanBIM 界面中的当前空间占用情况
其他外部条件	执行工作任务的其他必要条件	根据实际情况确定

项目现场环境复杂，各种外在条件可能发生变化，不确定性很高。这意味着当计划任务真正开始实施时，施工队伍负责人需要保留一定的灵活性。当原有计划任务的外部条件变得不成熟或出现问题时，施工队伍负责人必须立即向施工进度管理人员反馈现场情况，可通过启动应急预案或采用与所有受影响单位协商调整的方式做出快速响应。

KanBIM 进度管理实现了以下两方面的功能：

1）周工作计划协商。在进度计划的编制过程中通过工作包的安排向承包单位传递工作任务的最初信息。承包单位需要清楚每个工作包的具体任务内容，并将它们分解安排到周工作计划中，再与其他单位协商解决其中空间、资源等占用冲突的问题。各单位达成一致认可的意见后，对最终达成的协调计划做出明确承诺。

2）工作执行中反馈信息。施工队伍负责人必须挑选条件成熟的工作加以执行，在工作开始前重申能够及时完成，并在工作完成后立刻上报完成情况。在任务不能完成的情况下，负责人需要立即明确声明工作停止，并详细说明停止的原因。KanBIM 为这些声明和反馈提供传递和存储保障。

（4）拉动工作流程　由于工程项目不具有像工业生产一样重复的持续工作流程和稳定的生产系统，无法将工业生产的管理办法直接应用于建设工程。但是，工业生产中的看板管理拉动工作流程的方式仍可以借鉴。在建设过程中，每一个工作面可以被看作一个产品，而整个建筑物就是这些产品的组合。工程管理人员仍然可以通过有意识的策略来减少进程中的"在制品"，如减少施工过程中占用的工作面数量。"减少在制品"的策略要求承包单位优先将已占用工作面的工作尽快完成，而将那些需要在新的作业面开始的工作放在最后。这一策略提升了项目的整体优化，对施工过程中减少作业面的占用时间和缩短项目总工期的效果很显著。为了服务这一策略，KanBIM 进度管理提供了更多的工程实时信息尤其是工作面占用信息，比较不同团队在给定的时间工作流程的顺畅程度和顺利完成的概率，并将比较结果传递给施工进度管理人员，帮助他们优化下一步的工作选择。此外，实时显示的工程进度状态可以作为一种提升工作效率的手段，通过在界面中显示当前时刻有哪些待处理的工作任务，帮助建设人员寻找可以执行的工作。

（5）维护工作流程和进度计划的稳定性　维护工作流程和进度计划的稳定性是减少现场劳动时间浪费，保证项目施工进度的基本方法，也是实现后续进度施工计划优化调整的基础。

在工程项目中为了使施工进度计划能得到认真地执行，需要各参建单位做出承诺并制订相应的奖惩办法，即施工进度计划的执行实际包括接受计划、承诺执行、完成施工和报告的一系列过程。KanBIM 提供的信息数据作为施工进度实施的依据，监控整个工作流程并记录执行情况和关键时间点。以 KanBIM 的监控信息作为评价各单位施工进度执行情况，追究施工进度计划执行失败责任的依据。

KanBIM 施工进度管理对建设人员的工作提出了一些新的要求。在施工过程中不允许安排好的工作有临时性变化，尤其是未经报备的随意变化，即使提前完成了计划任务，也不能在未通过 KanBIM 系统与其他相关人员沟通达成一致的情况下提前执行未来计划任务，所有的计划变更都必须经过协商并在 KanBIM 中提交记录。由于施工或设计原因导致的施工进度计划执行失败应找出原因，而不能简单地移除任务或隐瞒问题。

4. KanBIM 施工进度管理工程应用案例

（1）工程概况　武汉国际博览中心是武汉市新建规模最大的综合会展项目，位于武汉市汉阳区长江西岸的国博大道上。工程分展馆、会议中心和洲际酒店等多期项目。其中二期会议中心项目设一层地下室，地上五层建筑面积约 10 万 m^2，包含若干不同规模的会议厅和接待室，顶层还设有一个约 $6000m^2$ 大型宴会厅，局部大跨部分采用钢骨混凝土柱，屋面采用钢结构形成网架，总用钢量约为 1500t。会议中心外部采用玻璃幕墙维护，如图 3-27 所示。三期洲际酒店项目共 21 层，如图 3-28 所示，地上总建筑面积 19.38 万 m^2，采取中部连接，两侧沿长江水道流线型展开的设计形式，酒店 18～20 层设有椭球体钢连廊，在地面拼接完成后一次性提升到位。

图 3-27　武汉国际博览中心
二期会议中心项目

图 3-28　武汉国际博览中心
三期洲际酒店项目

武汉国际博览中心项目工程体量较大。业主有严格的时间节点要求，二期会议中心总工期约为840天，其中地下室要求在2011年5月15日前完成地下室底板、墙板及回填施工；三期洲际酒店项目合同工期为810天，预计于2014年12月17日正式投入运营，分洲际酒店地下室、内环7m平台、会议中心、洲际酒店主体等阶段展开施工，见表3-11。

表3-11　各阶段施工时间安排

节点形象进度	施工累计工期（天）	完成时间
会议中心地下室底板、竖向墙板及室外土方回填	100	2011年5月15日
会议中心地下室顶板	60	2011年6月19日
洲际酒店地下室	148	2012年2月25日
会议中心主体结构	320	2012年3月25日
会议中心钢结构	90	2012年5月24日
会议中心粗装修	300	2012年10月11日
会议中心精装修	300	2012年12月10日
会议中心机电安装	400	2012年11月20日
竣工验收	30	2013年3月7日

会议中心项目主体上部施工时，预留连接一期区域的二层结构（3-V～5-G），将其延后施工，前期作为主要材料堆场及施工道路。结构施工根据图样所划分的后浇带划分施工段。结构主体施工流程如图3-29所示。

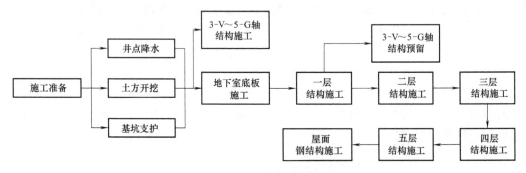

图3-29　结构主体施工流程

（2）KanBIM进度管理的应用概况　KanBIM进度管理方法涉及工作内容较多，本书以武汉国际博览中心项目中的幕墙工程为例介绍KanBIM进度管理的部分功能，结合工程实际介绍基于KanBIM进度看板管理系统和幕墙进度管理系统对幕墙施工的跟踪管理。结合项目实际需求，KanBIM进度看板管理系统设立了三级界面，为不同层级的工程人员提供进度信息支持。

一级界面用于施工进度的全过程展示。利用BIM模型可以全方位展示项目情况，提供施工质量、进度、成本和安全文明施工等多方面内容。

二级界面从满足一线施工人员执行本周工作的信息需求出发，提供本周施工进度计划安排、本周施工内容与位置信息等服务于现场施工管理的基本内容，向施工人员清晰传达施工进度计划安排，指导其施工作业，提高一线施工人员对其工作内容和目标的认识，帮助他们解决问题以保证施工进度计划的执行效果。

三级界面是管理人员界面，主要用于展示本周施工完成情况和下周施工计划，帮助施工进度管理人员掌握现场施工作业情况和施工进度计划要求，识别影响施工进度目标的关键工作和计划冲突情况，保证施工作业效率和施工进度计划的执行。同时，三级界面也为项目现场的例会提供会议支持，利用 KanBIM 模型展示本周施工进度和冲突部位情况，帮助各方协商解决问题。

由于本项目中的施工进度管理人员对 KanBIM 技术缺乏了解，整个施工进度信息的维护工作由专人负责。信息维护的流程可分为信息收集、信息确认、施工进度安排与变更、内容更新、意见反馈等几部分。KanBIM 进度看板管理系统信息维护流程如图 3-30 所示。

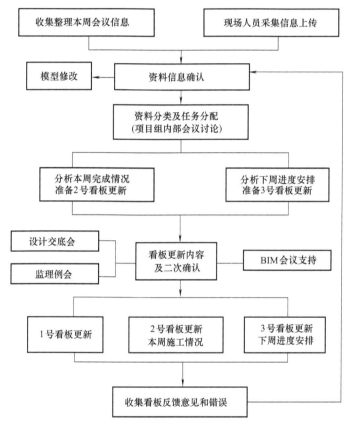

图 3-30　KanBIM 进度看板管理系统信息维护流程

基于 KanBIM 进度管理中的现场信息监控和反馈流程，幕墙进度管理系统实现了对幕墙工程进度的跟踪管理。幕墙属于预制件，包括出厂、运输在途和现场安装等一系列环节。系统中各片玻璃幕墙按照规则统一编码，采集记录各片幕墙构件的状态，将状态信息汇总以不同颜色显示在 BIM 模型中。施工进度管理人员在模型界面中获取信息，完成施工进度管理和控制工作。幕墙进度管理系统界面如图 3-31 所示。该系统还可以自动统计幕墙完成的工作量，指定时间后可以分区域统计幕墙已完工、运输在途和生产中的幕墙面积，减轻了幕墙施工进度管理工作的压力。

图 3-31　幕墙进度管理系统界面

（3）KanBIM 进度管理的应用效果评价

KanBIM 进度管理应用于武汉国际博览中心项目，实现了施工进度的可视化管理，为项目进度按计划实施提供了有效保障。二期会议中心项目完成时，各方累计通过系统发现并解决了 174 个项目问题，提交了多份问题报告，帮助施工人员更深层次地理解设计意图和施工方案，形成了稳定的 KanBIM 项目会议支持工作机制，周工作计划会议流程更为顺畅进行，如图 3-32 所示。为消防、暖通和自动化等分包单位提供专项设计协调

图 3-32　KanBIM 项目现场会议支持

会支持，在 BIM 模型中展示管线综合排布情况，确定管线底部标高，保证了管线施工按计划安排顺利执行。

在项目中应用 KanBIM 进度管理带来的改善效果见表 3-12。

表 3-12　KanBIM 应用前后进度管理工作的变化

阶段	工作内容	应用 KanBIM 前	应用 KanBIM 后
施工进度计划的编制	工作范围确定	文字图表表述，比较模糊	BIM 模型中可视化表达，更清晰
	工作分解结构	收集资料后人工分解，易出现错误	可以在模型中直接读取必要信息，可视化环境辅助，准确高效
	工作逻辑关系确定	图表作业，对计划人员素质要求较高	在可视化环境下进行，可通过模拟检验逻辑关系的合理性
	施工进度计划的编制	通过传统的横道图、网络计划编制，计算关键线路	与 BIM 模型结合，进行施工进度计划的模拟验证，寻找计划中问题
	施工进度计划整体优化	需要人工汇总各方的施工进度计划，检查冲突问题	自动整合各方施工进度计划，进行施工进度模拟直接显示冲突问题

（续）

阶段	工作内容	应用 KanBIM 前	应用 KanBIM 后
进度计划的执行与反馈	施工进度计划的执行	分层下达工作任务,施工人员通过设计图、施工进度计划等多项资料获取工作任务信息,容易出现信息不足的情况,影响施工作业	施工人员可通过 KanBIM 界面自助查询自己的工作任务信息,设计信息和施工进度计划安排等施工信息集合显示
	现场情况的反馈	通过管理人员层层上报,信息反馈时间长,反馈信息损失比较严重	施工人员通过 KanBIM 的现场信息反馈界面直接上报,快速无信息损失
	施工进度执行情况的跟踪	管理人员需要等待各方执行情况的上报,无法获得项目进度的实时信息	实时监控工程进展情况

除了表 3-12 中列举出的应用 KanBIM 进度管理对工作改善的直接效果外,KanBIM 的应用还为武汉国际博览中心项目带来了至少两方面的间接效益:

1) 向工程人员普及了 BIM 技术。KanBIM 在项目中的应用加深了工程人员对 BIM 技术的了解,使他们认识到 BIM 技术在工程项目中的应用价值;在项目建设过程中对建设单位、总承包单位、各专业分包单位等各参建单位进行了 BIM 技术培训,所有接受培训的人员一致认可 BIM 技术对工程项目的积极作用;培养了一大批潜在的 BIM 技术应用人才。

2) 形成了具有延续性的项目资料库。KanBIM 中要求进行 BIM 的结构化建模,保存了工程项目大量的设计和施工过程信息,为后续项目运营提供了信息保障。

KanBIM 进度管理注重对工作流程的持续改进,需要对应用 KanBIM 进度管理前和应用 KanBIM 实现稳定工作流程后的情况进行量化对比分析,故应设计专门的 KanBIM 进度管理效益评价方法,观察特定指标项目的变化。

对 KanBIM 进度管理的应用效果进行量化评估的理想方法是采用控制变量的对比实验方法。为了保证效益评价结果的准确性和可重复性,应尽量选择那些工作内容重复性高的项目作为实验对象,并保证比较对象在实验过程中的其他外部条件基本一致。例如,砌筑工程项目应选择位于建筑物同一楼层施工段内的若干砌筑单元任务作为比较实验的对象,比较施工人员数量相同、施工水平相近的施工队伍分别在传统进度管理环境下和在应用 KanBIM 进度管理环境下的施工作业情况。开展这样的大规模对比实验需要搭建条件较为苛刻的实验环境、需要进行长时间的跟踪观察、需要得到大量实验数据以排除意外因素的干扰。

另一种较为可行的量化评价方式是对 KanBIM 的应用效果进行模拟验证。本案例选取三期洲际酒店项目中 20 层轴 2-20 至轴 2-23 和轴 2-B 至轴 2-G 区域的部分砌体工程来进行 KanBIM 应用效果的量化评估,如图 3-33 所示。该区域共包含了 6 间面积为 $61.6m^2$ 的标准客房和 2 间面积为 $124.1m^2$ 的套间。图 3-33 所示墙体部分使用 M5 加气混凝土砌块和 M5 水泥砂浆砌筑而成,外墙厚 200mm,内墙厚 100mm。根据总承包单位提供的信息,洲际酒店项目中砌筑工程由两个施工班组负责,每组有 80 名砌筑工人。每一层的砌体结构以中轴为分界线,由这两个班组同步展开工作。

根据总包人员在施工进度计划中的估算,图 3-33 所示区域的砌体可由一个施工班组在 3 个工作日内砌筑完成。则按计划完成该项工作任务的基本人工消耗为 240 工日。

现场施工过程中并不是每一次出现问题时,都会影响施工进度计划的执行,而是有一定引发工作停止的概率（取为 P_s）。通过与现场施工人员的面谈，工人在砌筑施工中发现问题时有 80% 会跳过问题区域，转而执行其他工作，直到问题解决；因为现场问题而引起的工作停止只有 20%，即模拟实验中取 P_s 的值为 0.2。

面谈中有四位工人提供了遇到引起工作停止的问题后的处理结果。若该问题可以在小范围内解决，如施工队伍负责人交代的信息不明确等，快速解决问题的平均耗时 t_q 约为 1 小时。若该问题涉及不同专业间的协调问题时，如砌筑工程与精装修专业间的对接。需要将问题上报总承包单位或建设单位的工程师，协调一致后再返回处理结果。解决这类专业间协调工作的速度较慢，平均耗时 t_s 为 2 个工作日。而据总承包单位土建工程师介绍的情况，这类问题多数在技术协调会上才被提交，实际解决问题耗时 t 在 3 小时左右。在 20 层以下相似的砌筑施工过程中，可快速解决问题的数量 n_q 和需要协调问题的数量 n_s 分别为 4 次和 1 次。

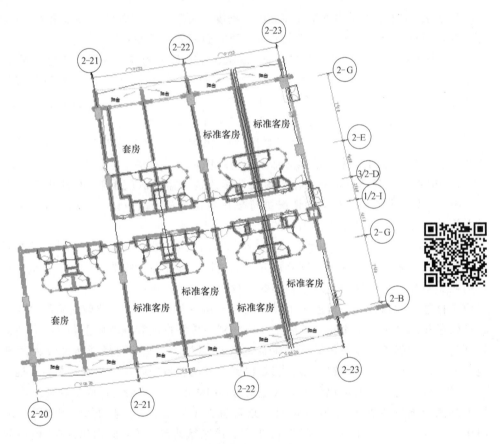

图 3-33　KanBIM 应用效果评估对象区域

现场工人劳动时间为上午 8 点至 12 点，下午 2 点至 6 点，日工作时间 t_0 为 8 小时。但工人现场实际工作中往往将部分时间花费在寻找工作任务等事情上，这部分没有产生实际价值的无效劳动时间平均为 1 小时。

根据以上施工进度管理人员和施工人员提供的信息，在不应用 KanBIM 进度管理的条件下，这部分砌筑工程的实际完成时间 T 为。

$$T = P_s(n_q t_q + n_s t_s)\frac{T_0 t_0}{t_0 - t_u} \tag{3-8}$$

式中　T_0——按施工进度计划完成该任务的人工消耗。

现假设在应用 KanBIM 进度管理后，问题协商的信息传递时间大幅度减少至零，施工人员也不再进行无效劳动，即应用 KanBIM 进度管理后的实际完成时间 T_k 为。

$$T_k = T_0 + P_s(n_q t_q + n_s t) \tag{3-9}$$

根据上述公式计算可得，图 3-33 中的砌体工程在不应用 KanBIM 进度管理条件下需要 2204.7 个工时来完成任务，而应用 KanBIM 进度管理后可将完成任务所耗的时间降低到 1921.4 个工时。应用 KanBIM 前后完成该任务的时间缩短了 283.3 个工时，缩短工期约 13%，应用效果较为显著。

思 考 题

1. 请简述施工进度管理的内涵。

2. 请结合工程项目全过程分析传统施工进度管理存在的问题。

3. 请谈谈你对 BIM 环境下的施工进度管理价值的理解。

4. 对于施工进度管理未来的发展方向，谈谈你的见解。

5. 熟悉文中提到的进行施工进度管理软件的操作，并思考 BIM 给实际工程运用带来的好处。

第4章

基于BIM的工程项目成本管理

学习目标

了解工程项目成本管理的基本概念，理解 BIM 成本管理业务分析及系统架构，掌握 BIM 成本管理子系统主要业务模块。

引入

某企业中标了一办公楼的土建及装饰装修施工承包任务，在签订施工承包合同后，企业技术部门对承包合同价、投标价的组成以及施工组织设计等内容进行了详细的分析、测算。为了节省施工成本，企业在项目目标责任书中要求项目经理部降低施工成本8%。

为了达到降低施工成本的目的，项目经理部结合该办公楼设计结构及施工过程的特点，将该工程划分为挖土和基础工程、地下结构工程、主体结构工程、装饰装修工程四部分，即将降低施工成本总目标值分解到该四部分。挖土和基础工程、地下结构工程、主体结构工程、装饰装修工程各部分的施工成本控制目标值分别是多少？各部分降低施工成本的目标值是多少？项目经理部采用价值工程的原理，分别对四部分进行了功能评价，并得到了其预算成本。

从这个案例可以看出，当成本标准发生改变时要进行成本控制不是一件容易的事，需要进行大量的工作，事实上成本管理是建设项目管理的一项重要任务，是建设单位项目管理的核心工作之一，也是工程项目在进行过程中需要重点控制的指标。

■ 4.1　工程项目成本管理概述

4.1.1　工程项目成本管理的含义及特点

成本管理是企业根据一定时期预先建立的成本管理目标，由成本控制主体在其职权范围内，在生产耗费发生以前和成本控制过程中，对各种影响成本的因素和条件采取一系列预防和调节措施，以保证成本管理目标实现的管理行为。

工程项目的成本通常由工程费用和工程其他费用组成。

1. 工程费用

工程费用通常包括建筑工程费用、安装工程费用和设备及工器具购置费用。

（1）建筑工程费用　建筑工程费用通常是指建设项目设计范围内的建设场地平整、竖向布置土石方等工程费；各类房屋建筑及其附属的室内供水、供热、卫生电器、通风空调、弱电设施及管线安装等工程费；各类设备基础、地沟、水池、水塔、栈桥、管架、挡土墙、绿化等工程费；道路、桥梁、水坝、码头和铁路工程费等。

（2）安装工程费用　安装工程费用通常是指主要生产、辅助生产和公用设施等单项工程中需要安装的工艺、电气、自动控制、运输、供热和制冷等设备或装置安装工程费；各种管道安装及衬里、防腐、保温等工程费；供电、通信和自控等管线缆安装过程费等。

建筑工程费用与安装工程费用的费用组成相同，两者合称建筑安装工程费用。建筑安装工程费用由直接费、间接费、利润和税金组成，包括用于建筑物的建造及有关准备和清理等工程的费用以及用于需要安装设备的安置和装配过程的费用等，是以货币表现的建筑安装工程的价值。

（3）设备及工器具购置费用　设备及工器具购置费用是指建设项目设计范围内需要安装和不需要安装的设备、仪器和仪表以及必要的备品、备件购置费。生产性建设项目的生产能力，主要是通过设备及工器具购置费用实现的。因此，设备及工器具购置费用占建设投资费用比例的提高，标志着技术和生产部门有机构成提高。

2. 工程其他费用

工程其他费用是指由建设项目投资支付的，为保证工程建设顺利进行和交付使用后能够正常发挥效用而必需开支的费用。按费用支出的性质，工程其他费用一般可分为以下几类：

1）土地使用费，包括土地征用费、迁移补偿费和土地使用权出让金等。

2）工程项目建设有关的费用，包括建设单位管理费、勘察设计费、研究试验费、临时设施费、工程监理费、工程保险费、配套工程费、引进技术与进口设备其他费等。

3）与项目建成以后生产经营有关的费用，包括联合试运转费、生产准备费、办公和生活家居购置费等。

4）预备费，包括基本预备费和造价调整预备费等。

5）财务费用，包括建设期贷款利息以及涉及固定资产投资的其他税费等。

工程项目成本管理的过程是运用系统工程的原理，对企业在生产经营过程中发生的各种耗费进行计算、调节和监督的过程，也是一个发现薄弱环节、挖掘内部潜力、寻找一切可能降低成本途径的过程。科学地组织实施成本控制，可以促进企业改善经营管理，转变经营机制，全面提高企业素质，使企业在市场竞争的环境下生存、发展和壮大。然而，工程成本控制一直是工程项目管理中的重点及难点，主要难点有以下几点：

1）牵涉部门和岗位众多。传统的成本核算需要预算、材料、仓库、施工、财务等多部门多岗位相关分析汇总数据，才能得出某时点实际成本。

2）对应分解困难。材料、人工、机械甚至一笔款项往往用于多个成本项目，拆分分解对相关专业要求高、难度大。

3）消耗量和资金支付情况复杂。对于材料而言，存在部分进库之后并未付款、部分付款之后并未进库，出库之后未使用完以及使用了但并未出库等情况；对于人工而言，存在部分干活但并未付款，部分已付款并未干活，干完活仍未确定工价等情况；机械周转材料租赁以及专业分包也有类似情况。情况如此复杂，成本项目和数据归集在没有一个强大的平台支撑情况下，不漏项做好三个维度（时间、空间、工序）的对应很困难。

4）数据量大。每一个施工阶段都牵涉大量材料、机械、工种、消耗和各种财务费用，人工、材料、机械和资金消耗都要统计清楚，数据量十分巨大。

4.1.2　工程项目成本管理的现状

利润是企业在满足市场经济规律和市场竞争规则条件下所追求的重要目标，是企业生存的重要根基之一。工程项目成本管理是施工企业实现利润、维持企业持续经营的核心工作之一，是企业项目管理工作的重要组成部分。工程项目成本管理工作的成效对施工企业具有重要的意义：良好地开展工程项目成本管理工作可提高施工企业的经济效益、经营水平，增强企业的竞争力。

经过了几十年的发展，我国建设工程的成本管理取得了一定的发展，但当前工程造价行业的发展水平仍然与社会、经济发展水平存在较大差距。我国工程项目成本管理信息化、精细化的程度不够、水平不高，成本估算预算与实际成本偏差较大。从公开的经济数据来看，绝大部分建筑企业的利润率较低，约为 1%～3%。利润率低主要有以下因素：

1）项目成本快速上升。近年来，项目成本不断增加，材料价格不断上涨。与此同时，劳动力输出、人力成本和福利待遇水平也对项目成本造成巨大冲击，以武汉的建筑行业人工工资为例 2006 年大约 50 元/工日，到了 2013 年已经超过 200 元/工日

2）成本核算滞后。工程项目成本管理没有参与整个项目管理过程，而是在项目完工、决算完成之后，才能确定项目盈亏。

3）成本管理流于形式。各个项目部都有成本管理的流程、制度与管理方法，但是由于在管理过程中不能及时、准确地提供数据，项目管理层只能依靠经验决策，使工程项目成本管理流于形式，并不能真正起到成本管理的作用，从而造成工程项目成本管理的失控，形成项目利润的巨大漏洞，引发一连串的经济问题。

4）外部环境导致成本大幅增加甚至失控。最低价中标不断恶化、垫资金额不断提高、下浮比例不断增加、支付条件越来越差、合同陷阱越来越多等，导致工程项目成本大幅增加。

施工企业要想提高利润，必须进行科学的成本管理，有效控制造价成本，在概算→预算→决算的各阶段进行精确的工程预算，实现全过程实时成本控制，实施精细化的工程预算管理，以更好地削减不必要的费用、控制风险。在实际工程项目成本管理工作中，常有如下问题：概算、预算、决算超支，供应商飞单，材料消耗超定额消耗量等现象非常普遍；设计部在前期未能站在全局的高度考虑所设计的工程项目造价成本；项目部在过程中对动态的工程成本基本心中无数，普遍情况是到项目结束才确定项目盈亏；工程项目预算信息管理技术、方式落后，信息渠道不够畅通；工程预算能力差，耗费大量人力、财力、时间来算量计价，精确度不高，对于任意的设计变更都需要进行大规模的重新算价；项目成本核算能力弱，无法及时发现项目过程中的各种预算管理漏洞，也无法采取有效的工程预算管理措施，利润流失严重等。对于以上的现实问题，也有一些传统的工程成本控制方法被运用到项目之中，如应用挣值原理，将实际的成本、进度和计划进行比较；采用标准化设计和推行限额设

计，对项目的成本进行一个动态的控制等。然而在传统的管理体制和工作方法下，这些成本控制方法在实施中不断出现问题：很难有效得到各个节点的计划成本和进度信息来进行基于挣值原理的工程成本实时控制；对于限额设计来说，其设计指标很难进行合理的分解，从而导致限额设计这样一个意在主动控制成本的方案变成被动实施等。所以，这些方法在实际工程中并不能有效控制"三超"现象。

4.1.3　BIM 在成本管理中的优势

为了提升工程项目成本管理水平和工程造价效率，有效实现工程成本的精确智能预算、结算和决算，实现全过程的工程造价成本控制，实现精细化的工程成本管理，更好地进行工程成本尤其是预算的经济数据分析，就需要将已有的方法、软件、工具等在一个统一的平台上进行一定的集成，保证工程数据的智能化、自动化和信息化。BIM 作为一项新兴的技术，提供了一个建筑信息集成平台，并在各种实际运用中不断显示出其强大的潜力和全方面的优势：

1）基于 BIM 的工程预算为预算人员节约了大量的时间。BIM 本身作为一个设计软件，能直接根据设计模型进行工程量统计，不需要预算人员将图样导入到预算软件中进行重新识别计算。

2）基于 BIM 的工程预算能得到更为精确的工程量。BIM 软件所计算的工程量就是模型的实体工程量，模型构建得越精确，得到的工程量就越精确。

3）基于 BIM 的工程预算方法能够得到实时的工程预算成本，有利于及时进行成本控制。BIM 软件自动生成的成本数据可以随时反馈到计算机系统中，既节约了时间，又能对预算成本进行实时控制。

4）基于 BIM 的工程预算方法能有效地应对工程设计变更。无论是手算，还是基于现在的一些预算软件进行电算，一旦有了任何设计变更，都需要进行大规模的重新计算、重新导图，工作量相当繁重。基于 BIM 的工程预算可以在设计变更时自动进行预算成本的实时更新，真正实现了智能化。

美国的研究显示，BIM 的应用可使建设单位保留了比传统建设方式下更低的不可预见费比例，如图 4-1 所示。

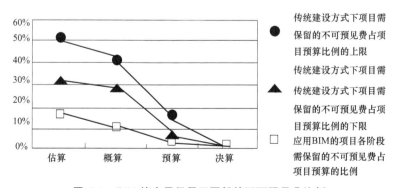

图 4-1　BIM 的应用保留了更低的不可预见费比例

基于 BIM 的工程成本管理实现了建设工程管理的信息化、系统化、集成化，实现了从设计阶段开始对工程预算实现全过程的动态的精细化管控，从根本上控制"三超"现象

（竣工结算超施工图预算、施工图预算超设计概算、设计概算超投资估算），降低了工程建筑安装基本预算成本，提高了企业的经营水平。

■ 4.2　BIM 成本管理业务分析及系统架构

4.2.1　BIM 成本管理业务分析

BIM 具有可拆分式三维全专业立体表现形式和构件级基础数据库两大特点。以这两大优势为基础建立对应的信息系统，可以有效地管理建筑企业项目中的相关问题和提升项目利润空间。根据我国工程项目中设计与施工分离的情况，BIM 也可以分为设计 BIM 与建造 BIM 两部分。本节重点介绍建造 BIM 在项目成本管理中的具体应用。

在项目的施工阶段，依据不同的要求、规范和相应措施，可以对 BIM 系统进行全方位、多角度、不同层次的处理。以 BIM 为基础的成本管理系统的构建，可根据项目利润要求主要分为预算（收入）管理模块与支付（支出）。BIM 成本管理系统业务数据构建，根据不同的要求按照"创建—维护—共享"的规律支撑项目的精细化管理，提升项目利润空间。

1. 预算（收入）业务说明

预算 BIM 是根据施工合同、施工图、图纸会审纪要及相关的国家规范、地方规范等与建筑单位书面确认技术核定单、签证单、工程联系单、变更单等的相关规则和文件内容，在进行工程项目预算书编制过程中所调整形成的工程量清单创建、维护、共享的 BIM 模型数据。从招标投标开始一直到竣工结束，以工程量清单为基础的预算 BIM 贯穿了整个项目管理全过程，是针对建设单位支付和向建设单位提支付申请的重要依据手段。

当前，根据《建设工程工程量清单计价规范》，我国的工程承包合同模式主要有：固定总价合同与固定单价合同。这两种合同模式的共同特点是在合同签订后施工过程中综合单价不予以调整（通常合同模式规定在竣工结束后如主材价格超过 ±5% 予以调差）。因此，过程款无论是按照工程阶段（如地下一次结构出 ±0.000）；或是按照月进度支付（通常每月 25 号进行进度款申报审核），都关系到过程预算中工程量的确定。预算 BIM 随时、随地、随意拆分工程量的特点正满足了这一需求。

另外，我国工程项目合同中包含的经济分析方式通常有清单和定额两种模式。清单又分为国标清单、港式清单、在前两种基础上演变的企业清单标准（如金地地产）。定额分为各地方定额和在地方定额基础上演变的企业定额标准（如绿地、保利等）。无论哪种方式都有其自身具备的计算规则、规范、项目划分等规定，预算 BIM 的计算符合在各种标准中切换的条件，极大地提高预算数据获取分析的效率。

预算 BIM 在全过程预算数据管理中的应用流程如下：

1）在招标投标阶段建筑企业根据招标图样、招标文件、建设单位确定的分部分项清单列项明细、计算规则和相关规范建立第一个预算 BIM 以核对建设单位招标文件中提供的工程量等数据，做好投标报价策略分析。

2）中标签订合同后，建筑企业项目部根据确定的施工图和图样会审纪要对预算 BIM 进行细化调整，以达到与图样和建设单位确认的相关规范一致的模型数据。

3）在施工全过程中根据建设单位、监理单位签字确认的变更单、签证单、技术核定单、工程联系单等对预算 BIM 进行进一步的维护，并利用预算 BIM 数据的内容及时准确地调用分析，以满足月报、产值预计、过程结算的需要。通过对预算 BIM 动态维护，至工程项目竣工结算时，与建设单位进行最终工程量的数据核对（通常 BIM 技术人员根据自己的经验水平和商务谈判能力将预算 BIM 数据调整到规范所规定的最上限）。

预算 BIM 在项目全过程中保证了针对业主方数据的及时、准确和有利性，避免漏项和滞后。

2. 支付（支出）子功能业务分析

施工 BIM（传统意义上被称为"施工预算"）是在预算 BIM 的基础上根据现场施工方案、实际技术、建筑企业自身规范、特殊工艺手法等在施工全过程中创建、维护、共享的BIM 模型数据。从合同签订后的进场准备开始一直到竣工结束，施工 BIM 同样贯穿了整个项目管理全过程，是针对自身成本核算管理、分包班组结算、材料供应商结算的重要依据手段。

当前我国建筑企业（无论是国营、民营，直营、挂靠）都采用劳务班组的方式进行现场的实际施工操作，企业人员不参与实际的生产劳动，而是作为管理人员进行监督指导。因此，如果没有相关的操作规范条件，劳务班组所用的施工工艺、施工技术都大同小异。施工BIM 具有一定的普遍性和通用性，根据管理用途不同，施工 BIM 作为项目管理的工具更偏重于现场实际操作所产生的数据，是指导施工的利器。

为了提高工作效率，施工 BIM 通常是在同一项目的预算 BIM 基础上进行优化和细化。例如，大部分地区的楼梯混凝土量利用预算 BIM 是按照投影面积处理，而实际施工中混凝土计划用量就必须使用施工 BIM 进行体积量的测算。由上可知，施工 BIM 基于预算BIM 创建完成后根据现场的实际情况调整维护。通常情况下预算 BIM 只考虑建设单位确认的或由于建设单位原因造成的变更。施工 BIM 侧重于全面考虑现场情况，需要在预算BIM 基础上添加由于施工单位自己的失误所造成的变更，这部分工作量差异建设单位是不予承认的，但是施工单位在材料采购，工料分析时必须考虑。施工 BIM 更接近现场实际的特点表现在还可以利用 BIM 的三维虚拟表现的优势在三维状态下进行施工指导、碰撞检测和图样疑问分析。施工 BIM 提供及时、准确、贴近现场的"构件级"数据，为项目管理中的限额领料、材料计划、成本测算、资金计划、过程结算、分包商结算、供应商结算等提供了巨大的帮助，是支撑项目管理体系中数据管理的核心。BIM 成本管理系统业务分析如图 4-2 所示。

3. 使用效果业务分析

管理的支撑是数据，项目管理的基础就是工程基础数据的管理，及时、准确地获取相关工程数据就是项目管理的核心竞争力。预算和施工支付作为项目管理中"合同条线"与"施工条线"重要的数据支撑依据，为项目数据短周期的多算对比创造了可能。

BIM 成本管理系统使用效果业务分析如图 4-3 所示。同一短周期时间点上，预算 BIM 是根据合同 WBS 系统快速、准确地获取三个维度的数据；施工 BIM 是根据施工 WBS 系统快速、准确地获取三个维度的数据。两者解决了 8 算对比中最难统计的 3 个计划数据（业主应

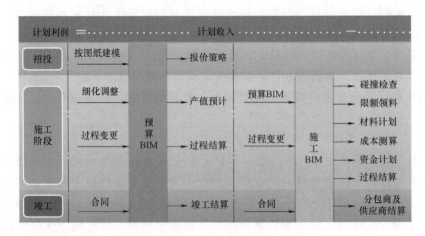

图 4-2　BIM 成本管理系统业务分析

当支付的已完进度款，业主尚未支付的剩余工程款和施工预计消耗）。ERP 系统中主要体现实际的发生情况：所获得的业主已付款项，已支付分包款项，实际已经发生的消耗等数据。BIM 与 ERP 的结合真正实现项目管理中短周期的多算对比，也就真正实现通过数据管理解决项目利润流失的问题。

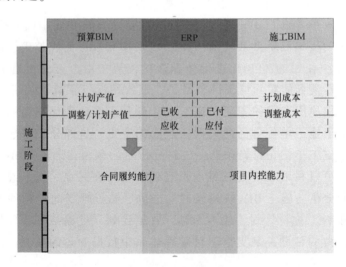

图 4-3　BIM 成本管理系统使用效果业务分析

4. 对外接口业务分析

BIM 技术作为建筑信息化大家庭的重要成员，同样肩负着从"信息化"到"自动化"再到"智能化"的发展使命。从 BIM 到 ERP，并完善对获取数据的分析功能是下一阶段建筑信息化和项目利润提升工具的发展重点。

BIM 成本管理系统，具有将数据接口打通，使数据进行无缝对接的条件。BIM 数据从"构件级"到"材料级"的产品，并将进度计划和协同管理进行融合对接，工程项目管理"智能化"的时代即将到来。

4.2.2　BIM 成本管理系统架构

BIM 成本管理系统的模块体系如图 4-4 所示。

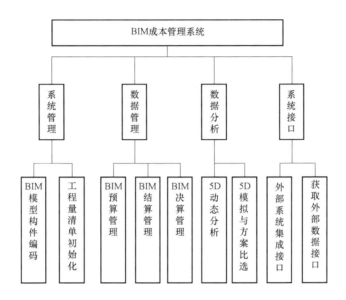

图 4-4　BIM 成本管理系统的模块体系

■ 4.3　BIM 成本管理子系统主要业务模块说明

4.3.1　BIM 建模方法

1. 基于工程计量的 BIM 建模的实现方法

目前，我国广泛应用的计量计价方式有定额式和清单式两种。定额式相对来说项目子目太详细，更适合于手工算量算价，而工程量清单方式就更适合并有利于电算化、智能化。工程量清单计价还有以下优势：

1）它是以工程实体的实际工程量为基础而生成的，而建筑信息模型的 Revit 软件就是统计模型中所建造的实际工程量，模型越精确所统计的工程量就越与建成项目所耗的工程量相接近，所以工程量清单表的依据与 BIM 的 Revit 软件统计依据是相当一致的。

2）在国内外的认可度方面，工程量清单计价优于定额计价，清单计价方式能有效地鼓励企业之间形成一种良性竞争从而降低和控制工程成本，非常适合我国（以市场经济为主的经济环境）的竞争性计费方式。

基于以上原因，本章中的 BIM 模型是与清单计量计价相结合而构建的基于 BIM 的工程预算模型。本章内容对模型的构建提出了要求，建立了标准。

图 4-5 所示为 C1 户型的一个整体三维图（其中各个构件的类型在建模时进行了简单定义）。

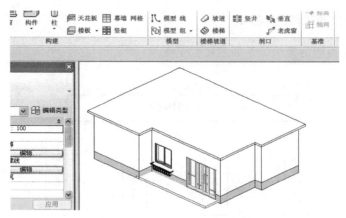

图 4-5　C1 户型 BIM 模型图

图 4-6 所示为将该户型屋顶隐藏后所看到的内部结构图。

将其中的一面墙体构件单独隔离出来，可以通过图 4-7 所示的属性信息看到，在建模时一旦建立出了这个族构件，那么它很多体量方面的数据信息就自动生成了，如构件的高度、长度、体积、面积等，而这样的一些数据信息就是用来作为成本预算中工程量统计最基本的依据。这也就是利用 BIM 进行工程预算的优势之一——根据设计模型自动生成工程量。

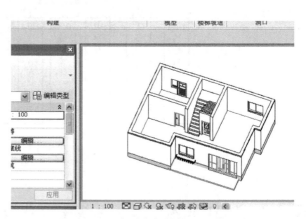

图 4-6　C1 户型内部结构 BIM 模型图

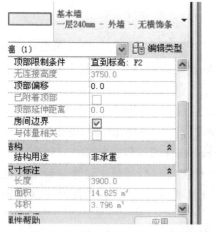

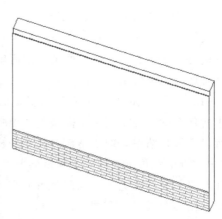

图 4-7　C1 户型中隔离墙构件 BIM 模型图

Revit 作为一款国外软件，用来统计我国工程项目的工程量，必然会存在很多差异，并且在实现工程量计算中也会遇到各种问题，如果能将这些问题提出来，并予以解决，那么采用 BIM 技术进行工程预算就更趋实际了。在研究中我们发现了如下的建模问题：

1）BIM 模型工程量的计算方式问题。对于建筑工程的工程量计算，美国并没有一个统一的计算规则。他们基于 BIM 做预算时，就是以建筑构件类型为依据，将由 BIM 模型得到的面积、体积等数据直接作为建筑工程预算的工程量，所以源于美国的 Revit 自然也不会例外。与其相比，我国的定额或者清单中的工程量计算规则和标准已经非常完整和成熟了。所以，需要找到可行办法让 Revit 这一款国外软件所自动生成的如体积、面积等构件的体量属性能有效地作为分项工程项目的工程量在我国得到利用，并同时还能有效地适用于后面的工程计价。

2）BIM 模型中有孔洞或有搭接的构件的工程量的计算问题。对于设计要求的从门窗这样的大型孔洞到各种预留的小孔洞，在模型中也都会构建出来，一目了然。那么，由 Revit 模型所自动生成的墙及柱等构件的面积、体积等量体属性是否已经扣除了构件上面这些孔洞的量还有待确定。提到了孔洞，当然也少不了搭接问题，如对于有些梁和柱的搭接处，Revit 模型的工程量计算时是将这块搭接算到梁里还是算到柱里，还是在梁和柱里将此块搭接进行了重复计算，这些都有待验证。

3）并非所有分部分项工程项目的工程量都可直接用 BIM 模型计算出来，如土石方工程就不用 Revit 来计算工程量。这并不是因为用 Revit 算不出土石方量，而是由于 Revit 自身的计算原理的限制，导致利用 Revit 算出的土石方的工程量的精确度非常低，所以用 Revit 来计算土石方工程量并没有什么可行性也没有任何推广使用的价值。

4）BIM 模型的计算细化到了构件的工程量。由 BIM 模型自动生成的工程量表是分别以模型中每个构件作为独立单元分项列出的，存在项目过细、过多且杂乱无序的问题。例如，有几面墙就会列出几项，这样就会导致表中项目过多；每一大类（如墙）中的各个不同小类分项工程（如 C1 户型所导出的明细表中 240mm 的外墙与 120mm 内墙）是在表中交叉着列出的，Revit 软件并不能将其按不同的类型分块列出（如将 240mm 的外墙列一块，120mm 的内墙列一块），这就导致整个明细表项目比较杂乱。而标准的清单表里，每个分部分项工程项目就作为一个统计项列为一项占用一排，表中不会重复列出相同的项目。

Revit 所计算出的工程量将用于整理为清单表中的工程量，所以要求 Revit 所计算出的工程量有足够的精确度，这就需要对 Revit 的计算规则进行一定的研究，进一步确定 Revit 得到的量是否可以直接作为清单表的工程量。基于以上的考虑，并具体针对以上基于 BIM 模型的工程量计算所提出的问题，得到了以下的解决方案：

1）对于 BIM 模型的工程量计算方式的问题，可以直接根据清单的工程量计算规则来确定具体导出的构件体量属性中对应字段。前面提到了，Revit BIM 模型的工程量统计是基于我国标准清单来进行的，所以，在设置要用 Revit BIM 模型导出来的工程量时，需要依照清单表来确定。例如，砌筑工程中的砌块墙，清单计价规则中是通过计算其体积作为工程量列入清单表中的，那么就可以直接通过 BIM 模型导出的墙的体积来统计墙体工程量。同样的门窗表对应面积、扶手对应长度等。所以，总的来说，就是以清单表作为一个规范来查阅需要计算的分项工程工程量的计算规则，从而确定需要从 BIM 模型中导出哪个量体属性作为统计的工程量。

2）对于 BIM 模型所计算出来的构件工程量中孔洞量是否已经扣除和模型对于构建搭接部分的工程量是否进行了重复计算的问题，可以直接通过实际模型来计算回答。

图 4-8 所示是 C1 户型中的一面 240mm 基本墙的 BIM 模型图，可以直接从左边的属性列表中得到软件自动生成的构件量体数据，高度是 3750mm，长度 6300mm，面积 14.895m^2，体积 3.864m^3。用其高度乘长度得到的面积数据为 23.625m^2，显然比构件属性中的面积要大。

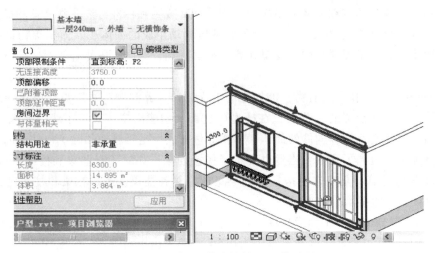

图 4-8　240mm 基本墙的 BIM 模型图

再分别统计其中门窗的面积如图 4-9、图 4-10 所示，门为 2.4m×2.7m = 6.48m^2，窗为 1.5m×1.5m = 2.25m^2，墙体构件扣除门窗孔洞后的面积为 23.625m^2 – 6.48m^2 – 2.25m^2 = 14.895m^2，正好与 BIM 软件中自动生成的构件面积相一致。所以，可以说明 BIM 模型所直接自动生成的构件工程量中已经完全扣除掉了构件中孔洞的量，可以直接作为统计的工程量使用。

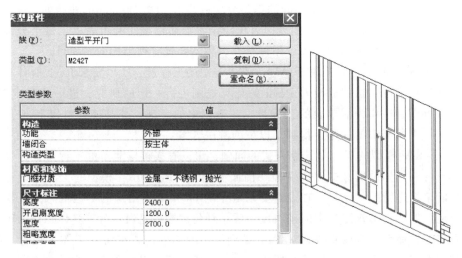

图 4-9　门的 BIM 属性

搭接处的工程量也通过上述方法进行实际计算对比，发现：模型构件有多长，BIM 模型算出来的量就有多少；模型中构件之间搭接了多少，得到的构件搭接处工程量就会重复计算多少。

基于 BIM 模型的实例计算更充分证明了，Revit 软件所计算出来的长度、体积、面积等

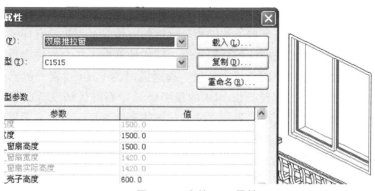

图 4-10　窗的 BIM 属性

量就是所建模型的实体工程量。门、窗、洞口在模型的墙的实体中是已经"挖掉"的；搭接实体有多长，就会计算多少量。所以，如果对搭接处的搭接长度有要求，就需要在设计建模时，通过实体模型直接表现出来。由上可知，越要得到精确的工程量，就需要对建模提出越高的要求，建模建得越精确越接近实际建筑，则软件导出的工程量明细表也就越精确。

3) 对于无法用 BIM 模型计算出来的工程量，或用 BIM 计算出来的结果很不精确的，如土石方工程，就可以用其他如 3ds Max 等软件来计算。土石方工程量计算不精确的问题是 Revit 软件自身固有的一个缺陷，目前无法改变，当对计算结果精度要求不高时，也可以用 Revit 计算。

4) 对于 BIM 模型中分别计算各个构件的工程量并在表中分散交叉列出对应的各个构件项目工程量问题，需要通过分类汇总的方法由 BIM 模型直接生成的明细表进行进一步的整理，这也是与清单表中以每个分项工程项目为基本单元来分别统计工程量总量并自成一排的形式所决定的。

基于工程计量的 BIM 建模问题及解决办法见表 4-1。

表 4-1　基于工程计量的 BIM 建模问题及解决办法

序号	基于工程计量的 BIM 建模问题	解决办法
1	缺乏工程量的计算规则、计算方式	以清单表的计量规则为标准来确定构件的哪一个量体属性是需要由 BIM 模型生成并作为工程量导出的
2	BIM 模型的构件工程量计算中孔洞是否扣除和构件搭接是否重复计算	BIM 计算的实体工程量，模型中构建了孔洞、搭接，系统就会自动进行相应的工程量扣减或搭接计算
3	土石方工程是否可以用 BIM 模型计算	对土石方工程量计算精度要求不高时，可以用 BIM 计算；否则，可用其他像 3ds Max 等软件来进行计算
4	BIM 模型分别计算各个构件的工程量，导出的表中子目过多过杂	可以将 BIM 模型各个构件的工程量表导出，并进行分类汇总

2. 基于工程计价的 BIM 建模的实现方法

1) 计价依据问题。我国工程计价一般都是基于定额或清单来进行的，但在国外的很多国家还并没有一套统一的工程预算定额，对于其计量后的算价也是由市场价格来确定每一项的单价来计算成本。在国内，有确切的定额可供查询参考，不管是招标单位还是投标单位都要求以相应的建筑工程预算定额为基础来进行成本预算。所以，对于将 BIM 这个从国外引进的产品用于工程计价时是否同样可以直接利用我国定额还有待研究。

2) 现行的 BIM 建筑、结构等模型中的项目特征描述一般都是不完善的，这里 BIM 模型中各个构件的特征描述对应到各个分部分项工程项目的做法，但不管是清单计价还是定额计价都是需要通过详细的工程做法来对应套取当地的相应价格的，所以，如果没有详细到清单表中的项目特征中对各个分项工程所描述做法的详细程度，即使计算出了各个构件项目的工程量也无法进行后面套取各个相应工程项目的单价来计价。我国国内的 Revit 建模一般都是在设计图出来之后，再根据图样进行构建，这样不仅 BIM 的很多设计方面的优势没有凸显出来而且建模者为了提高建模速度对各个分部分项工程构件的特征描述不愿意再一项项在图样中找出详细的特征内容来编辑到模型中，这就会导致工程项目后面计价工作存在困难。例如，对于 M5 混合砂浆的水泥标砖和 M5 水泥砂浆的水泥标砖它们单价并不一样，但一旦模型编辑对构件的做法、材料没有详细编辑，只写水泥标砖，那么后面就无法套用对应的单价来计价。相比之下，清单表中的项目特征描述就是相当精确的，包括详细的材料材质构成、具体施工工艺做法等，而且不同类别的项目都可以直接在清单规范中查到其相应的特征描述。

对于以上基于工程计价的 BIM 建模问题，本文分别提出了以下相应的解决方案：

1）对于计价依据问题，虽然国外没有统一的计价依据，但国内相对来说这个方面已经非常规范、健全了，可以直接根据需要来依照相应的地方预算定额或直接采用国家预算定额，来进行一个统一的标准计价。当然对于各种规费、税金之类的，国家都有相应的规费费率及税金税率，可以直接套用计算。

2）建模时以标准的清单规范为模板来对工程各个构件的项目特征进行详细描述定义。可以看到清单表里的特征描述会详细到列出分部工程的类型、规格、品种、强度等级以及做法等内容，这些都是为了统计出后面的工程量后套定额、综合单价计价提供方便并提高精确度。所以，在 BIM 建模时，模型构件项目特征描述的详细程度和标准程度也需要往标准清单表上面靠拢，这就需要在对各个 BIM 模型构件进行项目特征定义时所对应的类型、规格、品种、强度等级以及做法等在建模的时候直接进行材料、做法设计并编辑到各个工程构件的项目特征属性里。这样出来的明细表，就不再仅仅只是一个计量工具，而且还可以为后面的工程计价提供条件。

上述基于工程计价的 BIM 建模问题及解决办法见表 4-2。

表 4-2 基于工程计价的 BIM 建模问题及解决办法

序号	基于工程计价的 BIM 建模问题	解决办法
1	对于 BIM 这一从国外引进的产品将以什么为依据计价	可以直接根据需要来依照相应的地方预算定额或直接采用国家预算定额，来进行一个统一的标准计价
2	BIM 模型中的特征描述需要基于一个什么标准，达到一个怎样的完善程度呢	建模时可以根据标准的清单规范为模板来对工程各个构件的项目特征进行详细描述定义

3. BIM 建模经济数据标准的设置要求

前文介绍的工程预算的计量、计价中的各种 BIM 建模问题，归根结底都是因为 Revit 作为一款国外软件被直接应用于我国工程，所必然存在的适应性问题。国内对于 BIM 这一新兴技术的研究还并不够深入，BIM 作为一个很有前途很有意义的技术，怎么样才能将其有效地应用于工程预算？本文将会创新性地提出基于 BIM 的成本预算建模标准的设置要求，以达到模型能够有效地进行成本预算的目的，也有助于结合我国国情进一步提出适合的 BIM 建模经济数据标准，以实现 BIM 有效广泛的在我国应用。

下面基于上述研究，分别从两个方面来对本国的 BIM 建模经济数据标准提出设置要求：

（1）进行成本预算的 BIM 建模制图标准 CAD 图有一些基本的制图标准来对图样的设计质量和实施可行性进行把关。BIM 技术是最先作为 3D 模型的设计方法引入到我国的新兴技术，也必须保证由其所构建的模型在各个方面能够满足相应建筑物的构建标准，保证由其所生成的二维施工图都能满足已颁布的国家所有制图标准，保证由 BIM 设计出来的模型能够满足各种设计规范的标准和结构的荷载承载要求。

基于上述这些方面进行考虑，可以提出在构建 BIM 模型时，由构建的 BIM 模型导出的工程施工图时必须符合一些基本的国家制图标准，如：GB/T 50103—2010《总图制图标准》、CB/T 50104—2010《建筑制图标准》、GB/T 50001—2019《房屋建筑制图统一标准》CJJ/T 78—2010《供热工程制图标准》等。

同时，建筑构件的各种属性应当符合其对应的国家或行业设计规范，以利于对建筑的性能进行分析，如 GB/T 50033—2013《建筑采光设计标准》、GB/T 50121—2005《建筑隔声评价标准》、GB/T 50378—2019《绿色建筑评价标准》、JGJ 26—2018《民用建筑节能设计标准（采暖居住建筑部分）》等。同时在对构件进行三维造型设计时，还需要参考各种标准图集，如《国家建筑标准设计图集》《建筑构造通用图集》《建筑设计资料集》等。

这些建模制图标准是进行基于 BIM 的成本预算的基础，没有这些标准，建出来的模型是没有实施意义和经济意义的。这些标准可以进一步分解为各个规范条文，并针对各类条文建立独立的数据库表来对其进行存放，可将 BIM 模型构件系统与这里的标准之间建立关联，以便在构建 Revit 模型时，及后续的规范查阅时能够做到迅速有效。

（2）进行成本预算的 BIM 模型构件设置要求 对于 BIM 的经济数据模型除了要满足上面的基本建模制图要求外，模型中的各类构件设置也需要满足一定的要求。前面小节的工程计量和计价实际上是分别从两个方面对 BIM 的设计、构建的模型及构件提出设置要求。BIM 建模构件的经济数据标准设置要求见表 4-3。

表 4-3　BIM 建模构件的经济数据标准设置要求

序号	构件类型	建模要求
1	土石方工程	当土石方工程量计算精度要求不高时,可以用 BIM 计算;否则,可用 3ds Max 等软件来进行计算
2	砌筑工程,非承重砌体墙等（Revit 建筑模型）	1. BIM 模型中构件的项目名称编辑需与清单表中分项工程的项目名称一致,把类型、砂浆强度等级编入,如"水泥标砖（M5 混合砂浆）" 2. BIM 模型构件的项目特征编辑,需将构件对应到清单表中相应的分项工程中,以清单表中对分项工程的特征描述为标准来编辑设置。例如,水泥标砖需要编辑类型、厚度、砌块品种、规格、强度、容重、砂浆强度等级等。这里设置就需要尽可能详细,以方便后续套单价计价 3. 对于工程量导出时工程量和计量单位的确定问题,还需将构件对应到清单表中相应的分项工程中,找到对应的计量规则和计量方法,并以此为标准来设置导出工程量表字段,如混凝土空心砌块墙在清单表中是用体积来计算工程量的,而模型中它的体积等数据就已经附着在构件上了,就直接在导出明细表时设置体积为工程量导出字段,并同时相应定义 m^3 为计量单位 4. 构件上面的门窗等洞口需要直接在模型中构建出来,以保证后面导出的明细表中工程量已经将孔洞扣除 5. 在 Revit 的建筑模型中,此类构件无须搭接,因为模型构建的就是建筑实体,若此类构件搭接实际工程中是无法搭接建造的

（续）

序号	构件类型	建模要求
3	承重的钢筋混凝土构件：承台、垫层、柱、梁、板、钢混墙等（Revit 结构模型中混凝土部分）	1. 构件名称、特征、工程量的设置同上，以清单表中对应分项工程为依据 2. 构件中门窗等需要在模型中挖出，并且若 BIM 模型洞口有钢筋，钢筋也必须隔断 3. 在 Revit 的结构模型中，构件的实体混凝土部分无须搭接，因为一般也是整体浇筑
4	承重的钢筋混凝土构件：承台、垫层、柱、梁、板、钢混墙等（Revit 结构模型中钢筋部分）	1. 对于构件的钢筋部分在名称部分除了标出钢筋的类型、直径以外，还需要标明是现浇构件的还是预制构件的，方便计价 2. 每根钢筋的项目特征以清单表为依据详细设置 3. 对于钢筋的工程量，清单表中是以重量为计量规则的，单位为 t，而 BIM 模型中只能生成构件的量体属性，所以钢筋就以体积为工程量导出字段，后面再与相应的密度相乘来调整得到清单表中要求的工程量计量形式 4. 在 BIM 模型中，对于钢筋混凝土构件中的孔洞处的钢筋也必须隔断 5. 对于钢筋在构件中的铺设必须符合钢筋设置规定，如间距、保护层厚度、受拉部位多设等 6. 对于钢筋的搭接，就根据设计规范和要求设置，如在哪搭接，如何搭接，搭接多长等，都需要直接在模型中构建出来
5	门窗、零星构件	同 2
6	装饰工程	根据设计要求，直接在 BIM 模型中的相应部位构建装饰层进行墙体、楼地面、顶棚、门等构件的装饰设计，并详细定义项目特征，如基层、压光层、垫层的做法及所使用材料类型等

4.3.2　BIM 的工程量预算编码体系的建立

　　由上文所介绍的建模标准来进行某住宅楼项目的 BIM 建模，其 BIM 结构模型如图 4-11 所示。

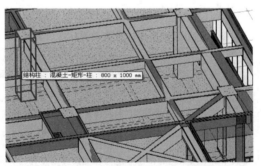

图 4-11　某住宅楼项目的 BIM 结构模型

　　再采用"输出到 Excel"的成本预算方法从 BIM 软件中导出住宅楼的工程量明细表。住宅项目部分柱的工程量明细表见表 4-4。

表 4-4　住宅项目部分柱的工程量明细表

柱类型	长度/mm	体积/m³	柱根数	类型注释
混凝土-暗柱-2AZ28 柱：300mm×450mm	4200	0.64	1	1. 构造柱高度：图示高度 2. 柱截面尺寸：墙宽×240 3. 混凝土强度等级：C20 4. 混凝土拌和料要求：自拌

（续）

柱类型	长度/mm	体积/m³	柱根数	类型注释
混凝土-暗柱-2AZ29柱：300mm×450mm	8400	0.01	2	1. 构造柱高度：图示高度 2. 柱截面尺寸：墙宽×240 3. 混凝土强度等级：C20 4. 混凝土拌和料要求：自拌
混凝土-矩形-柱：800mm×900mm	4200	3.02	1	1. 矩形柱高度：图示高度 2. 柱截面尺寸：图示所有尺寸 3. 混凝土强度等级：C50 4. 混凝土拌和料要求：商混（泵送）
混凝土-矩形-柱：800mm×1000mm	33600	26.71	8	1. 矩形柱高度：图示高度 2. 柱截面尺寸：图示所有尺寸 3. 混凝土强度等级：C50 4. 混凝土拌和料要求：商混（泵送）
混凝土-矩形-柱：900mm×1100mm	29400	29.01	7	1. 矩形柱高度：图示高度 2. 柱截面尺寸：图示所有尺寸 3. 混凝土强度等级：C50 4. 混凝土拌和料要求：商混（泵送）
混凝土-矩形-KZ1柱：800mm×800mm	63000	40.25	15	1. 矩形柱高度：图示高度 2. 柱截面尺寸：图示所有尺寸 3. 混凝土强度等级：C50 4. 混凝土拌和料要求：商混（泵送）

为了能够有效地进行工程计价，通过模型得到清单工程量表需要尽量向标准清单表靠近。

国内标准的清单表中C40柱分项工程标准清单表见表4-5。

表4-5　C40柱分项工程标准清单表

序号	项目编码	项目名称	项目特征描述	计量单位	工程量	金额（元）		
						综合单价	合价	暂估价
33	010402001015	矩形柱 C40	1. 矩形柱高度：图示高度 2. 柱截面尺寸：图示所有尺寸 3. 混凝土强度等级：C40 4. 混凝土拌和料要求：商混（泵送）	m³				

基于工程清单表来对上面的BIM模型导出的Revit工程量明细表进行分析，可以发现这中间还是存在较大的差距，明细表列的是各个构件的构件工程量表，而清单表列的是分项工程工程量。不仅如此，最重要的一点是：清单表中有标准的按规范编制的清单项目编码，每个分项工程对应一个独立的编码并自成一行。

这里，BIM模型导出的工程量表所列构件项目非常杂乱无章，这在前面也提到过了，虽然可以按项目名称进行分类汇总，但按名称汇总后得到的项目还是太细太多，如表4-4中的"混凝土-矩形-柱：800mm×900mm"和"混凝土-矩形-柱：800mm×

1000mm"汇总后也会成为两项列出，而清单表中的"矩形柱"是作为单独一类的分项工程列为一项的。直接通过名称来分类汇总得到的工程量表也不利于后面套定额、套综合单价来进行工程计价，给计价工作增加了难度和工作量。回归到清单表进行分析，可以发现如果BIM的模型中以同类构件为单元来共用一个编码，然后基于编码进行分类汇总，就完全可以直接解决上述问题，同时还能在很大程度上避免漏算与重复计算，有效地提高了工程预算的精确程度。

除了需要设置合适的编码，在编码前还必须对BIM模型进行一个分解，这样才能进行后面的一类模型构件套一个编码来进行编辑汇总。所以，找到一套合适的编码体系用于BIM模型的编码设置，找到合适的分解办法对BIM模型进行分解是十分必要的。

1. 基于WBS的BIM模型结构分解

对于建筑工程项目的分解可以通过WBS的方法，在这里对于BIM模型的分解也同样可以用WBS分解，将BIM模型按一定的标准进行不断的层层细分，直到分解到最基本的最小单元构件项目，而这个最小的单元项目就是基于能方便快速地计算出相应的工程量，并能有效地套用对应的单价进行计价来设定的。这样，就可以将得到的各个单元项目成本进行层层汇总，从而得到所构建的BIM模型实体工程费用。

BIM模型的WBS分解及费用汇总的流程图如图4-12所示。

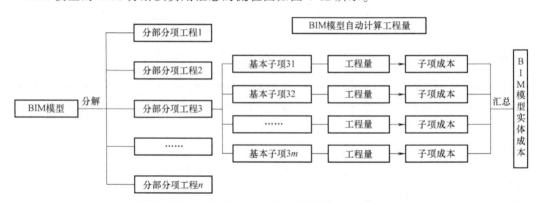

图4-12　BIM模型的WBS分解及费用汇总的流程图

BIM模型的WBS分解是需要和清单表相结合的，图4-12所示的"基本子项"就是对应到清单表中的分项工程，所以可以根据上面的WBS分解流程首先对应清单表的分部工程将模型进行分解，然后再将各个分部工程中对应的模型部分依据清单表中的分项工程所列项目来进行进一步分解，从而确定模型中的各个构件分别归类到清单表中的分项工程和分部工程。所以，对于BIM模型的WBS分解也是后面对BIM模型的工程量表中的各个构件项目进行编码的基础。同时，也可以根据流程图中分解后的汇总流程来进一步得到工程项目的BIM模型实体成本。

2. BIM模型中分项工程项目编码的设置

我国清单计价法的编码体系十分完善。GB 50500—2013《建设工程工程量清单计价规范》根据专业的不同分为建筑工程、装饰装修工程、安装工程、市政工程、园林绿化工程和矿山工程6个专业，每个专业下面又分很多专业工程，专业工程下面又包含许多分部分项工程。清单计价规范是强制性的，必须有下面四个统一：统一编码、统一项目名称，统一计量单位、统一工程量计算规则。后面的三项已经通过对 BIM 的模型建设提出要求而达到与清单表相一致，要达到对 BIM 模型的构件编码也与清单表的分项工程编码相一致，就需要先对清单编码的设置依据和结构进行分析。

清单表中的分部分项工程项目编码按五级设置，用 12 位阿拉伯数字表示，1~9 位应按《建设工程工程量清单计价规范》附录 A、B、C、D、E、F 的规定设置；10~12 位应根据拟建工程的工程量清单项目名称由其编制人设置，并应从 001 开始依次按顺序进行编制，具体编码由以下五级组成：

1）第一级编码：分两位，为分类码；建筑工程是 01、装饰装修工程是 02、安装工程是 03、市政工程是 04、园林绿化工程是 05、矿山工程是 06。

2）第二级编码：分两位，为章顺序码。

3）第三级编码：分两位，为节顺序码。

4）第四级编码：分三位，为清单项目码。

上面的四级编码（即前九位编码）是《建设工程工程量清单计价规范》的附录中根据工程分项在附录 A、B、C、D、E、F 中分别已明确规定的编码，供清单编制时查询，不能做任何的调整与变动。

5）第五级编码：分三位，为具体的清单项目码，由 001 开始按顺序编制，是分项工程量清单项目名称的顺序码，是招标人根据工程量清单编制需要自行设置的。

基于清单表对 BIM 的构件进行相应的编码有两种方式，一种是：首先根据构件的类型、属性直接在《建设工程工程量清单计价规范》中确定其对应的工程类别、章、节、项目，查到构件对应的四级编码的 9 位数；然后再以清单表的分项工程为最小子目对 BIM 模型中的构件进行归类，看在前面 9 位编码都已确定的情况下还可以将构件分为几类，有几类就按顺序设置几个 5 级编码。例如，"混凝土-矩形-柱：800mm×1000mm"，可以直接根据其类别"柱"查到其前面的 9 位编码 010402001，然后再看 BIM 模型中所建柱有哪些分项工程类别，就依次自行编制后面的三位编码。

另外一种方式是：首先构建出各个分部分项工程项目的清单编码，再将构件对应其中，即先将工程项目进行 WBS 分解，得到分部分项工程分类，再查询、设置出各个分部分项工程的项目编码；然后将模型的各个构件分别对应到相应的分部分项工程，确定每个分项工程包括哪些构件，这些构件就共用一个项目编码。例如，首先将工程项目按照清单表的分类方式将其分解为分部工程，如《建设工程工程量清单计价规范》中"A.4 混凝土及钢筋混凝土"分部工程下面有矩形柱 C40、矩形柱 C50 等分项工程，查询设置出各个分项工程的编码，如"矩形柱 C40"对应 010402001013，"矩形柱 C50"对应 010402001014，再对应到 BIM 模型中的各个构件，可以找到矩形柱 C50 的模型构件分别有"混凝土-矩形-柱：800mm×900mm""混凝土-矩形-柱：800mm×1000mm""混凝土-矩形-柱：900mm×1100mm"等，对于这些构件都统一在 BIM 模型中设置编码为 010402001014。

通过对 BIM 模型中各个构件进行基于清单的编码设置，就可以让模型的构件项目工程量根据各个编码自行汇总，这不仅解决了模型导出的工程量表中的项目杂乱无章的问题，而且统计汇总得到的工程量表能达到与清单表基本一致，每类编码对应一个分项工程项目，可以在最大程度上得到最接近于清单表的模型工程量表。同时，这也为后面的基于工程单价的计价提供了依据和方便。

4.3.3　预算管理子系统

工程项目的实际成本是以合同成本为依据。BIM 成本核算的基础是以 WBS 为主线创建出 "3D 实体+时间+WBS" BIM 数据库。如何将时间加到 BIM 模型中来实现实时的成本核算？通过在 Revit 模型的基础上利用 nevisworks 软件可以实现将时间参数加入 3D 模型。

在 BIM 模型中将各个实际的成本数据细化到各个构件级。BIM 本来就是建立的基于各个构件的模型，所以要做到上面这点并不难。这样，就可以按月或关键时间节点来调整模型中的实际成本信息。需要周期性梳理的信息有：材料的入库情况、出库和消耗情况、人工单价和消耗情况、机械周转材料消耗情况、管理费用支出情况等。

利用建立的 "3D 实体+时间+WBS" BIM 数据库，可以有效快速地导出各种成本信息，进而帮助成本管理者进行有效的成本分析。而且数据库不仅可以导出实际的总成本，它还可以统计出各 WBS 阶段的成本，根据进度计划预测后一阶段的成本，真正实现实时全面的成本核算管理。其具体操作流程如下：

1) 创建基于 BIM 的实际成本数据库。在 BIM3D 实体模型的基础上，将模型进行 WBS 分解；应用 nevisworks 软件把时间、工序等信息加入到模型构件中，建立成本的 5D（3D 实体+时间+工序）关联数据库，所建成的数据库中都包含各种计划、目标信息，包括计划工序、计划工程进度等；在这个 5D 关联数据库中再及时将过程中的实际成本数据输入进去，则系统会自动快速地进行项目的成本分类汇总、统计等工作。将模型按第 3 章中的要求进行构建后，以模型的 WBS 分解得到分项工程的人工、材料、机械单价为主要数据作为实际成本输入到 BIM 的 5D 数据库中。如果模型中的构件项目还没有确定相应的合同单价，则可以先以预算价输入，一旦有了合同单价的实际成本数据，就可以及时用实际成本数据替换掉之前的预算数据。

2) 及时将实际成本数据输入数据库。成本核算的意义就在于能将实际消耗成本与计划成本进行对比，不断地掌握其中的差距，从而达到对实际消耗成本的全过程实时控制。最初的 BIM5D 数据库中实际成本数据是以企业的定额消耗量和合同价款为基础得来的。但随着实际工程项目的不断推进，实际消耗量与之前输入的定额消耗量存在一定差异，这就需要及时更新实际数据，通过对比，及时调整差异。通过更新 BIM5D 数据库实现对 BIM 的实际成本进行实时的动态控制，从而准确、高效地处理繁琐、复杂的大规模成本数据。

3) 快速实行多维度（时间、空间、工序）成本分析。在 BIM 模型的 5D 数据库中设置基础构件的成本信息，按月周期性地对模型实际信息进行维护、调整、分析，依靠 BIM 模型的 5D 数据库中强大的分类、统计、汇总、分析能力，就可以让工程项目的成本核算变得非常简单轻松。

基本 BIM 的工程项目成本计算步骤如下：

1) 首先需要在了解项目基本情况的前提下用 BIM 软件直接设计构建出工程项目的建筑、结构、机电等 BIM 模型，模型必须以 BIM 建模经济数据标准为基础来设置。

2) 然后，对模型进行 WBS 分解，制作出构建的分部分项工程列表，并对应到标准清单中找出每个分部分项工程所对应的清单编码，建立基于 BIM 的工程预算编码体系；接着，将 BIM 系统模型中的信息通过输出到 Excel 的方法得到基于 BIM 的项目工程量表，这个表就是以清单表的模式来统计出的工程量。

3）最后，将工程量表导入到计价软件中得到工程项目的预算成本。

【工程实例】　某项目 BIM 预算应用示例

本项目首先基于经济数据标准的要求进行 BIM 建模，并根据设计要求在模型中设置装饰层。

××项目的 7~19 层的标准层 BIM 模型如图 4-13 所示。

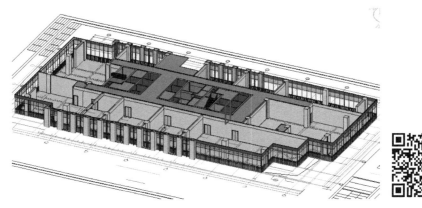

图 4-13　××项目 7~19 层的标准层 BIM 模型

对于其中的每个构件实体，建模时都按模型的经济数据标准要求进行详细的名称、项目特征等的编辑。××项目砌块墙的 BIM 经济数据标准建模如图 4-14 所示。

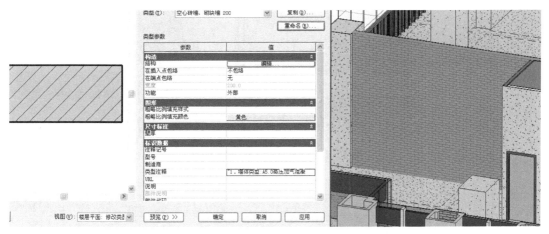

图 4-14　××项目砌块墙的 BIM 经济数据标准建模

单击构件就会直接显示名称及编辑进去的特征属性和软件自动生成的实体属性（如长度、面积、体积等），如图 4-15 所示。

同时，BIM 模型还按要求设置了装饰层，这样后面就可以直接生成装饰这一分部工程的工程量而无须再另行计算。图 4-16 所示为隔离出来的空心砌块墙 200 所对应的一般墙面抹灰的装饰层，其厚度和装饰层材料等都是直接按相应的标准要求进行设置的。

以 BIM 建模经济数据标准为基础，根据标准的设置要求所构建出来的××项目的 BIM 模型可以导出各种实体构件、装饰层的明细表，从××项目的 7~19 层的内墙明细表中截取的部分表格见表 4-6。

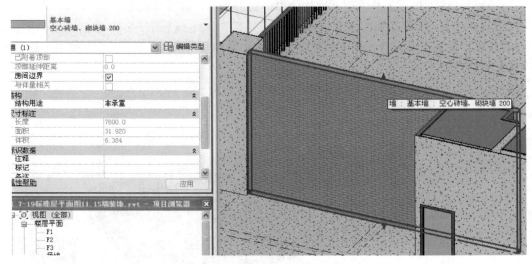

图 4-15 BIM 构件自带实体属性

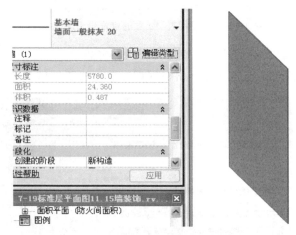

图 4-16 ××项目装饰层 BIM 建模

表 4-6 ××项目的 7~19 层 BIM 模型内墙明细表 1（部分）

族	类型注释	宽度/m	体积/m³
空心砖墙、砌块墙	1. 墙体类型:A5.0 蒸压加气混凝土砌块 2. 砌块强度:MU5.0,砌块允许容重≤900kg/m³ 3. 墙体厚度:200mm 4. 砂浆等级:Mb5.0 专用配套砂浆砌筑 5. 砌块表面处理:满足设计及规范要求	200	23
空心砖墙、砌块墙	1. 墙体类型:A5.0 蒸压加气混凝土砌块 2. 砌块强度:MU5.0,砌块允许容重≤900kg/m³ 3. 墙体厚度:100mm 4. 砂浆等级:Mb5.0 专用配套砂浆砌筑 5. 砌块表面处理:满足设计及规范要求	100	0.9

（续）

族	类型注释	宽度/m	体积/m³
空心砖墙、砌块墙	1. 墙体类型：A5.0蒸压加气混凝土砌块 2. 砌块强度：MU5.0，砌块允许容重≤900kg/m³ 3. 墙体厚度：100mm 4. 砂浆等级：Mb5.0专用配套砂浆砌筑 5. 砌块表面处理：满足设计及规范要求	100	1.1
空心砖墙、砌块墙	1. 墙体类型：A5.0蒸压加气混凝土砌块 2. 砌块强度：MU5.0，砌块允许容重≤900kg/m³ 3. 墙体厚度：100mm 4. 砂浆等级：Mb5.0专用配套砂浆砌筑 5. 砌块表面处理：满足设计及规范要求	100	0.6
空心砖墙、砌块墙	1. 墙体类型：A5.0蒸压加气混凝土砌块 2. 砌块强度：MU5.0，砌块允许容重≤900kg/m³ 3. 墙体厚度：200mm 4. 砂浆等级：Mb5.0专用配套砂浆砌筑 5. 砌块表面处理：满足设计及规范要求	200	4

　　根据前面介绍的基于 BIM 的工程项目预算成本计算的步骤，在构建出了高标准的模型后，开始对××项目的 BIM 模型进行 WBS 分解，得到的模型分解图如图 4-17 所示。

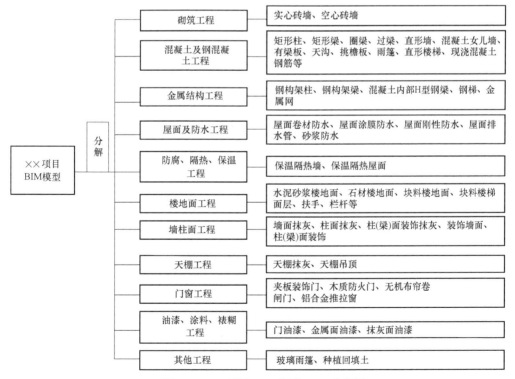

图 4-17　××项目 BIM 模型 WBS 分解图

　　将以上由××项目的 BIM 模型分解出来的各个分部分项工程项目与清单表中项目类别对

应起来，查询其对应的前 9 位编码，设置各个分项工程项目的后 3 位编码，并将编码编辑导入 BIM 模型的各个对应的构件和装饰项目中，从而形成 BIM 的编码体系。如图 4-18 所示，单击相应构件其编码会自动显示。

图 4-18　××项目的 BIM 的编码体系示例

在××项目中，在已经建立并形成了 BIM 模型编码体系的基础上，并且以清单表的表头为依据来设置要导出的工程量明细表字段，就可以直接从软件中导出带有编码的与清单表高度一致的工程量表。以××项目的 7~19 层标准平面 BIM 模型中的内墙的部分工程量表（见表 4-7）为例。

表 4-7　××项目的 7~19 标准平面 BIM 模型中的内墙的部分工程量表

部件代码	族	类型注释	宽度/mm	体积/m³
10304001002	空心砖墙、砌块墙	1. 墙体类型:A5.0 蒸压加气混凝土砌块 2. 砌块强度:MU5.0,砌块允许容重≤900kg/m³ 3. 墙体厚度:200mm 4. 砂浆等级:Mb5.0 专用配套砂浆砌筑 5. 砌块表面处理:满足设计及规范要求	200	23
010304001003	空心砖墙、砌块墙	1. 墙体类型:A5.0 蒸压加气混凝土砌块 2. 砌块强度:MU5.0,砌块允许容重≤900kg/m³ 3. 墙体厚度:100mm 4. 砂浆等级:Mb5.0 专用配套砂浆砌筑 5. 砌块表面处理:满足设计及规范要求	100	0.9
010304001003	空心砖墙、砌块墙	1. 墙体类型:A5.0 蒸压加气混凝土砌块 2. 砌块强度:MU5.0,砌块允许容重≤900kg/m³ 3. 墙体厚度:100mm 4. 砂浆等级:Mb5.0 专用配套砂浆砌筑 5. 砌块表面处理:满足设计及规范要求	100	1.1
010304001003	空心砖墙、砌块墙	1. 墙体类型:A5.0 蒸压加气混凝土砌块 2. 砌块强度:MU5.0,砌块允许容重≤900kg/m³ 3. 墙体厚度:100mm 4. 砂浆等级:Mb5.0 专用配套砂浆砌筑 5. 砌块表面处理:满足设计及规范要求	100	0.6
10304001002	空心砖墙、砌块墙	1. 墙体类型:A5.0 蒸压加气混凝土砌块 2. 砌块强度:MU5.0,砌块允许容重≤900kg/m³ 3. 墙体厚度:200mm 4. 砂浆等级:Mb5.0 专用配套砂浆砌筑 5. 砌块表面处理:满足设计及规范要求	200	4

编码系统设置完成后，就可以直接解决同类的分项工程项目的工程量统计问题，系统可以自动对相同编码的分项工程项目的工程量进行一个分类汇总，再进行一定的调整，进而得到项目的清单工程量表。××项目的 BIM 模型生成的砌筑工程清单计量表见表 4-8。

表 4-8　××项目的 BIM 模型生成的砌筑工程清单计量表

序号	项目编码	项目名称	项目特征描述	计量单位	工程量
			砌筑工程		
1	010302001001	实心砖墙	1. 墙体类型:厨房烟道墙体 2. 砖品种:耐火砖 3. 墙体厚度:墙厚≤400mm 4. 砂浆强度等级、配合比:耐火砂浆	m^3	118.52
2	010302001002	实心砖墙	1. 墙体类型:水泥标砖(厨卫隔墙) 2. 砌块强度:MU5.0 3. 墙体厚度:墙厚≤200mm 4. 砂浆等级:M5.0混合砂浆砌筑 5. 表面处理:满足设计及规范要求	m^3	220.96
3	010304001001	空心砖墙、砌块墙	1. 墙体类型:A5.0蒸压加气混凝土砌块 2. 砌块强度:MU5.0,砌块允许容重≤900kg/m^3 3. 墙体厚度:400mm 4. 砂浆等级:Mb5.0专用配套砂浆砌筑 5. 砌块表面处理:满足设计及规范要求	m^3	211.01
4	10304001002	空心砖墙、砌块墙	1. 墙体类型:A5.0蒸压加气混凝土砌块 2. 砌块强度:MU5.0,砌块允许容重≤900kg/m^3 3. 墙体厚度:200mm 4. 砂浆等级:Mb5.0专用配套砂浆砌筑 5. 砌块表面处理:满足设计及规范要求	m^3	4329.53
5	010304001003	空心砖墙、砌块墙	1. 墙体类型:A5.0蒸压加气混凝土砌块 2. 砌块强度:MU5.0,砌块允许容重≤900kg/m^3 3. 墙体厚度:100mm 4. 砂浆等级:Mb5.0专用配套砂浆砌筑 5. 砌块表面处理:满足设计及规范要求	m^3	24.768

接着就可以直接将此工程量清单表导入到相应的计价软件中来进行工程计价，进而得到××项目砌筑工程清单计价，见表 4-9:

表 4-9　××项目砌筑工程清单计价表

工程名称:××项目(轨道交通运营管理中心)(土建)

序号	项目编码	项目名称	项目特征描述	计量单位	工程量	金额(元)		
						综合单价	合价	暂估价
	A.3		砌筑工程				2032361.06	
1	010302001001	实心砖墙	1. 墙体类型:厨房烟道墙体 2. 砖品种:耐火砖 3. 墙体厚度:墙厚≤400mm 4. 砂浆强度等级、配合比:耐火砂浆	m^3	118.52	2209.67	261890.09	

（续）

序号	项目编码	项目名称	项目特征描述	计量单位	工程量	金额（元）		
						综合单价	合价	暂估价
	A.3		砌筑工程				2032361.06	
2	010302001002	实心砖墙	1. 墙体类型:水泥标砖(厨卫隔墙) 2. 砌块强度:MU5.0 3. 墙体厚度:墙厚≤200mm 4. 砂浆等级:M5.0混合砂浆砌筑 5. 砌块表面处理:满足设计及规范要求	m³	220.96	285.12	63000.12	
3	010304001001	空心砖墙、砌块墙	1. 墙体类型:A5.0蒸压加气混凝土砌块 2. 砌块强度:MU5.0,砌块允许容重≤900kg/m³ 3. 墙体厚度:400mm 4. 砂浆等级:Mb5.0专用配套砂浆砌筑 5. 砌块表面处理:满足设计及规范要求	m³	211.01	374.01	78919.85	
4	10304001002	空心砖墙、砌块墙	1. 墙体类型:A5.0蒸压加气混凝土砌块 2. 砌块强度:MU5.0,砌块允许容重≤900kg/m³ 3. 墙体厚度:200mm 4. 砂浆等级:Mb5.0专用配套砂浆砌筑 5. 砌块表面处理:满足设计及规范要求	m³	4329.53	374.01	1619287.52	
5	010304001003	空心砖墙、砌块墙	1. 墙体类型:A5.0蒸压加气混凝土砌块 2. 砌块强度:MU5.0,砌块允许容重≤900kg/m³ 3. 墙体厚度:100mm 4. 砂浆等级:Mb5.0专用配套砂浆砌筑 5. 砌块表面处理:满足设计及规范要求	m³	24.768	374.01	9263.48	
			本页小计				2032361.06	

■ 4.4 BIM 成本管理系统案例

4.4.1 项目概况

贵州某中心小学重建项目由贵阳某建筑设计有限公司进行设计，包括一栋教学楼、一栋宿舍楼及食堂、操场等单位工程。该教学楼分为地下一层，建筑面积 148.5m^2，地上五层，建筑面积 1535.94m^2，总建筑面积为 1679.44m^2，建筑高度 18m。建筑类别为一类高层，结构设计为框架结构，抗震设防烈度为 6 度，耐火等级为一级，使用年限为 50 年。

4.4.2 项目预算工作应用 BIM 技术的内容和过程

基于 BIM 进行预算的步骤如下：首先需要在了解项目基本情况的前提下建立项目 BIM 成本信息模型，需要注意的是模型必须以基于 BIM 的成本管理建模标准进行设置和建模；然后采用成本信息完善方法对成本信息模型中的信息进行补充和完善；最后按基于 API 的信息提取方式提取 BIM 模型中预算所需信息，进行算量和计价工作。

1. BIM 成本信息模型的搭建

本项目首先基于提出的建模标准要求进行 BIM 建模，并在模型中根据设计要求把脚手架设置进去。具体建模过程此处不再赘述。图 4-19 所示为该项目的三维 BIM 模型。

对于项目的每个构件实体，在建模时都按照第 3 章建立的建模标准的要求进行了详细的命名、设置和项目特征等的编辑。建模完成后，单击构件即可显示该构件的所有物理、几何、工程属性，如图 4-20 所示。

图 4-19 某中心小学教学楼 BIM 模型

2. 基于 Revit 的模型完善和工程量计算

该软件以 Revit 为基础，以插件的形式集成了全国和各省的清单定额规范，内置了构件自动布置功能，可以根据需要对模型和算量规则进行设置并自动完成算量和报表导出功能，并能够进行简单的 5D 成本管理。

其成本管理的基本流程为：模型建立—工程设置—构件映射—（构件核对/构件布置）—汇总计算—报表生成—4D 建模—5D 建模—5D 成本管理。

（1）工程设置 在工程量计算前首先进行工程设置，如图 4-21 所示，内容包括：

1）计量模式设置：采用清单模式还是定额模式，套取哪种定额或清单，以及扣减规则等算量规则设置。

2）映射规则设置：也就是关键字识别库，可以导入已有规则也可以对初始规则进行改变。

3）结构设置：对构件的混凝土和砌体材料统一进行分楼层设置，也可以选择用建模时设定好的材质。

4）工程特征设置：设置好工程的概况、基础土层参数等。

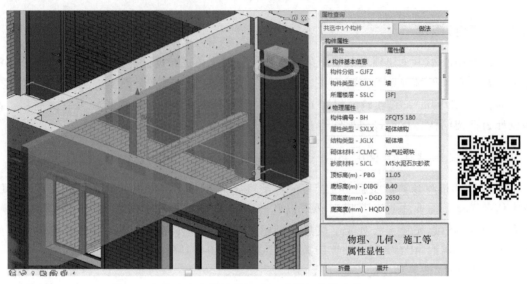

图 4-20　某中心小学教学楼 BIM 建模及属性查询

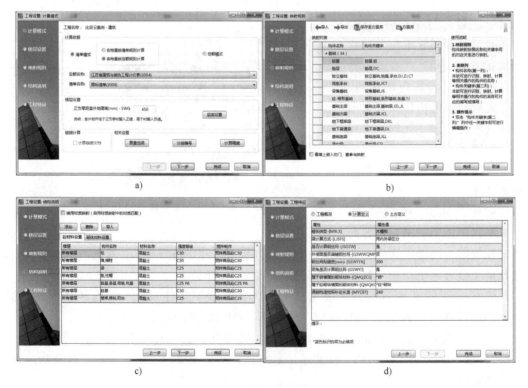

a)　　　　　　　　　　　　　　b)

c)　　　　　　　　　　　　　　d)

图 4-21　工程设置

a）计量模式设置　b）映射规则设置　c）混凝土/砌体材料设置
d）工程特征（工程概况、计算和土方定义）设置

（2）模型转换 将 Revit 模型的构件转换成算量软件能够识别的具有工程属性的构件，其实就是根据关键字识别库完成构件的映射，并根据映射的结果完成清单编号、挂接做法等工作，为后续的工程量统计做好准备工作。此步骤的关键在于建模时构件的命名以及关键字识别库的完整程度，所以在完成转换后还应对模型进行检查，如果有构件没有识别，应当及时进行手动识别或修改族名或更改映射库，重新进行识别。图 4-22 所示为对该项目的 Revit 模型进行构件映射的结果。

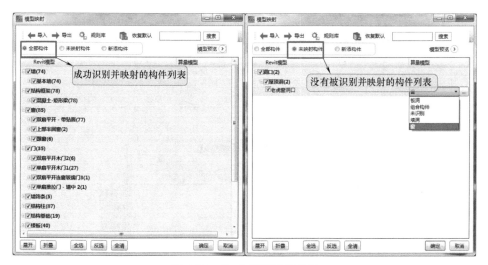

图 4-22　Revit 模型转换结果

（3）构件布置 在进行汇总计算前还应该对构造柱、过梁、压顶等构造构件进行智能布置，如图 4-23 所示，利用软件完成了构造柱、过梁和压顶的自动布置，保证了工程量统计的准确性。

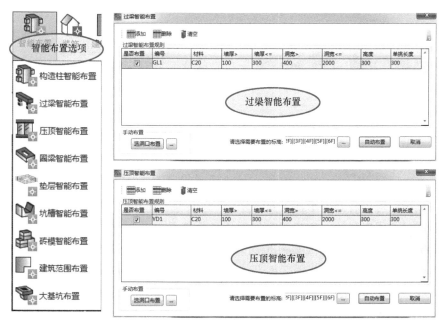

图 4-23　构件智能布置

（4）汇总计算 汇总计算是预算阶段最重要的工作，该阶段首先可以根据需要选择是否挂接做法，并对挂接失败的构件进行做法维护，手动挂接做法或修改族名和属性重新挂接，以便汇总清单工程量。从计算原理的角度，基于 BIM 的算量软件在本阶段主要工作包括：查找到所有需要计算的构件，对查找到的构件进行分析（包括各种属性的提取），计算工程量，根据清单或定额计算方式进行汇总和归并。图 4-24 所示为在实证研究时工程量汇总计算的过程。

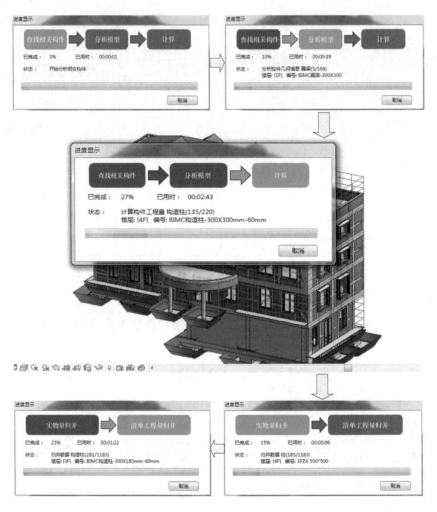

图 4-24　汇总计算过程

从项目概况中可以看到，本项目并不复杂，工程量也不庞大，其实对于熟练的预算管理人员，手算或者使用广联达、鲁班等算量软件进行算量也并不复杂，基于 BIM 的算量在此处的优势其实并不是很明显，但这只是因为案例选取的原因，在大型复杂的项目中，基于BIM 的算量将会具有更明显的优势。汇总计算结果如图 4-25 所示。

（5）报表生成 建议基于 Revit 的算量软件可以导出各种需求的报表，在完成汇总计算之后，该软件自动生成了各类报表，在实证研究中利用软件导出了该项目的分部分项工程量清单表（2008 版），见表 4-10。

图 4-25　汇总计算结果

表 4-10　某中心小学教学楼分部分项工程量清单表（2008 版）

工程名称：实证研究案例　　　　　　　　　　　　　　　　　　　共 6 页

序号	项目编码	项目名称	项目特征描述	计量单位	工程量	金额/元		
						综合单价	合价	暂估价
1	010101003001	挖基础土方	1. 垫层底宽、底面积 2. 基础类型 3. 弃土运距 4. 土壤类别：三类土 5. 挖土深度：≤2m	m³	195.040			
2	010101003003	挖基础土方	1. 垫层底宽、底面积 2. 基础类型 3. 弃土运距 4. 土壤类别：三类土 5. 挖土深度：2m<挖土深度≤4m	m³	88.972			
3	010103001001	土(石)方回填	1. 夯填(碾压) 2. 粒径要求 3. 松填 4. 土质要求 5. 运输距离	m³	137.186			
4	010301001001	砖模	—	m²	208.24			
5	010304001001	空心砖墙、砌块墙	1. 空心砖、砌块品种、规格、强度：加气混凝土砌块 2. 墙体厚度：0.3m 3. 砂浆强度等级：M5 4. 墙体类型：外墙	m³	120.726			

（续）

序号	项目编码	项目名称	项目特征描述	计量单位	工程量	金额/元		
						综合单价	合价	暂估价
6	010304001002	空心砖墙、砌块墙	1. 空心砖、砌块品种、规格、强度:加气混凝土砌块 2. 墙体厚度:0.18m 3. 砂浆强度等级:M5 4. 墙体类型:内墙	m³	63.177			
7	010304001003	空心砖墙、砌块墙	1. 空心砖、砌块品种、规格、强度:加气混凝土砌块 2. 墙体厚度:0.12m 3. 砂浆强度等级:M5 4. 墙体类型:内墙	m³	10.244			

思 考 题

1. 请阐述工程项目成本的构成。

2. 请分析工程项目成本管理的主要任务。

3. 请对比传统成本管理与基于 BIM 的成本管理,后者的优势有哪些。

4. 请结合文中实例尝试对你所知的工程实例进行 BIM 成本管理。

5. 结合你的理解谈谈基于 BIM 的工程成本管理的发展应该注意哪些方面?

第5章

基于BIM的工程项目资源管理

学习目标

了解工程项目资源管理的基本概念，理解工程项目资源管理的核心任务，掌握基于BIM的工程项目资源管理的基本工作流程。

引入

案例1：2008年徐州大通市政建设工程有限公司通过竞争性谈判与市场公开招标，取得了江苏省徐州市铜山珠江路快速通道工程的承包权。工程采用BT（建设移交）模式，公司按照业主要求，负责项目资金筹措和工程建设管理，项目竣工验收合格后，业主分期出资回购。考虑到材料成本占整个项目的成本60%以上，企业在这样的建设条件下，成功控制好材料采购与供应会大大化解项目的风险，材料供应管理工作需要采取不同于传统市政工程的供应管理模式，才能最有效地发挥全盘控制作用，为企业创造更大的利益，通过管理实现企业利润最大化。

案例2：A公司在经历了长期高速发展之后，工程建设规模不断加大，工程材料的品种和数量不断增加，原有的物料资产管理模式和制度已经不能适应公司快速增长的现实需要，越来越多的矛盾、问题涌现出来，如物料混乱、成本上升、过程管理失控。同时A公司的整体发展似乎也到了一个关键时期，客户趋于饱和、竞争压力增大，所采用的通信设备技术标准处于劣势。

工程建设过程中涉及最多的是对资源的运用，能否对资源进行良好的运用是一个工程能否获得利益最大化的关键。在本章中，我们将从几个具体案例入手，阐述基于BIM的材料采购和存储、材料运输调度以及施工过程的低碳管理。

■5.1 工程项目资源管理概述

5.1.1 工程项目资源管理的含义

工程项目资源管理是指对工程项目中使用的人工、材料、机械设备、技术和资金等资源进行的计划、采购、供应、使用、控制、检查、分析和改进等管理过程。对于施工企业而言就是施工项目生产要素的管理。施工企业投入到施工项目中的人工、材料、机械设备、技术和资金等要素构成了施工生产的基本活劳动与物化劳动的基础。

工程项目资源管理是一个动态过程。由于资源管理受市场供求状况、资金、时间、信息、自然条件、现场环境、运输能力和供应商的能力等因素影响较大，因此施工企业应建立和完善项目审查要素配置机制，通过对项目的资源管理，使施工企业及项目经理部门在施工项目管理中尽量做到合理组织、配置、优化各项资源并力求使项目资源供需达到平衡，最终达到节约资源、动态控制项目成本的目的。

5.1.2 工程项目资源管理的内容

工程项目资源管理的内容包括工程项目人力资源管理、工程项目材料管理、工程项目机械设备管理、工程项目技术管理和工程项目资金管理等。

（1）工程项目人力资源管理 工程项目人力资源主要是指参与工程项目的管理人员和作业人员。工程项目人力资源管理就是根据项目目标，采用科学方法，对项目组织成员进行合理的选拔、培训、考核、激励，使其融合到组织中，并充分发挥其能动性和积极性，从而保证高效实现工程项目目标的过程。

（2）工程项目材料管理 工程项目材料主要分为主要材料、次要材料和周转材料。工程项目材料管理就是对工程项目施工过程中的各种材料、半成品、构配件的采购、加工、包装、运输、储存、发放、验收和使用所进行的一系列组织与管理工作。工程项目材料的造价往往占整个工程项目造价的60%~70%。因此，抓好材料管理，对材料进行合理使用，是降低工程项目成本的主要途径。

（3）工程项目机械设备管理 工程项目机械设备包括工程项目施工所需要的施工设备、临时设施和必要的后勤供应。施工设备，如塔式起重机、施工电梯、混凝土搅拌设备、运输设备等；临时设施，除包括现场仓库和办公、生产临时用房外，还包括现场的临时水电网。工程项目机械设备管理是通过对工程项目施工所需要的机械设备进行优化配置，按照机械运转的客观规律，合理地组织机械设备及操作人员，做好日常维护保养，尽量提高其完好率、利用率与生产效率的一系列组织与管理工作。

（4）工程项目技术管理 工程项目技术管理是对各项技术工作要素和技术活动过程的管理。技术工作要素包括技术人才、技术装备、技术规程、技术信息、技术资料、技术档案等，技术活动过程包括技术计划、技术学习、技术运用、技术实验、技术改造、技术处理、技术评价等。

工程项目一般设置工程项目技术负责人和技术部门来全面负责项目的技术管理。

（5）工程项目资金管理 工程项目资金的合理使用是项目顺利、有序进行的重要保证。工程项目资金管理应以保证收入、节约支出、防范风险和提高经济效益为目的。企业应在财务部门设立项目专用账号进行工程项目资金的收支预测，统一对外收支与结算。项目经理部负责工程项目资金的使用管理。项目经理部应编制年、季、月度资金收支计划，上报企业财务部门审批后实施。项目经理应按企业的授权配合企业财务部门及时进行资金计收。项目经理部应坚持做好项目的资金分析，进行计划收支与实际收支对比，找出差异，分析原因，改进资金管理。工程项目竣工后，结合成本核算与分析进行资金收支情况和经济效益总分析，上报企业财务主管部门备案。企业应根据项目的资金管理效果对项目经理部进行奖惩。

　　由于工程项目人力资源管理、工程项目资金管理分别在工程项目组织管理及工程项目成本管理中已有详述，工程项目管理在其他课程中有专门的介绍，因此本章主要介绍工程项目材料管理和工程项目机械设备管理。

5.1.3　工程项目资源管理的要点

　　1）工程项目资源的供应权应主要集中在企业管理层，这样有利于企业对资源的集中调度、合理配置和供应。

　　2）工程项目资源的使用权应掌握在项目管理层手中，这样有利于满足使用要求，进行动态管理，搞好使用中核算、节约、降低项目成本。项目管理层应及时编制项目资源需用量计划，报企业管理层批准并优化配置。

　　3）工程项目资源管理要防范风险。在市场环境下，各种资源供应都存在很大风险，因此，就要对项目资源风险进行预测和分析，制订必要的应对风险方案，充分利用法律、合同、担保、保险、索赔等手段进行防范。

■ 5.2　基于 BIM 的施工现场材料管理

5.2.1　施工现场材料管理的内容

　　材料管理是对材料的计划、供应、使用等管理工作的总称。施工现场是建筑施工企业从事建筑施工生产活动并完成建筑产品的工作场所。施工现场材料管理是在工程现场施工的过程中，根据工程的施工组织设计、项目施工进度计划、施工现场场地环境、材料的特性，从材料投入到建筑产品成型的全过程的计划、组织、协调和控制管理，确保材料在施工现场的合理使用，最大限度降低材料的损耗，保证施工顺利进行。

　　规范合理的施工现场材料管理可以保证工程施工进度和工程施工质量，改善整个工程现场管理的水平，降低工程造价，也能从侧面反映建筑施工企业的管理水平，提高企业在社会的声誉。加强施工现场材料管理，合理组织材料的计划、供应、使用，保证材料能够从材料供应商处以正确的时间正确的数量进入施工现场，并将材料堆放在正确的位置，减少材料的流转，防止施工现场材料堆放的混乱和材料的积压浪费，对保证工程施工进度，降低工程施工管理的成本具有重要的意义。

1. 材料的计划管理

　　材料的计划管理工作是材料管理的基础性和根本性工作，是确保工程项目顺利进行的前提条件，是项目各参与方协同工作的成果。根据建设工程项目管理规范可知，材料的计划管理应包括材料需求计划、材料使用计划以及分阶段材料计划。根据建设工程项目管理理论，从材料的计划管理在建设工程项目管理中的地位可知，材料的计划管理是施工组织设计的一项重要内容。根据经济学理论可知资源是稀缺的，施工现场使用的材料并不是用之不竭的，使用材料需要付出成本的代价。即使某种材料的供给相对充足，甚至出现供大于求的情况，但从项目进度管理和成本管理的角度看，仍需要在保证实现项目目标的前提下，编制好材料需求计划以减少材料处理成本，提高工程项目的生产效率。

材料供应计划是在材料需求计划的基础上，查找对应的可供应货源信息和资源的周转储备，综合平衡后而编制的，用来反映工程项目施工中材料的来源，指导材料的供应。材料采购计划是在材料供应计划的基础上进行编制的，能够反映施工单位或者施工项目管理部从材料供应商处采购材料的数量、时间等信息，以保证材料的供应。

在材料管理过程中，不仅要注重材料计划的编制，更应该把关注的焦点集中在计划的实施、调整、执行与检查。施工现场材料管理必须严格按照材料计划进行，由于项目施工任务的变化或者设计变更，出现材料需求数量、材料的规格、材料需求时间等的变化，材料管理部门应该根据实际情况，及时调整材料计划。

2. 材料的进场验收管理

在材料进入工地现场之前，应根据施工组织设计中的现场平面布置图的要求，准备好材料堆放的场地和搭设临时仓库。进入施工现场的材料应进行验收，材料进场验收是材料由流通领域向消耗领域转移的中间环节。材料进场验收主要是检查材料的品种、规格、数量和质量，根据材料采购计划、订货合同、质量保证书或者具有生产厂家的材质证明（包括生产厂家厂名、材料的品种、出厂日期、出厂编号、检验试验报告等）和产品合格证进行材料的名称、品种、规格、数量和质量的检查。材料进场验收要遵照质量验收规范和计量检测规定。材料进场验收需要建设单位、施工单位和监理单位一起完成验收，同时在验收时还要提供验收申请表。

材料进场验收合格后，验收人员应填写材料进场检测记录。材料入库应由材料员填写《验收单》，验收单由计划员、采购员、保管员和财务报销员各持一份。

3. 材料的存储堆放管理

材料的存储堆放管理是联系材料的供应、管理和使用三个方面的桥梁。材料的堆放要整齐合理、整洁美观、方便材料的运输和使用，避免出现材料堆放场地的拥挤。材料应按照施工现场平面布置图的要求进行堆放，根据型号、品种安排分区，对不同的材料进行编号标识方便区分，材料堆放场地的大小应该根据材料的数量进行布置。

同一类型的材料宜安排存储在一起，性能差别大的材料严禁存储在同一场所。材料堆放时应注明材料的名称、型号规格、使用性能、堆放要求、生产日期、有效期、生产厂家等信息。对于需要存储在临时仓库的材料，应保证重物靠近门口，轻物放置在架子上，方便材料的领取使用。

对于易燃易爆、有毒等危险物品应设置专门的仓库进行存储，由专人负责保管，同时应制定相应的安全保障措施。对于不防潮、不防湿的材料，应采取防潮防湿措施，做好记号。对于易损易坏的材料，应采取更加严格的保护措施。对于有保质期的材料，如水泥，应记录好材料的生产日期和保质期，并且定期进行检查，以免施工时使用过期的材料。

从以上对现场材料管理理论的分析可知，材料需求计划决定着现场材料管理的好坏。依据材料需求计划，可以精准地获悉材料的名称、型号规格、需求数量、需求时间、供应时间、材料使用部位信息，从而可以更加准确地确定材料的堆放场地和仓库的面积，指导现场材料的管理，解决材料需求不准确问题。

5.2.2　施工现场材料信息管理

1. 信息的收集

在工程项目的实施过程中会不断产生材料管理的信息，材料管理的各种信息来源于工程，因此不能忽略施工现场任何一个阶段、任何一个方面的信息收集工作。施工现场材料管理信息的收集主要面向施工阶段，但是需要面对不同的参与方。不同参与方对信息的收集要求是不同的，对于信息的处理方法也因人而异。在施工阶段的不同时期，各参与方对于信息的收集是不同的。图5-1所示是在现场施工管理阶段，各参与方对于施工现场材料管理信息的需求。

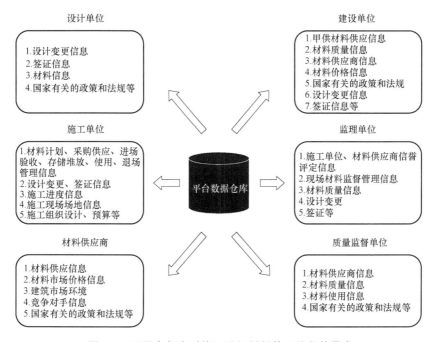

图 5-1　不同参与方对施工现场材料管理信息的需求

施工现场材料管理信息收集的方法众多，有传统的人工填写表格数据方式，还可采用数字化建设使用的各种数据采集装置收集方式。例如，在施工现场安装摄像头，将施工现场的情况以视频的方式记录下来；在施工进度管理过程中使用三维激光扫描、AR等技术，可以获取施工的实时进度信息，减少人工参与的同时还能避免人工数据填写错误。材料管理的信息上传至数据管理平台，可以完全避免数据填报过程中对数据更改而出现数据不真实的情况。不管采用何种办法和手段进行施工现场材料管理信息的收集，都需要各个参与方的协同工作和共同努力。

2. 信息的加工整理

施工现场材料信息的加工整理是对施工现场获取的材料有关信息进行判断、选择、校对、合并、排序、更新、计算、统计、转储，然后产生形式各异的报告，提供给不同需求的管理人员使用。

施工现场材料管理过程中产生的信息应该进行加工整理才能更好地服务于材料管理。施工现场材料管理信息的加工整理应该根据参与方的不同以不同的加工方法进行加工整理。施工现场材料的管理工作是由施工单位负责完成，下面对施工单位材料管理过程中需要加工整理的信息进行总结分析，如图 5-2 所示。

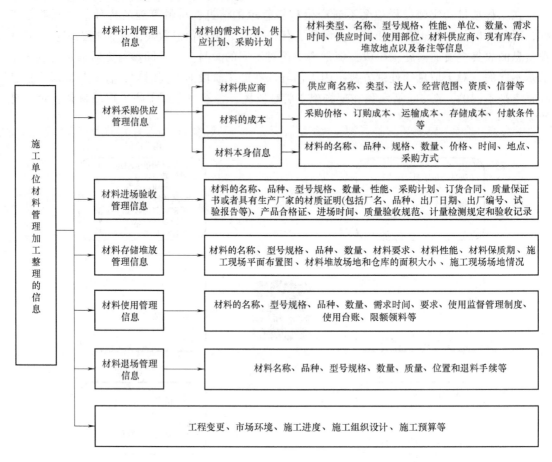

图 5-2　施工单位材料管理加工整理的信息

3. 信息的存储

施工现场材料管理的信息存储是将材料管理过程中产生的各类信息以文件的形式组织并建立统一的数据库。通过网络数据库进行信息的存储，方便各参与单位进行信息共享，保障数据唯一性。

信息的价值不单单是信息本身的价值，还在于信息转化成知识。信息存储是为了将知识保留下来。施工现场材料管理的信息存储既有结构化的信息又有半结构化、非结构化的信息。结构化的信息是可以用数字、符号等统一结构进行表示的信息，如材料的价格信息等；半结构化的信息是难以进行数字化表达的信息，如照片、图片、胶片、图样资料、电子表格、材料采购记录等。对于结构化信息，它们的存储多半是以纸质文件为主，如材料需求计划中的信息，材料的名称、型号规格、数量、需求时间、使用部位、供应时间等信息就存储在材料需求计划的纸质文档之中。材料使用过程中的视频录像信息，就存储在视频监控器中。

4. 信息的传递

信息的传递过程应包含信源（来源）、信道（途径）、信宿（接收者）、编码和译码。信息流的形成是由信源出发，沿着信道传递到信宿。

（1）项目组织内部信息传递

1）自上而下的信息传递。这种方式的信息传递是逐级向下的过程，即信息源处于组织的上层，信息接收者处于组织的下层。信息由决策层传递到管理层再传递到作业层，也就是由项目经理部将信息传递给项目各管理部门再传递给施工队或者施工作业班组。例如，施工现场材料管理过程中的材料管理规章制度，它就是由项目经理传递给材料管理人员再传递给施工作业班组人员。材料计划的审批意见，由项目经理传递给材料计划编制人员。

2）自下而上的信息传递。这种方式的信息传递是逐级向上的过程，即信息源处于组织的下层，信息接收者处于组织的上层。信息由作业层传递到管理层再传递到决策层，也就是由施工队或者施工作业班组传递给项目各管理部门再传递给项目经理部。例如，在施工现场材料使用管理的过程中，要求施工作业班组应每天向材料部门汇报施工现场材料的使用情况。

3）横向信息传递。这种方式的信息传递是横向的，即信息源和信息接收者处于同一级。项目实施过程中，处于同一层级的各部门或者处于同一部门的不同专业的管理人员依据需要相互沟通、提供、接收并补充信息。例如，施工现场材料的需求计划编制，由技术负责人编制好项目施工进度计划，将进度计划信息传递给材料计划编制人员进行材料需求计划的编制。

（2）项目各参与方之间的信息传递　信息的传递不仅仅存在于组织内部，在项目各参与方之间也存在非常多的信息传递。项目的主要参与方包括：公司领导及相关的职能部门、建设单位、设计单位、监理单位、材料生产厂家、材料供应商、质量监督单位、相关的政府管理部门、工程所在街道的居民委员会、媒体部门，以及城市道路交通、消防、水电、公安等管理部门。在施工现场材料管理的过程中，如施工单位的施工签证，需要经过监理单位审批后再传递到建设单位。图5-3所示为施工现场材料管理过程中的主要参与单位之间的信息流。

（3）施工现场材料管理各阶段的信息传递　施工现场材料管理各阶段产生的信息不会立即消失或者变为无效信息，它会继续传递到下一个阶段进行使用。例如，施工现场材料计划管理中的材料需求计划，它是在工程开工前编制，并不断依据工程具体情况进行更改，在材料使用的过程中还需要继续使用。

5.2.3 基于 BIM 技术的材料管理

在施工现场材料管理的过程中所产生的所有信息，无论材料本身的信息，如材料的名称、型号规格、性能要求、类型等，还是材料的价格信息、材料供应商信息，材料存储堆放信息，都可以利用BIM 进行全过程的协同集成管理。BIM 技术在施工现场材料管理方面主要有以下特点：

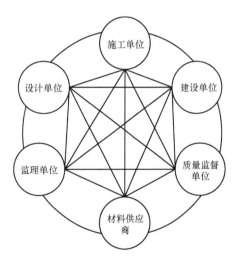

图 5-3　施工现场材料管理过程中主要参与单位之间的信息流

（1）参数化 BIM是参数建筑模型，参数信息是BIM模型中建筑物的特有属性信息。在BIM中输入参数，可以实现建筑、结构、水暖电等的设计工作，自动构建BIM模型。在模型中输入有关材料的信息，如材料的名称、型号规格、性能、类型、材料供应商等信息，当设计变更发生时，以往所有受影响的材料变化都需要人工进行更改，而利用BIM模型，只需要对模型中构件的参数进行调整，所有与修改构件相关联的其他参数也会及时准确地自动更新，从而实现材料信息的动态自动更新。

（2）协同性 材料管理过程中的信息量庞大，信息孤岛现象容易产生信息内容扭曲失真、传递缓慢、沟通成本高等问题。BIM能够提供项目信息共享和交换的大环境，在材料管理的过程中，参与人员可以进行无缝协作和沟通，如图5-4所示。

（3）集成性 材料管理涉及方方面面，与进度、质量、成本等息息相关，精细化的分工使得各部门之间处于分离割裂的状态，难以进行信息的集成和共享。而BIM可以做到将这些信息孤岛联系起来，成为信息连接的中央枢纽。BIM的信息集成实际上是从3D模型到ND模型的扩展过程，主线为3D模型，附加时间、成本、质量控制、结构安全信息形成4D、5D、6D以及7D模型，从而更好地指导材料的管理。

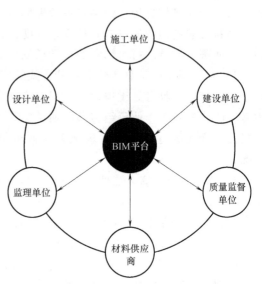

图5-4 BIM协同工作平台

（4）可视化 在可视化的环境下进行BIM模型的构建，能够观看到逼真的建筑实体，能够从任意的角度观看建筑构件、建筑场地的布局、使用的材料、材料的实际堆放情况。

BIM模型能够真实地反映工程项目的实际情况，不仅包括建筑构件的几何信息，还包括项目管理领域的信息，如各种工程经济、施工技术、管理方法等的信息。

BIM模型整合了项目的所有信息，参与单位对于信息的提取都是基于同一个模型，实现了数据的统一，避免了数据的差异。BIM模型可以提供建筑材料准确的工程量信息，极大地减少了传统手工算量的工程量。施工现场材料需求计划管理是一个动态变化的过程，会随着施工现场实际情况的变化而发生改变，对项目施工进度和材料需求的数据更新要求高，需要做到及时准确。传统的方法采用的是二维数据传递和手机等通信工具进行交流、传递信息，数据不仅更新慢，而且容易发生错误，不利于及时调整材料需求计划并采取相应措施。在工程上运用BIM技术，不仅能够保证信息传递的时效性和准确性，还可以整合实时信息，获取动态的材料需求。

5.2.4 施工现场材料需求计划

根据PDCA循环管理方法，计划（Plan）、执行（Do）、检查（Check）、处理（Action）形成一个循环的管理环，实现循序渐进、全面的管理。不难发现，材料计划管理工作是整个施工现场材料管理过程中的龙头和关键，而材料需求计划又是材料计划管理工作的基础。材料需求计划是施工现场材料管理工作所依据的最原始的数据来源，是施工现场材料需求、供应、堆放管理一体化工作的基础性步骤。材料需求计划可以保证工程施工进度计划的实现，指导和组织材料采购、确定仓库或堆场面积、组织运输，各有关部门也可以据此进行材料调配和平衡供应。因此施工现场材料需求计划的管理工作在整个施工现场材料管理过程中具有重要的地位，如图5-5所示。

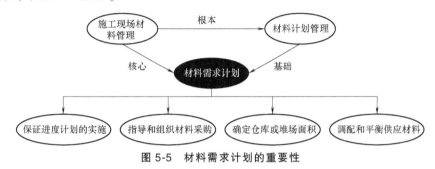

图5-5　材料需求计划的重要性

材料需求计划是确定工程项目所需材料的名称、型号、规格、数量以及需求时间的活动过程，即在什么时间节点需要投入什么样的材料以及所需材料的数量等一系列问题的过程，也可以称为施工项目材料分析。材料需求计划是由施工单位材料管理人员，依据施工图、施工方案、施工预算、材料消耗定额和施工进度计划进行编制的，包括材料名称、型号、规格、数量、使用部位、需求时间等信息。它主要反映构成建设工程项目实体的各种材料、制品、构配件的需用量，是工程项目材料计划的基础。材料需求计划具有如下的作用：

1）减少材料消耗，把控项目成本。建筑施工的过程是将建筑材料转化为建筑产品的过程，同时也是材料消耗的过程。建筑工程中材料消耗的成本比重大，准确地制订材料需求计划，可以加强材料管理，强化料耗控制。

2）减少流动资金，实现零库存管理。材料需求计划可以确保工程资金按时到位，按工程进度供给建筑材料，减少所占用的流动资金，加速资金周转，有效避免库存超量、盘活库存，使材料适时、适量供应。

3）材料部门加工订货、采购的主要依据。材料管理人员根据材料需求计划中材料的使用时间、批量大小、难易程度，结合材料库存信息，组织采购人员采购材料，防止材料的积压，保证施工的顺利进行。

4）施工班组限额领料的主要依据。根据材料需求计划，可以保证施工的限额领料，防止对材料的浪费和损坏。

5）确定材料堆放场地和存储空间的大小。依据材料需求计划，可以确定材料的需求数量，进而可以计算出材料需要占用的空间大小，根据材料的需求时间和材料堆放场地的实时信息，组织材料的运输，安排材料的堆放管理。

材料需求计划的根本作用是保障工程项目建设的材料需求，保证项目能够按照施工进度计划组织施工，提高材料管理效率，减少资金占用，降低库存管理工作量，节约工程成本，同时也能够减少影响工程质量的客观因素。

5.2.5　基于BIM的材料需求计划自动生成

1. 材料需求计划自动生成框架

由于BIM是信息中央数据库，可以集成存储施工过程中的施工信息，因此将BIM模型与项目进度信息进行关联，并自动匹配对应的材料消耗定额，即可自动生成材料需求计划，并且可以随着工程项目的实施，不断生成实时动态的材料需求计划。基于 BIM 的材料需求计划自动生成框架如图 5-6 所示。

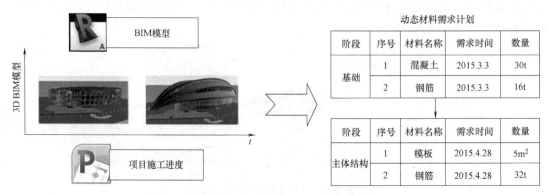

动态材料需求计划

阶段	序号	材料名称	需求时间	数量
基础	1	混凝土	2015.3.3	30t
	2	钢筋	2015.3.3	16t

阶段	序号	材料名称	需求时间	数量
主体结构	1	模板	2015.4.28	5m²
	2	钢筋	2015.4.28	32t

图 5-6　基于 BIM 的材料需求计划自动生成框架图

通过前述建立的 BIM 模型，可以从中读取建筑物不同构件中的材料信息，如材料的使用部位、名称、型号、规格、数量等信息。例如，构件"01 号梁"，材料的数量由混凝土的体积、钢筋的重量以及模板的面积决定，可以从 BIM 模型中提取相关的材料数量。采用 Revit 提供的应用程序接口 API，使用 C#语言来提取材料的数量。从 BIM 模型中获取的材料数量是构成建筑产品的材料净需求量，也就是工程本身必须占有的实际数量，没有考虑材料从工地仓库领出、在工地现场内运输的损耗量，材料加工制作的损耗量，施工操作的损耗量等在合格产品完成过程中的不可避免的损耗量。为了生成准确的材料需求计划，不仅仅需要考虑材料的净用量，还需要考虑材料的损耗量，只有这样才能准确地确定材料的需求量，保证计划符合实际需求，保证材料数量的供应准确无误。因此，在生成材料需求计划时，根据 BIM 模型中材料的特性通过自动匹配材料消耗定额库中对应的材料损耗率来计算材料的需求量。材料需求时间是由工程项目进度计划中施工任务的开始时间决定，通过将项目进度计划的存储格式设置为 CSV，利用 Revit API 就可以实现和 BIM 模型的关联，通过识别项目进度计划中的施工任务，自动匹配对应的构件和材料，将施工任务的开始时间赋予匹配的材料，就能够获取材料的需求时间信息。

工程项目建设周期长、项目参与单位众多、项目的高度动态性等决定了项目在整个建设过程中不可能依据最原始的计划一成不变地进行施工。因此，施工现场材料需求计划在工程项目管理的过程中会受到很多因素的影响而不断变化。材料需求计划自动生成的流程如图 5-7 所示。将 3D BIM 模型与计划进度计划进行关联生成 4DBIM

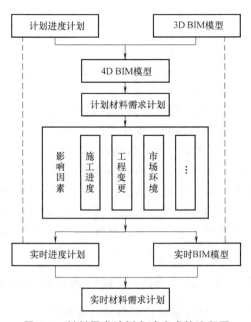

图 5-7　材料需求计划自动生成的流程图

模型，系统读取项目进度计划中的信息并匹配 BIM 模型构件，获取材料的相关信息，实现计划材料需求计划的自动生成。在工程的实际施工过程中，由于有很多干扰因素的存在，会使得计划材料需求计划不再符合工程的实际，此时需要更新材料的需求计划。根据影响因素的不同，进行更新项目进度计划获取实时进度计划，或者更新 BIM 模型获取实时 BIM 模型，并最终生成实时材料需求计划。

2. 计划材料需求计划自动生成方案

在工程项目开工前，建立工程的计划 BIM 模型，并在模型中添加构件信息、材料信息等，如材料的名称、型号、规格、性能、类型、数量、几何尺寸等信息。项目经理根据施工组织设计，采用 Microsoft Project 软件编制工程的计划施工进度计划。根据计划施工进度计划的施工任务自动匹配 BIM 模型中对应的构件，如计划施工进度计划中的施工任务"B 区域第三层 001~010 号柱混凝土浇筑"，可以实现自动匹配 BIM 模型中的 B 区域第三层 001~010 号柱构件，提取这些柱构件的混凝土的名称、型号、规格、使用部位、数量并统计材料数量形成材料的净需求量。根据 BIM 模型中的施工方案等信息，自动匹配定额库信息，获取材料的损耗率，通过计算可以得出材料的需求数量。从计划施工进度计划中的开始时间获得材料的需求时间，实现计划材料需求计划的自动生成。计划材料需求计划自动生成如图 5-8 所示。

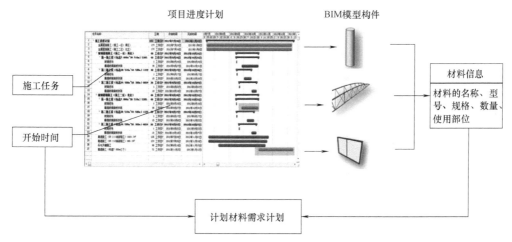

图 5-8 计划材料需求计划自动生成图

计划材料需求计划表的样式见表 5-1。

表 5-1 计划材料需求计划表

序号	材料名称	型号规格	数量	单位	使用部位	计划需要日期	平衡供应日期	备注

3. 实时材料需求计划自动生成方案

工程项目建设是高度动态变化的，材料需求计划应该根据现场的实际情况进行实时动态的调整，从而生成实时材料需求计划。

（1）工程变更引起的材料需求计划变化 工程变更会影响工程多方面信息的变化。材料构成建筑物实体，建筑物实体的变化会引起材料数量的变化，材料需求时间的变化又与项目的进度息息相关。因此，整个材料需求计划都与工程变更密不可分。材料需求计划的变化与建筑物使用的材料名称、型号、规格、性能、类型、数量、尺寸以及项目进度计划有关。建筑物的材料信息都存储在 BIM 模型中。因此，材料需求计划的变化归根结底就是对 BIM 模型和施工进度计划进行调整。工程变更对材料需求计划的改变主要有以下几方面：

1) 变更使用材料。改变工程施工中使用的材料，一般来为不同规格型号材料之间的代换。对于这种情况，就需要在材料需求计划中对相关的材料进行变更修改，由设计单位对 BIM 模型进行调整，变更构件的材料属性信息，施工单位材料计划管理人员只需要将调整后的实时 BIM 模型与施工进度计划进行关联就能生成实时的材料需求计划。变更使用材料的情况下实时材料需求计划自动生成流程如图 5-9 所示。

2) 变更施工部位尺寸、标高、位置等。当工程变更引起施工部位尺寸、标高、位置变化而导致材料工程量变化时，传统方法需要由设计单位依据变更方案进行手工画图，将变更后的图样传递给施工单位，由施工单位人员重新计算工程量后再计算材料的需求数量。基于 BIM 的材料需求计划自动生成方法，只需要设计单位对 BIM 模型中变更的构件进行修改，与变更构件相关联的其他构件会自动进行更改。将变更后产生的实时模型通过接口终端传递给施工单位，与施工进度计划进行关联，可快速生成材料需求计划，如图 5-10 所示。

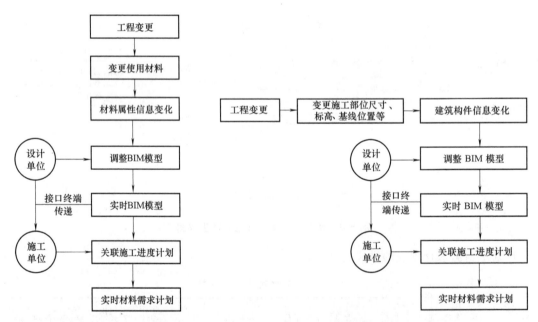

图 5-9　变更使用材料的情况下实时
材料需求计划自动生成流程图

图 5-10　变更施工部位尺寸等情况下
实时材料需求计划自动生成图

3) 变更工作内容、工作方法。工作内容和工作方法的变更会引起工程施工方案和施工图的变化。根据实际变更的工作内容和工作方法，如果涉及对设计内容的更改，由设计单位对 BIM 模型进行调整生成实时的 BIM 模型，依据更改的内容，对项目施工方案进行更新，再更新施工进度计划，获得实时的施工进度计划。将实时的 BIM 模型与实时的施工进度计划进行关联生成材料需求计划，具体流程如图 5-11 所示。

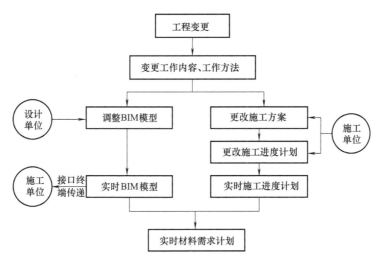

图 5-11 变更工作内容情况下实时材料需求计划自动生成图

4）调整施工顺序或改变时间的安排。在整个工程的施工过程中，各个工序是彼此紧密关联的。工程变更的指令要求调整施工的顺序就意味着施工进度计划中工序的逻辑顺序发生变化，改变工程时间的安排，施工的进度就需要调整，应及时对施工进度计划中每项工序的时间进行修改。很显然，当施工进度计划变更后，依据施工进度计划编制的材料需求计划也就需要进行动态的改变。由施工单位根据工程变更的指令调整施工方案，据此进行更改施工进度计划，施工顺序或时间的改变并没有改变原有的 BIM 模型，因此只需要将实时的施工进度计划与计划 BIM 模型进行关联，就可以自动生成材料需求计划，而不需要重新手动对材料需求计划进行更改，具体流程如图 5-12 所示。

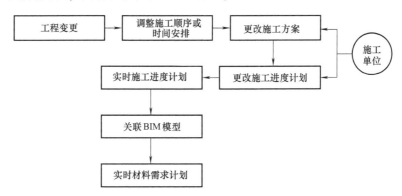

图 5-12 调整施工顺序或改变时间的情况下实时材料需求计划自动生成图

通过以上工程变更对材料需求计划变化的分析，可以总结出在工程变更情况下，实时动态材料需求计划生成的流程图，如图 5-13 所示。

案例 1 调整 BIM 模型：A 地区某建筑物的卫生间墙面原设计采用水泥基渗透结晶防水涂料，建设单位从质量的角度考虑，水泥基渗透结晶防水材料的延展性可能不够，将水泥基渗透结晶防水涂料变更为聚氨酯防水涂料。由建设单位提出工程变更，设计单位对 BIM 模型进行修改，找到需要变更的构件，调整材料的名称、类型信息，将修正后的实时 BIM 模型通过接口终端传递给施工单位，材料计划管理人员将修正后的实时 BIM 模型与施工进度

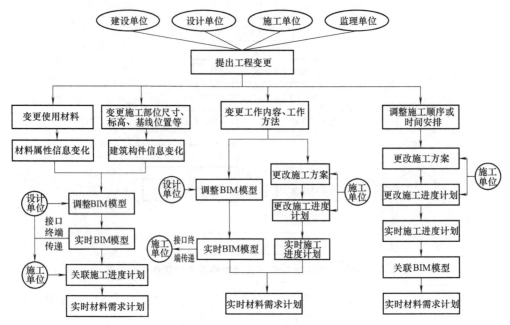

图 5-13　工程变更影响因素下材料需求计划动态生成

计划进行关联，就自动生成了材料的需求计划。

案例 2 调整 BIM 模型和施工进度计划：某住宅小区的 3 号居民楼，建设单位提出需加强抗震等级，要求设计单位进行变更，增加部分设备用房主体结构部位的钢筋。由建设单位提出变更，设计单位进行 BIM 模型的修改，将修改后的 BIM 模型传递给施工单位。施工单位技术部门根据修正后的 BIM 模型进行施工进度计划的调整，再次与 BIM 模型进行关联，重新生成材料的需求计划，发现 2016 年 12 月 5 日需增加 HRB400E 钢筋 20t。

案例 3 调整施工进度计划：某道路工程项目，因梅雨季节原因，连续下雨 7 天，导致施工现场进度严重滞后。此时建设单位发出赶工通知，要求施工单位必须在 4 月 20 日前完成 25 层主体结构的施工。施工单位随即按照建设单位的指令，进行施工进度计划的调整，将施工进度提前，与此同时对应的材料需求计划也需发生相应的变更。这时，只需将 BIM 模型与调整后的施工进度计划进行关联即可。

（2）市场环境原因引起的材料需求计划变化　市场环境是工程管理过程中的不可控因素，材料需求计划需要根据市场环境的情况进行调整。例如，设计规定使用的某种材料，由于市场环境的因素，导致整个市面上这种材料缺失，这时候就需要及时对材料需求计划进行调整，更改需求材料的信息。再如，某施工项目的设计图上规定某柱采用 φ20 的钢筋，但是由于材料市场环境的原因，此型号规格的钢筋市面上购买不到，这时候就需要通过协商更改钢筋的型号规格，并且在 BIM 模型中做出相应的更改，将实时 BIM 模型与施工进度计划进行关联，即可自动完成实时材料需求计划的生成。

（3）施工进度引起的材料需求计划变化　材料需求计划中材料的需求时间与项目的施工进度紧密相连。因此，施工进度引起的材料需求计划变化的关键在于施工进度信息采集的及时准确性。根据现场采集的实时进度信息，通过对施工进度进行分析，根据实际情况调整施工进度计划，获得实时的施工进度计划，然后关联 BIM 模型就可以实现材料需求计划的动态更新。

在当前建筑施工过程中，施工现场实时进度信息的采集还主要依赖于施工现场人工跟踪的方式，采用这种方式收集施工进度信息不仅费时费力，而且容易出现错误。随着信息化技术在工程建设行业的推广，采用自动化的技术进行现场数据的采集可以大大提高数据采集的效率和准确率。施工现场可以采用三维激光扫描（LS）技术进行实时进度信息的采集与处理。三维激光扫描技术可以获取所扫描物体表面的三维点云数据，将施工建筑以 1:1 的比例展现，能够准确获得施工现场实际进展情况。

1）三维激光扫描的技术原理。三维激光扫描仪器通过发射和接收脉冲信号来进行建筑物的测量工作，如图 5-14 所示。

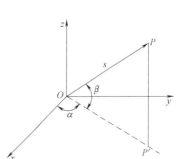

目标点 P 的坐标可以通过以下公式计算得到

$$\begin{cases} x = s\cos\alpha\cos\beta \\ y = s\sin\alpha\cos\beta \\ z = s\sin\beta \end{cases} \qquad (5\text{-}1)$$

图 5-14　三维激光扫描的技术原理

式中　x——目标点 P 的横坐标；

y——目标点 P 的纵坐标；

z——目标点 P 的竖坐标；

s——扫描仪与建筑物的距离，根据往返时间差确定；

α——横向扫描角度观测值；

β——纵向扫描角度观测值。

2）具体实施方法。三维激光扫描的数据采集与处理主要包括外业数据采集、三维激光点云数据处理以及三维建模。施工现场采用地面式三维激光扫描仪设站式扫描。根据施工现场的长度 L、宽度 H 和扫描仪有效扫描范围 D（主流的长距离激光扫描仪约为 $100 \sim 150\text{m}$），沿施工现场长度方向设置合理的扫描站数 $A \approx L/D$，宽度方向设置扫描站数 $B \approx H/D$。设置标靶为参考系，75m 设置一个标靶，实现站与站之间的拼接。对于隐蔽处以及有障碍物遮挡的部分，需要借助无人机机载扫描、机械臂机载扫描、人工手持设备扫描等方式来实现全方位、多角度的全面扫描，从而获得完整的点云数据。图 5-15 所示为徕卡 Cyclone 软件点云数据处理界面。

图 5-15　徕卡 Cyclone 软件点云数据处理界面

　　将上一步采集到的点云数据导入到三维激光扫描仪专用点云数据处理软件，将扫描获取的多站点云数据进行处理，包括对多站数据的拼接、降低噪点以及剔除错误和多余点云等步骤，经过上述处理，形成完整、准确的点云模型。

　　点云模型显示的是现场施工的完成情况，将点云模型格式调整为 DWG 格式，与 BIM 模型进行对比，就可确定当前的施工进度。对比实际进度与计划进度，可以发现进度偏差。依据实际情况，调整施工进度计划，如调整施工任务的逻辑关系，改变施工任务的开始时间与结束时间等，从而获得实时的施工进度计划。将实时的施工进度计划与 BIM 模型进行关联，自动生成材料的需求计划，如图 5-16 所示。

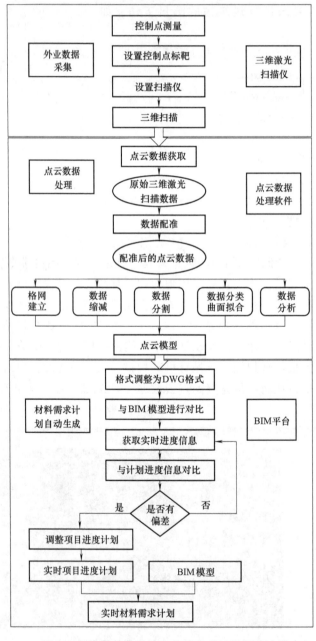

图 5-16　由现场施工进度自动生成材料需求计划

■ 5.3 基于 BIM 的资源运输调度管理（以装配式建造为例）

5.3.1 案例背景

尽管装配式建筑生产、运输和现场装配三个阶段的关系密切，需要作为一个整体来考虑，但其运输阶段调度问题并未同时考虑生产和装配阶段。因此，同时将生产、运输和现场装配三个阶段作为一个整体来建模研究，并将供应链中物流配送方案优化中精确及科学的组织方法运用到预制构件的运输过程，寻求预制构件配送最优方案。由于预制构件体积较大、重量重，对其进行吊装、卸车及翻转等操作均需特殊的吊装设备和专业的技术人员，并且对其进行固定也有相应的要求，因此，相比现有的物流配送对象而言，预制构件配送过程更为复杂。预制构件运输到施工现场的时间应由施工单位的施工进度确定，由于预制构件的吊装、卸车及翻转等操作具有专业性，为减少施工现场对预制构件的二次操作，最好的配送方案是预制构件到达施工现场后进行 JIT 装配，在这种情况下预制构件厂仅凭经验而不经过科学计算得出的调度方案安排运输往往是不合理的运输调度方案，会导致不必要的预制构件配送车辆等待卸车而导致成本的增加，或者由于调度方案不够科学而导致不满足施工单位制定的时间要求进而增加无谓的惩罚成本，这些不必要的成本会增加预制构件厂的物流运输成本。传统的运输调度模型主要是对机器环境、生产特征、资源优化等方面的优化，没有考虑运输对生产成本的影响。由此得出结论，预制构件调度方案的优劣直接决定预制构件厂的预制构件配送成本。因此，如何制订科学、合理的预制构件配送调度方案成为影响预制构件降低运输成本的重点。

5.3.2 考虑环境绩效的运输调度理论基础

1. 供应链调度模型

将供应链管理理论应用于装配式建筑一体化建造过程，有必要先了解装配式建筑建造的主要过程，即预制构件的生产、运输和现场安装。而目前现有相关研究基本限于预制构件的生产阶段，并且已有大量研究关于具有时间约束的生产调度问题，该问题已被证明 NP-Complete 问题。尽管学术界对这个领域的兴趣越来越浓，但现有研究主要关注的还是其带来的经济效益。例如，模具使用、生产的提前/拖期、生产资源和成本、生产成本和加工时间、生产完工时间、生产完工时间和资源利用、最早到期日规则、生产转换成本和时间以及在一个整体的生产、运输和装配系统中的项目成本和完成时间。

2. 考虑环境因素的调度优化模型

随着环保意识的增强，预制构件厂越来越受到减少碳足迹的压力。尽管许多生产商开始认识到碳排放的有害影响是供应链管理环境保护的关键因素之一，但迄今为止，这方面的研究还比较少。

5.3.3 模型构建

1. 问题描述

对于一些比较拥挤而没有预制构件厂的城市，其装配式建筑工程所需预制构件往往来自一些比较偏远的城市。自由市场经济会驱使资本家把生产地从昂贵的地区转移到生产成本较低的地方而预制构件的配送进度表需要与施工进度计划保持高度一致。装配式建筑建设项目基本没有完全一样的，但是不同项目的大多数施工活动却有一些共同的参数。所以，对于装配式建筑建设项目，不同的施工任务可以用以下的参数化模型语言来描述：有多少件预制构件需要在时间窗（多少时间）内安装完成。

根据 JIT 交付理论，配送车辆将预制构件送到施工现场后直接进行安装，不对预制构件进行第二次的处理（即吊装卸载，运输，临时存放），这意味着配送车辆需要等到装载的预制构件在对应的安装时间才能进行交付，之后才能返回。由于预制构件的体积很大，所以每辆满载的车辆能够运送的预制构件数量都非常有限。另一方面，当车辆每趟都是满载时，则所有交货的总成本是固定的（所需配送车辆的数量是固定的），即无论是一次性交货，还是多次交货。然而，一次性交付到施工现场的预制构件越多，配送车辆排队等待装配的时间就越长，同时施工现场过多的车辆会造成施工场地的拥挤。如果配送车辆想要在预制构件安装前离开现场，则需要对预制构件进行临时安放，那么对预制构件的第二次处理将会引起资源（吊装设备、技术人员）的浪费。因此，本节的目的是制订最优的预制构件配送策略，包括最佳交货批次、每个交货批次中的最佳数量和最佳交货时间，使得提前/拖期、资源浪费和环境排放的总惩罚成本最小。

2. 问题假设

针对上述的研究问题，表 5-2 先给出相关参数及对应的描述，然后对该问题做出了以下六个假设：

表 5-2　模型涉及的参数

参数符号	描述	参数符号	描述
N	需求的预制构件总数	w_i	第 i 批预制构件等待装配的时间
J_i	第 i 个订单配送的车辆类型	F_i	第 i 批预制构件装载完成时间
l_i	第 i 次配送的车辆次序	D_i	第 i 批预制构件装配截止时间
M	运输时间段	α	提前惩罚因子
a_0	施工现场开始工作时间	β	迟到惩罚因子
b_0	施工现场收工时间	γ	资源浪费惩罚因子
T_1, T_2	施工休息时间	δ	尾气排放惩罚因子
v	单辆车上的预制构件总装配时间	m	总的配送次数 $m \in \{1, N\}$
P_i	第 i 批预制构件的装配时间	n_i	第 i 批预制构件的配送数量
t_i	第 i 批预制构件的配送拖期惩罚成本	r_i	第 i 批预制构件配送时间
e_i	第 i 批预制构件的配送提前惩罚成本	$C(r_i)$	第 i 批预制构件在 r_i 开始配送时的运输时间
S_i	第 i 批预制构件开始装配的时间	A_i	第 i 批预制构件到达工地的时间

假设 1：从预制构件厂到施工现场的运输时间在一天的任意时间段内（一天按照交通状况被划分成几个时间段）与车辆的类型无关。

假设 2：运输时间是与出发时间有关的一个函数（如阶跃函数）。

假设 3：两地之间的运行线路相同时，环境排放仅与运输时间有关。

假设 4：预制构件厂有足够的能力满足定期需求，因此如果施工现场有足够的装配能力，工厂在到期日内可以交付任意数量的预制构件。

假设5：配送车辆每趟都满载（最后一趟除外），以确保配送的总运费是固定的，并且每辆车只装载一种类型的预制构件。这跟实际情况一样，如上所述，一个车辆可以运输预制构件的数量非常有限。

假设6：资源浪费根据配送车辆到达施工现场后因等待预制构件被安装而丢失的时间来量化。

3. 数学的建立

根据Tam's（2003）的调研，如果装配式建筑采用了大型的预制构件，每一层的混凝土浇筑需要5~6天。目前，装配式建筑施工技术已逐渐成熟，本节选取的是比较典型的PC住宅项目，其单个标准层的建设平均需要6天完成，那么花在现场装配的时间是很紧凑的。图5-17所示为装配式建筑项目施工过程涉及的几个过程，其中有两种不同的预制构件（预制外墙和预制PCF板）需要在不同的时间被运送施工现场进行安装。如前面假设，施工现场每天需要安装的预制构件需要几辆车从预制构件厂运输到施工现场，并实现JIT安装。

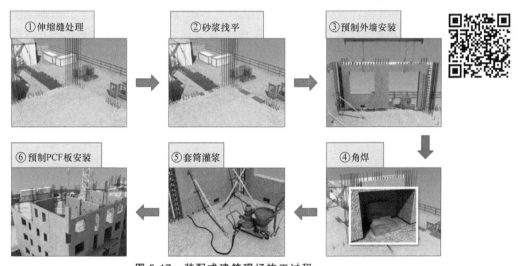

图5-17 装配式建筑现场施工过程

假设 $\{J_1, \cdots, J_N\}$ 为配送车辆的编号，具体如下：对于配送不同类型预制构件的车辆，按照现场施工需要预制构件的时间先后来进行编号，对于配送同一类型预制构件的车辆，可以任意编号。然后将 $\{J_1, \cdots, J_N\}$ 分为 m 个批次，其编号依次为 $\{J_1, \cdots, J_{l_1}\}$，$\{J_{l_1+1}, \cdots, J_{l_2}\}$，$\cdots$，$\{J_{l_{m-1}+1}, \cdots, J_{l_m}\}$，其中 l_i 是第 i 个批次已经配送车辆的次序，$i = 1, \cdots, m$，其中 $l_0 = 0$ 和 $l_m = N$。

工人每天上班的时间是固定的，假设为 $[a_0, b_0]$，中午休息时间段为 $[T_1, T_2]$，那么预制构件需要在工人的工作时间内送到，否则无法满足JIT安装要求。也就是说，工作时间段为 $[a_0, T_1]$ 和 $[T_2, b_0]$，其中 a_0, b_0, T_1 和 T_2 均为已知常数。由于现场施工的装配过程是连续进行的，因此，可以将 $[a_0, T_1]$ 和 $[T_2, b_0]$ 看作是工地要求预制构件配送需满足的时间窗约束，则第 j 批预制构件需要到达工地的截止时间同时也是最近一批（第 $j-1$ 批）预制构件装配完成的时间，即

$$D_j = a_0 + \sum_{k=1}^{l_i} p_k \text{ 或 } D_j = a_0 + (T_2 - T_1) + \sum_{k=1}^{l_i} p_k \tag{5-2}$$

对于 $j \in [J_{l_{i-1}+1}, \cdots, J_{l_i}]$ 和 $i=1, \cdots, m$，其中 p_k 为车辆 k 配送的预制构件的现场安装时间。

为简单起见，假设 $j \in [J_{l_{i-1}+1}, \cdots, J_{l_i}]$，$i=1, \cdots, m$，$n_i$ 为第 i 批预制构件的配送车辆总数，则

$$l_i = \sum_{j=1}^{i} n_j, i = 1, \cdots, m \tag{5-3}$$

在一些大型城市中，交通拥挤是很常见的情况，尤其是在上下班和节假日高峰期间，在这种情况下运输过程产生的环境排放物不仅仅是两地间距离的函数，因为两地间的运输时间在相同的路段但不同的时间段很有可能是不同的。在交通密度变化比较大的情况下运输时间存在较大的不同，环境排放物也存在较大的不同。考虑时间相关的运输时间在某一定程度上可以减少由于忽略环境变化引起的环境排放物。很多意外的因素可造成交通拥堵的情况，例如，事故、天气或者一些其他的事件。还有一些意料之中的因素，如在上下班高峰期，也能引起交通时间的很大不同，这种时间上的变化一般是有规律可循的。这些在平均交通流量上的变化周期可能是每小时的、每天的、每周的或者是每季度的。一般情况下，两地之间的交通运输时间根据交通状况（如低负荷交通，正常负荷交通，大流量负荷交通和主要交通拥塞）是可以预测的。Malandraki 和 Daskin 首先构建了与时间相关的 VRP（TDVRP），并将时间轴划分成 M 个部分，任意部分 m 对应的阶段 (i, j) 的旅行时间是一个常数 t_{ij}^m。同样，在本节中交通运输时间是配送起始时间的一个阶梯函数。因此，一天的时间轴被分为各个时间段，运输时间定义为开始配送时间的阶梯函数，即

$$C(r_i) = \begin{cases} s_1, TI_0 \leqslant r_i < TI_1 \\ \cdots \\ s_M, TI_{M-1} \leqslant r_i < TI_M \end{cases} \tag{5-4}$$

其中，下标 M 为划分的总的时间段，$[TI_{j-1}, TI_j]$，$(j=1, \cdots, M)$ 为某一时间段。

所以，一旦确定了配送时间，运输时间就是一个常数。很明显地，如果预制构件的运输避开交通堵塞的高峰期，环境排放物能减少到最小。运输时间是配送起始时间的阶梯函数，假设

$$C_0 = \min(C(r_i)), i=1, \cdots, m \tag{5-5}$$

定义 $C(r_i) - C_0$ 为由于交通堵塞引起的附加运输时间。例如，在低负荷交通情况下，A 地到 B 地需要花的时间是 C_0（如 3 小时），但是在交通拥挤的情况下，A 地到 B 地可能需要 $C(r_i)$（如 5 小时），那么由于交通堵塞引起的附加运输时间是 $C(r_i) - C_0$（即 5 小时−3 小时＝2 小时），则相应的环境排放物也相应地增加。

第 i 批预制构件到达施工现场的时间 A_i 为

$$A_i = r_i + C(r_i) \tag{5-6}$$

图 5-18 所示给出了第 i 批预制构件配送起始时间 r_i、运输时间 $C(r_i)$、到达施工现场的时间 A_i 以及配送车辆到达工地后在施工现场等待安装的时间 w_i 相互之间的关系。

由图 5-18 可知，预制构件到达施工现场的时间 A_i 应该与在施工现场施工进度中需要用到的该批预制构件的进度安排时间 S_i 一致。如果预制构件抵达施工现场的时间比施工单位所规划的时间窗约束早（即 $A_i < S_i$），则称为"提前"；两个时间相同时，称为"准时"；否则，称为"拖期"。当预制构件配送提前，前面安装的预制构件还没完工时，配送车辆需要

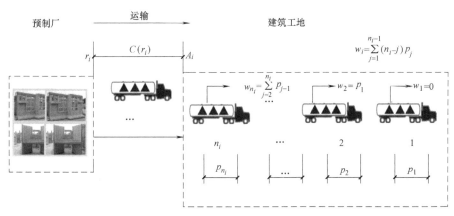

图 5-18 第 i 批预制构件配送车辆在施工现场等待预制构件安装的时间

等待预制构件安装，造成了配送车辆资源的浪费；当预制构件配送拖期时，相应的施工进度也会受到影响，甚至会造成施工单位工程项目的成本超支和工期拖期。因此，最好的情况是预制构件准时到达施工现场，则其对应的配送车辆等待总时间 w_i 就只跟该批次配送车辆的数量有关，当配送预制构件的量越大时（需要更多的车辆），总的等待时间 w_i 越大。这是因为配送预制构件的车辆需要排队等候预制构件的现场安装（预制构件只能依次一件一件地进行安装）。因此，需要在第 i 批预制构件的配送时间和配送数量之间找到一个合适的平衡点。这是因为，可以在运输时间最短的时间段一次性配送所有的预制构件，但是这样预制构件到达施工现场后，配送车辆等待时间就会过长；另一方面，若是每次按照施工进度单批或单件地配送预制构件，这样部分预制构件的配送就会遇到交通堵塞高峰期，引起运输时间的增加，从而引起环境排放物的增加。

从环境保护和经济收益两个方面考虑，构建基于时间的预制构件运输调度优化模型，使总惩罚成本最小。其总惩罚成本主要包括：

1) 预制构件配送车辆到达施工现场时间早于施工进度计划时间所产生的提前惩罚成本。

2) 预制构件配送车辆到达施工现场时间晚于施工进度计划时间所产生的拖期惩罚成本。

3) 预制构件配送车辆到达施工现场时间等于施工进度计划时间，但因一次性配送车辆过多，而现场施工资源有限，不能同时将所有车辆上的预制构件一次性安装完成，从而由配送车辆等待造成的资源浪费惩罚成本。

4) 预制构件配送开始时间选在交通拥堵高峰期引起的附加运输时间，从而引起增加的环境排放惩罚成本。

值得注意的是，第 1) 部分和第 3) 部分可以说都是由于配送车辆的等待引起的资源浪费惩罚成本，但它们的本质还是有区别的，第 1) 部分的提前惩罚成本是需要通过改变配送时间来减少，而第 3) 部分的资源浪费惩罚成本是准时到达施工现场后，因配送量大于施工现场有限资源能够及时处理而产生的，这个不需要改变预制构件的配送时间，而是需要改变单批次预制构件配送的数量来减少惩罚成本，因此本节将这两部分惩罚成本分开讨论。

本模型目的在于通过科学、系统地计算求解出满足施工单位 JIT 施工约束的最合理的预制构件配送方案，即，确定最优的配送批次 $m(\{J_1,\cdots,J_{l_1}\},\{J_{l_1+1},\cdots,J_{l_2}\},\cdots,\{J_{l_{m-1}+1},\cdots,J_{l_m}\})$、单批次最优的配送数量 $n_i(\pi=(n_1,n_2,\cdots,n_m))$ 以及最优配送起始时间 $r_i(R=(r_1,r_2,\cdots,r_m))$ 能够使得以下总惩罚成本值最小

$$z(m,B,R)=\alpha\sum_{i=1}^{m}\sum_{j=1}^{n_i}e_i+\beta\sum_{i=1}^{m}\sum_{j=1}^{n_i}t_i+\gamma\sum_{i=1}^{m}\sum_{j=1}^{n_i-1}(n_i-j)p_j+\delta\sum_{i=1}^{m}\sum_{j=1}^{n_i}(C(r_i)-C_0)$$

$$(5\text{-}7)$$

式中　α——提前惩罚系数；

β——拖期惩罚系数；

γ——资源浪费惩罚系数；

δ——环境排放物惩罚系数。

目标函数 z 考虑了配送车辆的运输时间 $C(r_i)$ 和在施工现场的等待时间 w_i。在式（5-7）中，前两项的值是提前和拖期惩罚，由上一批次预制构件在施工现场安装完成时间和下一批次预制构件到达工地时间确定。第 i 批预制构件到达工地的时间 $A_i(A_i=r_i+C(r_i))$ 应该正好等于第 $i-1$ 批预制构件现场安装完成时间 $S_{i-1}+P_{i-1}$，否则会产生提前和拖期惩罚。式（5-7）中的第三项是资源浪费惩罚，与配送车辆在施工现场等待总时间 w_i 有关，其具体计算为

$$w_i=\sum_{j=1}^{n_i}(j-1)v=\frac{v}{2}n_i(n_i-1)$$

$$(5\text{-}8)$$

从上式可以看出，单批次配送预制构件的数量 n_i 越小（即总的配送批次 m 越大），则该批配送车辆总的等待时间越小。但另一方面，配送批次 m 的增大，导致配送起始时间 $C(r_i)$ 更加复杂，将会大大增加交通堵塞的可能性，那么引起提前和拖期惩罚以及环境排放物惩罚（式（5-7）中第四部分）增加的可能性越大。

将一个批次的预制构件看成是一个单位，则式（5-7）可以简化为

$$\begin{cases}\min z(m,B,R)=\alpha\sum_{i=1}^{m}n_ie_i+\beta\sum_{i=1}^{m}n_it_i+\gamma\sum_{i=1}^{m}w_i+\delta\sum_{i=1}^{m}n_i(C(r_i)-C_0)\\ w_i=\sum_{j=1}^{n_i-1}(n_i-j)p_j\end{cases}$$

$$(5\text{-}9)$$

式中　w_i——单批次预制构件的配送车辆等待预制构件安装的总时间。

式（5-9）表明了总的惩罚成本由提前惩罚成本、拖期惩罚成本、资源浪费成本及环境排放惩罚成本组成。该目标函数需满足的约束如下。

$$A_1\leqslant a_0,\ A_1\leqslant A_2\leqslant\cdots\leqslant A_m,(i=1,\cdots,m)\qquad(5\text{-}10)$$

$$A_i=r_i+C(r_i),\ (i=1,\cdots,m)\qquad(5\text{-}11)$$

$$S_i=\max(A_i,F_{i-1})\qquad(5\text{-}12)$$

$$e_i=\max(0,S_i-A_i)\qquad(5\text{-}13)$$

$$t_i=\max(0,F_i-b_0)\qquad(5\text{-}14)$$

$$F_i=S_i+P_i\qquad(5\text{-}15)$$

$$P_i=\sum_{k=1}^{n_i}p_k\qquad(5\text{-}16)$$

$$\sum_{i=1}^{m} n_i = N \tag{5-17}$$

$$a_0 \leq S_i + P_i \leq T_1 \text{ 或 } T_2 \leq S_i + P_i \leq b_0 (i=1,\cdots,m) \tag{5-18}$$

约束条件式（5-10）表示第一批次的预制构件配送车辆必须提前或者准时到达施工现场，不得晚于施工单位规定的开始工作时间，不然会严重影响施工单位的施工进度计划；同时后一批次预制构件的配送车辆不得早于前一批次预制构件的配送车辆，否则也会影响施工单位的施工进度计划。约束条件式（5-11）表示配送车辆达到的时间等于配送车辆出发时间加上运输时间的总和。约束条件式（5-12）表示后一批次到达施工现场的预制构件只能在前一批次预制构件装配完成后才能进行安装。约束条件式（5-13）表示提前惩罚成本产生的条件是预制构件到达的时间早于其需要被安装的时间。约束条件式（5-14）表示拖期惩罚成本产生的条件是预制构件的装配完成时间超过了施工单位规定的时间。约束条件式（5-15）表示预制构件装配完成时间等于装配开始时间加上装配时间。约束条件式（5-16）表示单批预制构件装配时间等于单批中所有单件的预制构件各自装配时间的总和。约束条件式（5-17）表示预制构件总的配送车辆数为 N，被分为 m 个批次，第 i 个批次的预制构件车辆配送数为 n_i。约束条件式（5-18）表示同一批次的预制构件安装过程是连续不间断的。

5.3.4 多项式时间优化算法的提出与验证

上一节构建的数学模型的目的是求解出满足施工单位 JIT 施工约束的最合理的预制构件运输方案使得提前惩罚成本、拖期惩罚成本、资源浪费惩罚成本及环境排放惩罚成本的总和最小。这个目标函数可以分为两步进行求解。首先，确定最优配送批次 m；其次，再求解每个批次中的最优数量 n_i 和最优配送起始时间 r_i。这里一旦 n_i 确定了，对应的安装完成时间 F_i 就可以被计算出来。从而，每批次最优配送时间 r_i 也能被计算出来。对于给定的 m，目标函数式（5-7）的值仅与运输时间 $C(r_i)$ 和 n_i 有关。

假设问题能够在工作时间区间 $[a_0, T_1]$ 被求解，那么相应地在其他连续的工作时间段也能类似地被求解。则上述问题的两个单独的连续工作时间区间 $[a_0, T_1]$ 和 $[T_2, b_0]$ 可用更一般的单个工作时间区间 $[w_0, w_1]$ 来统一表示。当最后配送批次的预制构件能够在截止时间 w_1 内完成，没有拖期惩罚成本的产生。因此，拖期惩罚成本部分可以简化为

$$\beta \sum_{i=1}^{m} t_i = \beta \sum_{i=1}^{m} \max(0, A_i - S_i) = \beta \sum_{i=1}^{m} \max(0, S_i + P_i - w_1) \tag{5-19}$$

并且，当同一批次中每件预制构件的安装时间相同，如 $p_k = v$，那么配送车辆准时达到工地后等待预制构件安装的时间 w_i 为

$$w_i = \sum_{j=1}^{n_i} (j-1)v = \frac{v}{2} n_i (n_i - 1) \tag{5-20}$$

相应地，第 i 批预制构件总的安装时间 P_i 为

$$P_i = n_i v \tag{5-21}$$

那么，式（5-7）可变为

$$z(m, n_i, r_i) = \alpha \sum_{i=1}^{m} n_i \max(0, A_i - S_{i-1} - P_{i-1}) + \beta \sum_{i=1}^{m} n_i \max(0, S_i + P_i - w_1)$$

$$+ \frac{v\gamma}{2} \sum_{i=1}^{m} n_i (n_i - 1) + \delta \sum_{i=1}^{m} n_i (C(r_i) - C_0) \tag{5-22}$$

上式与具有相同处理时间的批量配送问题这一特殊案例非常类似，其目标是使得提前/拖期惩罚成本，库存成本及到期日转让成本的总成本最小。在 Shabtay's 的研究中，其目标函数为

$$z(\pi, B, d) = \alpha \sum_{i=1}^{m} \sum_{j=l_{i-1}+1}^{l_i} \max\left(0, d_j - \sum_{k=1}^{l_i} p_k\right) + \beta \sum_{i=1}^{m} \sum_{j=l_{i-1}+1}^{l_i} \max\left(0, \sum_{k=1}^{l_i} p_k - d_j\right)$$
$$+ \frac{\theta p}{2} \sum_{i=1}^{m} (l_i - l_{i-1}) \times (l_i - l_{i-1} - 1) + \delta m \tag{5-23}$$

将式（5-22）和式（5-23）进行对比，可以发现式（5-22）中的前两部分与式（5-23）的前两部分相对应，均为提前/拖期惩罚成本；式（5-22）中的第三部分与式（5-23）的第三部分相对应，其值均与总配送批次和每批次中单件产品的数量有关；式（5-22）中的第三部分与式（5-23）的第三部分相对应，其值均与总配送批次和每批次中单件产品的数量有关；式（5-22）中的第四部分与式（5-23）的第四部分相对应，其目标均是使总的配送批次最小。该问题已被证明可用多项式时间算法求解，并且，对于在给定的工作任务生产次序下，运用多项式时间优化算法的复杂度是 $O(n^2)$（n 是总的工作任务数）。

因此，分批方案如下：给定总的预制构件配送车辆数为 N，将其分为 m 个批次（$\pi = (n_1, \cdots, n_m)$）进行配送，则 $1 \leq m \leq N$，并且确定每个批次的最优数量 n_i 和最优配送时间 $C(r_i)$。对于 $0 \leq l < j \leq N$，$F(l, j)$ 代表式（5-7）中的部分最优调度方案产生的部分目标函数值，其包括的配送车辆编号从 $1, \cdots, j$，同时假设第二批次配送的编号从 $l+1$ 开始，如在同一批配送中，部分配送车辆序列编号包括 $1, \cdots, l$，接着的序列编号从 $l+1$ 开始，则

$$F(l,j) = (j-l) \times \left[\alpha \max(0, S_{l+1,j} - A_{l+1,j}) + \beta \max(0, S_{l+1,j} + v(j-l) - W_1) \right]$$
$$+ \frac{v\gamma}{2}(j-l-1)(j-l) + \delta(j-l)(C_{l+1,j} - C_0) + G_l \tag{5-24}$$

式中 $C_{l+1,j}$，$A_{l+1,j}$ 和 $S_{l+1,j}$——编号序列为 $l+1, \cdots, j$ 的部分预制构件配送车辆的运输时间、到达时间和预制构件在施工现场开始的安装时间。

对于 $1 \leq j \leq N$，G_j 表示的是式（5-24）中由部分调度方案产生的部分最小的目标函数值，该调度方案中的配送车辆编号序列包括 $1, \cdots, j$。G_j 可由下式逆序递归计算出来

$$G_j = \min_{j>l} F(l,j) \tag{5-25}$$

结合式（5-24）和式（5-25），我们可以得到以下递推式

$$G_j = \min_{j>l} \left\{ \begin{array}{l} (j-l)\left[\alpha\max(0, S_{l+1,j} - A_{l+1,j}) + \beta\max(0, S_{l+1,j} + v(j-l) - W_1) \right] \\ + \frac{v\gamma}{2}(j-l-1)(j-l) + \delta(j-l)(C_{l+1,j} - C_0) + G_l \end{array} \right\}, 1 \leq j \leq N \tag{5-26}$$

初始条件

$$G_0 = 0 \tag{5-27}$$

目标是找到 G_N，使得最优方案中的部分次序编号 $l, \cdots, j$ 由第 1 批次 $\{1, \cdots, l\}$，接着另一个最优批次编号为 $\{l+1, \cdots, j\}$ 组成。表 5-3 给出了算法的具体步骤。

表 5-3　多项式时间优化算法

序号	算法步骤描述
1	//输入: $a_0, b_0, T_1, T_2, v, N, \alpha, \beta, \gamma, C_1, \cdots, C_M, TI_1, \cdots, TI_M$;
2	//初始化: $S_1 = a_0$; $e_1 = S_1 - A_1$; $t_1 = 0$; $G_{n+1} = 0$
3	//计算:
4	循环1: 当 $x \in [0, 24]$
5	$C'_0 = \max(C(x))$
6	$r_1 = W_0 - C'_0$
7	结束循环1
8	循环2: 当 $j = 1, \cdots, 2N$
9	$A_j = C(r_j) + r_j$
10	$C_j = C(r_j)$
11	$r_j = r_j + v/2$
12	结束循环2
13	循环3: 当 $1 \leq j \leq N$
14	循环4: 当 $j < l \leq N+1$
15	循环5: 当 $1 \leq i \leq 2N$
16	$A_{j,l} = A_i$
17	$C_{j,l} = C_i$
18	//最优解由下式求解
19	$G_j = \min\limits_{j > l} \begin{cases} (j-l)\left[\alpha\max(0, S_{l+1,j} - A_{l+1,j}) + \beta\max(0, S_{l+1,j} + v(j-l) - W_1)\right] \\ + \dfrac{v\gamma}{2}(j-l-1)(j-l) + \delta(j-l)(C_{l+1,j} - C_0) + G_l \end{cases}$
20	结束循环5
21	结束循环4
22	结束循环3
23	//确定每个批次预制构件的最优配送时间
24	循环6: 当 $1 \leq j \leq m$
25	$r_j = A_j - C(r_j)$
26	结束循环6
27	//确定最优配送总次数
28	循环7: For $1 \leq m \leq N$
29	Calculate $z(m, G_j)$
30	结束循环7
31	//Output: $z(m, G_j), A_{j,l}, C_{j,l}$

■ 5.4　基于 BIM 的施工过程低碳管理

建筑项目影响因素复杂，施工工序、材料和机械众多，对碳排放有着重大影响；而且施工阶段是建设项目目标的体现，是低碳理念的结果展示。控制建设行为的碳排放是一个紧迫的挑战，在发达国家的建设部门已经将减少施工中的碳足迹作为积极控制的目标。所以加强对施工过程低碳的控制和管理具有实践意义。

5.4.1　施工过程低碳管理概念

关于低碳管理的定义，其核心均是以减排为目的。施工过程低碳管理主要是指以施工过程为研究范围，通过对施工阶段的活动和施工材料碳排放进行控制，以实现施工过程低排放的目标。施工阶段是碳排放量和资源消耗量最大的阶段，也是碳排放控制的重点。施工阶段的碳排放主要体现在两个方面：

1）建筑材料的碳排放，包括原材料的加工、生产、运输等。

2）施工机械和设备的碳排放，主要体现在燃料的使用。

5.4.2　施工过程低碳管理内容

1. 碳排放测算可视化

在国际社会对碳排放的重视和我国大力提倡低碳社会的条件下，控制施工过程的碳排放是一个紧迫的挑战。施工过程是各种资源综合使用的环节，施工环境复杂，碳排放影响因素多，项目管理者难以全面地掌握碳排放动态信息。将施工过程的碳排放可视化并有针对性地采取措施具有重大意义。在国外不少的学者已经开始对可视化碳排放进行研究，运用现代计算机技术，将建筑行为可视化并计算、分析碳排放。本节内容借助 BIM 技术研究将 4D 模型和碳排放测算相结合，在赋予 3D 模型时间信息后，集成低碳信息，实现在展示施工过程的同时，显示相应的碳排放量。

2. 碳排放分析

碳排放分析是低碳管理的重点，其核心是碳排放的测算，通过计算出不同分部分项的碳排放量进行下一步的分析。碳排放分析主要体现在两个方面：一是识别碳排放量高的建设行为；二是更换不同的施工材料（机械）检测不同施工方案的碳排放量。本节所述系统将测算中所有分部分项中的碳排放量，可以发现碳排放量最高的建设行为，从而采取针对性措施。同时，通过更换高碳排放量的材料或者替代性价比低的材料，可以计算相应施工方案的碳排放量，以便对施工方案进行优化。

3. 碳排放成本测算

碳排放成本是企业的经济效益和环境效益兼顾的体现，一味过度减排或者消极的减排都不是企业的明智之举。企业的可持续发展应该体现的是科学的减排，既能达到低碳的目标，也能节约成本。在本节中，碳排放成本测算体现在其与建筑成本测算同步，在计算碳排放量的同时，测算出相应的建筑成本，为碳排放-成本分析奠定基础。在计算建筑成本中，采用了国家规定的工程量清单计价模式，所以碳排放量的计算单元是分部分项工程，实现与工程量清单统一的目的。

5.4.3　施工过程低碳管理信息流

施工过程低碳管理首先应该建立相应的信息流以明确各管理目标之间的关系，也为后期系统开发的需求功能打下基础。施工过程低碳管理信息流包括信息源，信息采集，信息统计、分析、评价，信息处理等。施工过程低碳管理是以低碳为主体、进度和成本为辅助，所以在信息的统计和分析将组建成低碳信息、成本信息和进度信息。施工过程低碳管理信息流如图 5-19 所示。

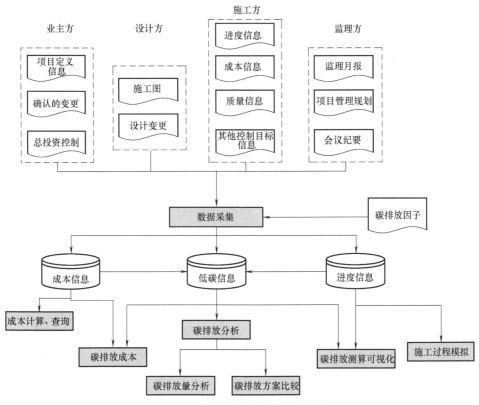

图 5-19 施工过程低碳管理信息流

施工过程低碳管理需要获得的资料主要有：施工进度计划（总进度计划、阶段进度计划、实施性进度计划）、施工组织设计、施工方案、施工图、业主确认的施工变更，同时需要在施工过程中形成相关记录，例如会议纪要、监理月报等。对于实际的资料而言，简单的处理不可能满足系统需求，还需要根据系统目标逐步分解到具体需要的资料数据，完成数据建模的目标。对信息进行处理形成低碳信息、成本信息和进度信息。信息的分析和评价是信息流的目的和归宿。以低碳信息为主导，并融合成本信息和进度信息，实现实时碳排放测算和碳排放分析，其中可视化碳排放测算是将进度信息和低碳信息结合，在进行施工模拟的同时，不断显示相应的分部分项碳排放量。在碳排放分析中，将低碳信息和成本信息结合，展示每一个分部分项工程的低碳-成本信息，以便分析当改变相应材料或者机械时产生的成本变化；同时可以分析碳排放总量中各分部分项碳排放量和碳排放高峰等，以便积极采取措施控制碳排放。成本信息和进度信息虽作为辅助功能，但是本身信息可以输出进行相应功能分析。其中在成本功能中，可以实现分部分项的自动计算和成本汇总，最终形成分部分项清单，同时还可以单独查询相应构件、材料成本信息；在进度信息中，可以通过进度计划模拟施工过程，展示正在施工、已经施工、将要施工的工序，同时也可以对进度计划进行修改和维护以调整施工过程。

5.4.4 基于 BIM 施工过程低碳管理框架

通过建筑专业设计软件（Auto Revit）在设计阶段逐步建立建筑模型和结构模型，同时随着工程的推进和信息的丰富，采用基于 IFC 工程数据交换标准表达建筑对象，最终形成满足目标需求的建筑数据模型，包括建筑的基本工程信息和几何信息。结合上述模型构建流程，建立施工过程低碳管理框架，如图 5-20 所示。横向代表了框架的不同体系，纵向代表了整个建筑信息周期，其中设计阶段分为建筑设计和结构设计；框架体系包括：数据库体系、转换体系、模型体系、应用体系。应用层主要是面向用户的操作层；数据库体系通过转换平台形成的数据资源为其他阶段模型服务。

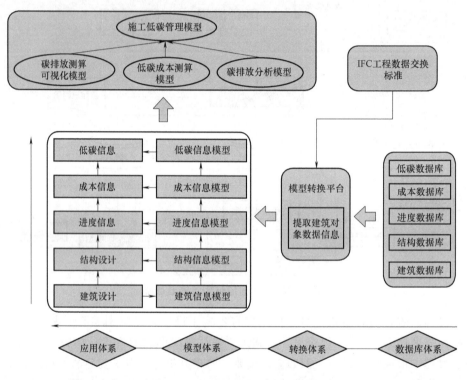

图 5-20 施工过程低碳管理框架

信息随着建设项目的进行在不断累积。在建筑设计期，根据建筑初步设计，建立建筑信息模型和结构信息模型。随着建设项目的进行，施工信息逐步增加和完善，建筑模型承载的信息也更加精确，实现更多的功能。逐步赋予基本工程信息、结构信息、进度、成本、低碳信息，逐步实现低碳测算可视化、低碳成本计算、碳排放分析。碳排放测算可视化模型可以提取前述已经形成的进度信息和低碳信息，实现形象地、立体地展示施工过程碳排放信息；低碳成本测算模型可以调用低碳信息和成本信息，实现测算碳排放量的同时也计算其成本；碳排放分析模型主要采用碳排放测算信息，在计算碳排放量时，借助后台碳排放因子库，实现识别高碳排放施工任务和更换不同施工材料计算不同施工方案的碳排放量。由于 BIM 已经具备了大量构件最基本的几何、工程技术信息，将这些信息抽取、整合后得到各子模块所需信息加以集成，构成了信息集成系统。

5.4.5 基于 BIM 施工过程低碳管理路线

施工过程低碳管理的目的是实现碳排放测算可视化、低碳成本测算和碳排放分析，其本质是融合低碳信息、进度信息和成本信息。BIM 技术使建筑模型具有包容性，融合更多的工程信息或者所需的信息，并根据不同的需求目标提取和调用相应的信息。根据前述已经建立的数据，建立相应的信息数据模型，施工过程低碳管理路线如图 5-21 所示，具体工作包括：

1）建立碳排放测算可视化模型。碳排放测算可视化模型由 4D 模型和低碳信息两方面组成。低碳信息可以借助碳排放分析中信息数据实现，在最后的信息集成中调取低碳信息进行测算。所以，建立碳排放测算可视化模型的主要工作是建立 4D 模型，也就是将建筑模型和施工进度信息进行连接，建立施工工序模型。

2）建立低碳成本模型。低碳成本模型的主要功能是测算出建筑成本。采用工程量清单计价模式时，需对模型构件进行清单编码处理，通过编码锁定相应构件并进行分部分项汇总，在统计出工程量之后与工程单价进行连接计算，为实现低碳测算与成本同步建立基础。

3）建立碳排放分析模型。碳排放分析模型包含了碳排放测算所需的基础数据，如碳排放因子和碳排放材料清单，是材料碳排放计算的后台数据支持。同时碳排放分析数据也是前两种模型的信息组成部分，是低碳管理的核心部分。碳排放分析模型关键在于如何将碳排放因子和具体材料自动连接进行测算。

4）集成上述数据信息。上述三种模型中包含的信息本质是关联的，是根据不同的管理目的调取而生成的子模型。碳排放测算模型和低碳成本模型均需要低碳信息支撑。所以建立数据之间的关系，使得模型可以根据不同的目标调用相应的信息。

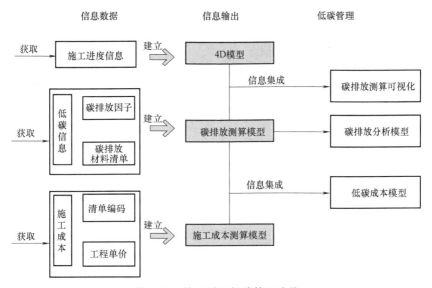

图 5-21 施工过程低碳管理路线

5.4.6 构建低碳管理基本建筑模型

建立信息集成模型之前需要建立基本建筑模型，以满足后续的数据建模需求。基本建筑模型分建筑设计模型和建筑结构模型，两者侧重点不同。建筑设计模型主要侧重描述建筑对象的空间关系和外观表达，如门窗的长度、宽度、面积、数量等，以及其和墙之间的空间关系；在建筑外观上力求表达逼真，如材料、颜色等。建筑结构模型更加侧重力学分析以满足建筑的安全性，如墙、梁的配筋，横向钢筋、纵向钢筋、分布钢筋以及钢筋数量等。建筑设计模型和建筑结构模型示例如图 5-22 和图 5-23 所示。

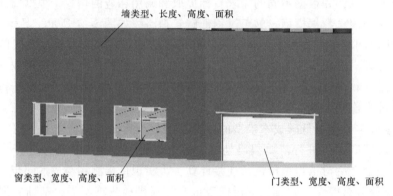

墙类型、长度、高度、面积

窗类型、宽度、高度、面积　　　　门类型、宽度、高度、面积

图 5-22　建筑设计模型示例

板横向钢筋、纵向钢筋、钢筋数量、钢筋间距

图 5-23　建筑结构模型示例

1. 建筑设计模型

建立建筑设计模型软件主要有 Revit 和 ArchiCAD，项目设计人员需要根据 BIM 设计软件建立建筑信息模型。特别注意的是，由于后面要建立进度模型，那么需要将 3D 模型组织成与进度计划详细水平上相适应的工作元素，这也是建筑设计模型的内在要求。以混凝土—矩形—柱为例，均以构件形式建立，即独立柱的形式。同时调用柱构件明细表可以浏览每个独立构件信息，具体如图 5-24 和图 5-25 所示。

2. 建筑结构模型

低碳管理建筑结构模型更多体现在碳排放测算上，在碳排放计算中钢材是重要构成部

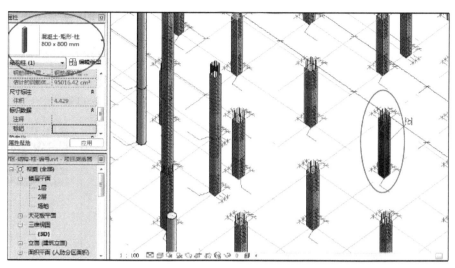

图 5-24　柱模型

分。根据学者研究和总结，形成单位材料内含能量如图 5-26 所示，其中钢材的碳排放远远超于水泥、砂、砖。所以在建模中，尤其是土建工程，需要建立钢筋。构件钢筋的数量和种类繁多，建立钢筋模型工作量很大，所以需要全面了解施工图避免漏项。图 5-27 所示为建立的包含钢筋的建筑结构模型。

结构柱明细表				
体积	底部标高	族	柱定位标记	长度
4	1F	混凝土-矩形柱		6920
4	1F	混凝土-矩形柱		6920
4	1F	混凝土-矩形柱		6920
4	1F	混凝土-矩形柱		6920
4	1F	混凝土-矩形柱		6920
4	1F	混凝土-矩形柱		6920
4	1F	混凝土-圆形柱		6920
4	1F	混凝土-矩形柱		6920
4	1F	混凝土-矩形柱		6920
4	1F	混凝土-矩形柱		6920
11	1F	钢管混凝土圆形柱		17171
11	1F	钢管混凝土圆形柱		22671
6	1F	混凝土-圆形柱		15180
17	1F	钢管混凝土圆形柱		26850
41	1F	钢管混凝土圆形柱		26850
4	1F	混凝土-矩形柱		6920
4	1F	混凝土-矩形柱		6920
4	1F	混凝土-矩形柱		6920
4	1F	混凝土-圆形柱		6920
4	1F	混凝土-矩形柱		6920
4	1F	混凝土-矩形柱		6920
4	1F	混凝土-矩形柱		6920
4	1F	混凝土-矩形柱		6920

图 5-25　柱构件明细表

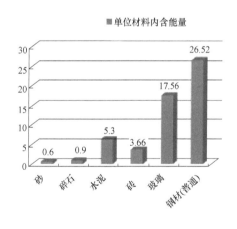

图 5-26　单位材料内含能量

5.4.7　施工过程低碳管理数据建模

1. 碳排放测算可视化模型

低碳管理基本建筑模型加载施工进度信息，即建立 4D 模型，需要包括三个属性：空间属性、时间属性、模型规则。空间属性是指实体属性，在前述已经建立融合一般工程信息的

3D 模型；时间属性主要是施工进度信息，需要建立详细的施工进度计划。4D 模型建立的关键点在于建立模型规则，将 3D 模型与施工进度信息进行集成。集成技术是连接进度信息并实现可视化的关键，包括：各个数据部分间进行交换的条件和规则、数据信息交换的规则、施工进程的继承关系、制约的各种因素的影响等。4D 建筑信息模型构建模式如图 5-28 所示。本节借助 Auto Navisworks 进行规则连接，实现施工进度计划和 3D 模型的集成。

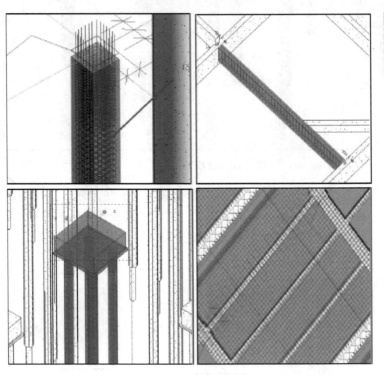

图 5-27　土建钢筋模型

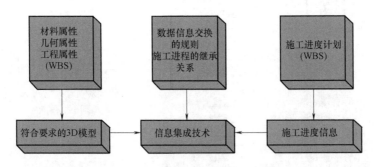

图 5-28　4D 建筑信息模型构建模式

　　本节采用的模型规则是选择集。选择集是将模型构件按照施工进度计划中每一项对应的施工任务建立一个集合，并取相同名称。之后施工进度计划通过名称进行自动匹配，建立对应关系，随着施工进度计划的驱动展示施工过程。选择集的功能相当于 CAD 图纸中的"图层"，将施工进度计划的每一个施工任务涉及的模型构件群建立一个图层。为了便于快速认识施工任务，建立选择集时体现一定的从属关系，如钢结构下包括主桁架、次桁架等，主桁架下又包括上、下桁架，如图 5-29 所示。选择集的优势在于，施工过程中由于不确定因素影响，施工进度计划会随时进行更新，选择集会根据连接规则自动寻找新施工进度计划中的任务项，不会因为施工进度变化而需要重新建立集合。

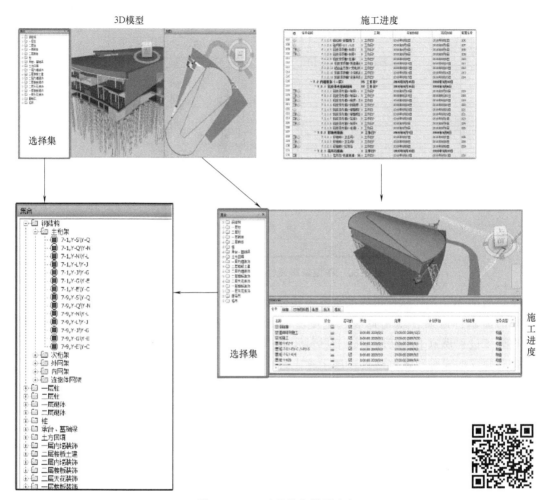

图 5-29　4D 建筑信息模型建立

2. 低碳成本信息模型

成本信息的融合主要体现在赋予模型构件工程量清单编码。在前述工作中，已经准备清单编码列表和工程单价列表。编码清单是构件编码的依据，而工程单价将作为数据库，进行后台运行。成本信息的主要工作体现在将所有的建筑构件进行编码，编码采用十二位阿拉伯数字表示，1~9 位应按附录的规定设置，10~12 位应根据拟建工程的工程量清单项目名称设置。具体的生成模型编码属性示例如图 5-30 所示。

将工程量清单中相应的分部分项工程编码附加到模型中每个构件属性后，可以调用其属性进行成本汇总，具体生成模型编码清单。结构柱的编码信息如图 5-31 所示。

3. 碳排放分析信息模型

在前述建立的低碳信息数据中，主要是碳排放材料清单和碳排放因子，其中碳排放因子作为后台数据进行处理。所以，建立低碳信息模型的关键在丁精确计算各种碳排放材料的施工量。建筑结构模型可以统计建筑量。然而，其并不是完全按照实际把每一层的碳排放材料

010402001001	矩形柱	混凝土强度等级:C35;混凝土拌合料要求:商品混凝土;商品混凝土运输、泵送、浇捣、养护	M³	4950.434

步骤1：建立相应的工程量清单

步骤2：附加模型编码属性

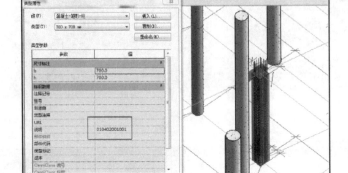

图 5-30　模型编码属性示例

建出来。利用 BIM 设计软件可以实现单个构件融合多种材料的需求，但集合施工低碳、进度、成本于一体，在施工过程模拟中不断展示施工材料及碳排放数值还需要独立构建每种建筑材料以展示施工过程。建筑构件材料组成的多样性决定了建模的复杂性。例如，一个屋面是由钢材、混凝土、防水卷材、挤塑聚苯板、水泥砂浆组成，需要建立五层材料模型。于是再次引入工程量清单思想，并对工程量清单进行改造以弥补模型的缺陷。工程量清单二次整理是指在分部分项清单下，按照分部分项构成材料再次分解并编码。材料清单是模型和碳排放因子的桥梁，材料清单主要提供了各分部分项的材料工程量比例，统计出分

B_结构柱明细表	
柱类型	说明
混凝土-圆形柱: 700 mm	010402002002
混凝土-圆形柱: 788 mm	010402002002
混凝土-圆形柱: 800 mm	010402002002
混凝土-圆形柱: 884 mm	010402002002
混凝土-圆形柱: 900 mm	010402002002
混凝土-圆形柱: 984 mm	010402002002
混凝土-圆形柱: 1375 mm	010402002002
混凝土-矩形柱: 400 × 400 mm	010402001001
混凝土-矩形柱: 500 × 500 mm	010402001001
混凝土-矩形柱: 700 × 700 mm	010402001001
混凝土-矩形柱: 800 × 800 mm	010402001001
钢管混凝土圆形柱: 800-12 mm	010402-B001
钢管混凝土圆形柱: 900-16mm	010402-B001
钢管混凝土圆形柱: 1000-16mm	010402-B001
钢管混凝土圆形柱: 1400-25mm	010402-B001

图 5-31　结构柱的编码信息

部分项工程量后即可根据材料工程量比例计算。材料二次清单的材料编码将碳排放因子和工程量进行连接，具体如图 5-32 所示。

　　本节采用顺序编码并结合碳排放因子编码，其中在前述碳排放因子表中，已经建立了材料编码。在工程量清单二次分解中，根据碳排放因子材料编码定义分部分项中相应的材料，例如砌块墙中包括材料加气混凝土砌块、水泥砂浆，在碳排放因子库中分别是 03 和 05，那么分部分项下的编码是 01030400100103 和 01030400100105。在根据项目特征进行整理时，需要确定一下列项：项目编码、材料名称、材料编码、材料单位、单位含量。其中，材料编码是在项目编码前提下进行了二次编码，可以按照简单的数字规则进行排列，是项目编码范围中附加数字编码；单位含量是指一个单位构件下具体的材料含量，也是材料量计算的关键。例如 $1m^2$ 屋面包括钢材吨数、水泥砂浆立方数、防水卷材平方米数等。整理的碳排放材料工程量清单二次分解见表 5-4。

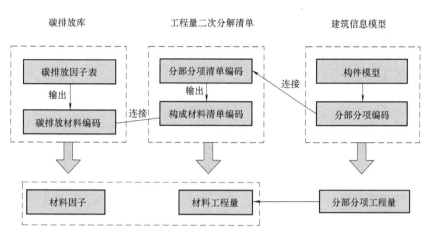

图 5-32　建立碳排放材料清单

表 5-4　碳排放材料工程量清单二次分解

项目编码	项目名称	材料类型	材料编码	计量单位	单位含量
楼地面工程					
020101003001	地 5	碎石	04	t	0.647
		混凝土	02	m^3	0.468
		水泥砂浆	05	m^3	0.048
		改性沥青防水卷材	09	m^2	0.009
		钢材	01	t	12.959
020101003002	地 6	碎石	04	t	0.992
		混凝土	02	m^3	0.998
		水泥砂浆	05	m^3	0.156
020101003003	楼 5	混凝土	02	m^3	0.534
		改性沥青防水卷材	09	m^2	0.008
		水泥砂浆	05	m^3	0.053
		钢材	01	t	11.032
墙、柱面工程					
020201001001	内墙 1	加气混凝土砌块	03	m^3	0.892
		水泥砂浆	05	m^3	0.522
		混凝土	02	m^3	0.357
		钢材	01	t	4.765
		乳胶漆	08	m^2	1.000
020201001002	内墙 2	加气混凝土砌块	03	m^3	0.934
		水泥砂浆	05	m^3	0.634
		混凝土	02	m^3	0.364
		钢筋	01	t	4.765
		乳胶漆	08	m^2	1.000

项目编码	项目名称	材料类型	材料编码	计量单位	单位含量
		加气混凝土砌块	03	m³	0.934
020201001003	内墙3	水泥砂浆	05	m³	0.634
		混凝土	02	m³	0.364
		钢材	01	t	4.765

在碳排放测算中，编码信息是重要手段之一。模型构件通过一系列的编码信息计算分部分项中材料的工程量，之后通过工程编码与碳排放因子连接，得到碳排放量。基于工程量材料清单的碳排放测算如图5-33所示。

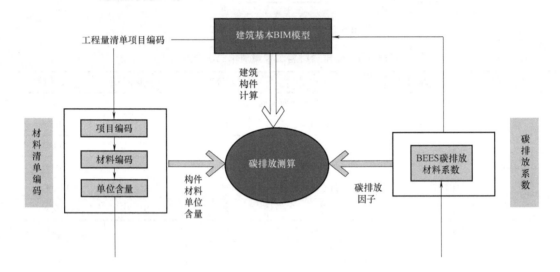

图5-33 基于工程量材料清单的碳排放测算

5.4.8 施工过程低碳管理信息集成

上述各种信息的建立均是赋予在模型构件中，所以构件是融合了低碳、成本和进度信息，是各种数据的连接点，也是进行信息集成的关键。根据前述的数据建模，此时的构件包括了选择集信息和清单编码信息，若与施工进度计划自动匹配则实现施工过程可视化；若输出工程量则可以按照清单计价模式进行分部分项工程量汇总。当输出分部分项工程量时，一方面根据编码信息与工程单价进行连接，实现分部分项成本汇总计算；另一方面清单编码信息与材料二次分解清单中编码进行相同匹配，计算出相应的材料工程量。之后根据碳排放因子表中的材料编码匹配计算碳排放量。综上所述，当在展示施工过程并显示相应构件群时，会同步汇总计算碳排放和工程成本，具体如图5-34所示。

施工过程低碳管理输出包括施工过程可视化、材料碳排放量和分部分项成本三种信息，三者结合均是以构件为核心。在模拟施工过程时，显示正在施工的一系列构件，同时构件输出相应的编码信息和选择集，通过后台数据计算出相应的材料碳排放和分部分项成本。所以，一方面实现的碳排放测算可视化和计算材料碳排放成本；另一方面，碳排放本身的数据

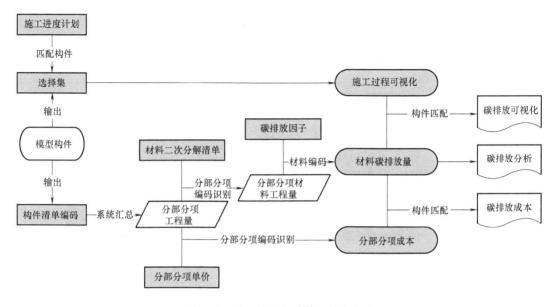

图 5-34 施工过程低碳管理信息集成

可以实现测算分部分项碳排放高峰、更换机械和材料计算不同方案碳排放等。

5.4.9 施工过程低碳管理模型功能实现

施工过程低碳管理模型拥有建筑与项目相关的各种信息。结合上述施工过程低碳管理对数据的需求，从建筑信息模型中抽取出建筑的材料信息、进度信息和成本信息三方面信息。材料信息中包含了材料选择、材料的使用情况等，为材料碳排放计算提供数据；进度信息包含了施工方案、施工组织设计和施工时间，重点提取具体分部分项工程的施工时间信息，为施工过程模拟提供数据；成本信息包含了工程量清单编码、工程单价、构件工程量等。在施工过程低碳管理目标下，综合这三方面的信息并导出建筑项目的分部分项工程量、材料使用量、施工时间，结合工程单价、碳排放因子、材料清单，为实现建筑低碳管理提出有效数据。

如图 5-35 所示，在成本模块中，实现模型工程量自动汇总，并与工程单价连接，实现分部分项成本汇总、单个构件成本查询、工程量清单维护。在进度模块中，使用进度计划来驱动模型构件展示施工过程，实现施工过程模拟、施工进度查询、施工进度计划维护。在低碳模块中，将建筑模型工程量自动汇总，同时与碳排放因子和材料清单连接，实现碳排放测算、材料碳排放查询、施工方案对比。将上述信息集成，实现施工过程低碳管理，主要包括：施工过程碳排放测算可视化，在展示施工过程的同时，不断显示相应的分部分项碳排放量，同时包括具体的材料碳排放；低碳测算与成本计算同步，既展示碳排放量，也计算相应成本；碳排放分析，一是施工方案的对比，主要是替换不同的建筑材料等，计算不同方案下的碳排放；二是分析每时间单位（周、月）碳排放量和各分部分项的碳排放高峰，以及碳排放总量中各分部分项碳排放比例，以便检测碳排放高峰进行相应的控制。

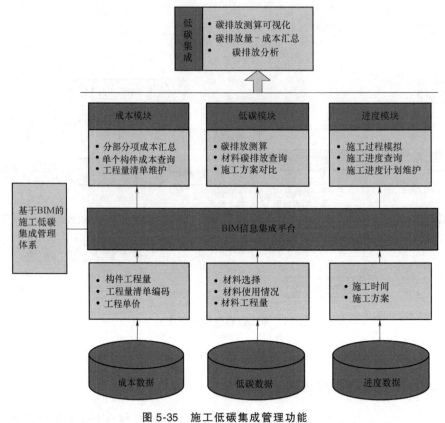

图 5-35 施工低碳集成管理功能

思 考 题

1. 请列举传统资源管理的难点。
2. 请分析基于 BIM 的资源管理难点。
3. 就你的理解谈谈未来资源管理的趋势。
4. 请熟悉基于 BIM 材料管理、调度管理、低碳管理的基本流程。

第6章

基于BIM的工程项目安全管理

学习目标

了解风险的概念和特性，熟悉 BIM 技术在工程项目安全管理中的应用。

引入

随着我国国民经济的快速增长，建筑业也得到突飞猛进的发展。但是从我国近几年建筑行业的发展状况来看，施工过程中隐藏着众多不安全因素，伤亡事故仍然有很大比例。同时随着 BIM 技术在建筑施工行业的应用不断增加，确保施工安全的措施也在改变。BIM 不仅可以为安全施工提供合理科学的施工安全设计和规划，还可以实时跟进项目的推进，对施工进行实时监控，可见 BIM 技术在工程项目安全管理方面具有巨大的潜力。

■ 6.1 安全风险和工程项目安全管理概述

6.1.1 安全风险概述

1. 安全风险的概念和特性

安全风险是指由事物本身缺陷或外在危险源引起的，可能带来严重损害性后果的可能性。安全风险具有如下特性：

（1）损害性 安全风险带来的后果一定是具有损害性的。广义的风险中的不确定性后果可能是有益的也可能是损害性的，而安全风险所带来的后果都是负面的。

（2）客观性和普遍性 作为损失发生的不确定性，安全风险是不以人们的意志为转移并超越人们主观意识的客观存在，而且在项目的全寿命周期内，安全风险是无处不在、无时不有的。这些说明为什么虽然人类一直希望认识和控制安全风险，但直到现在也只能在有限的空间和时间内改变安全风险存在和发生的条件，降低其发生的频率，减少损失程度，而不能也不可能完全消除安全风险。

（3）个体偶然性和整体的必然性 任一具体安全风险的发生都是诸多风险因素和其他因素共同作用的结果，是一种随机现象。个别安全风险事故的发生是偶然的、杂乱无章的，但对大量安全风险事故资料的观察和统计分析，发现其呈现出明显的运动规律，这就使人们有可能用概率统计方法及其他现代风险分析方法去计算安全风险发生的概率和损失程度。

（4）可变性　这是指在项目的整个过程中、各种安全风险在质和量上的变化。随着项目的进行，有些安全风险会得到控制，有些安全风险会发生并得到处理，同时在项目的每一阶段都可能产生新的风险。尤其是大型项目中，由于风险因素众多，安全风险的可变性更加明显。

（5）多样性和多层次性　大型项目周期长、规模大、涉及范围广、风险因素数量多且种类繁杂致使大型项目在全寿命周期内面临的安全风险多种多样，而且大量风险因素之间的内在关系错综复杂、各风险因素之间并与外界因素交叉影响又使安全风险显示出多层次性，这是大型项目中安全风险的主要特点之一。

2. 安全风险分析的一般方法

由于风险管理的过程包括若干主要阶段，涉及不同方面的工作，所以针对安全风险分析的一般方法也可以按照风险管理的步骤划分为风险识别方法、风险估计方法、风险评价方法等几类。

（1）风险识别方法　风险识别是指在风险事故发生之前，运用各种方法系统地、连续地识别所面临的各种风险以及分析风险事故发生的潜在原因。风险识别过程包含感知风险和分析风险源两个环节。感知风险，即了解客观存在的各种风险，是风险识别的基础，只有通过感知风险，才能进一步在此基础上进行分析，寻找导致风险事故发生的条件因素，为拟定风险处理方案，进行风险管理决策服务。分析风险源，即分析引起风险事故的各种因素，它是风险源识别的关键。

1）经验分析法：施工现场的危险源主要是通过经验分析法。经验分析法包括对照分析法和类比分析法。

① 对照分析法是对照有关法律法规、标准、检查表或依靠分析人员的观察能力，借助于经验和判断能力直观地对评价对象的危险因素进行分析的方法。其缺点是容易受到分析人员的经验和知识等方面的限制，对此，可采用安全检查表的方法加以弥补。

② 类比分析法是利用相同或类似工程或作业条件的经验和劳动安全卫生的统计资料来类推、分析评价对象的危险因素，总结以往的生产经验，对以往发生过的事故或未遂事故的原因进行分析，找出危险因素。

2）现场调查法：现场调查法是在没有理论假设的基础上，研究者首先直接参与现场调查收集资料，然后依靠研究者本人的理解和抽象概括，从经验资料中得出一般性结论的研究方法。现场调查法所收集的资料常常不是数字而是描述性的材料，而且研究者对现场的体验和感性认识也是实地研究的特色。与人们在社会生活中的无意观察和体验相比，现场调查是有目的、有意识和更系统、更全面的观察和分析。现场调查法的特点如下：

① 研究过程持续时间长。现场调查者不可能在短期内对大量的现象进行细致深入的考察，而且现场调查通常研究个案，需要经历较长的时间。

② 采用多种方法收集资料。问卷调查、观察调查等收集资料方法比较单一。现场调查综合了多种收集资料方法。这些方法包括观察法、访谈法、问卷法、文件收集法、心理测验法（如投射法）等，常采用录像机和照相机等工具。其中以参与观察和访谈为最主要的资料收集方法。

③ 研究者是收集和分析资料的一种工具。研究者在实地定性研究时，需要广泛地运用自己的经验、想象、智慧和情感。

④ 采用定性分析的方法整理收集的资料。现场调查法更多的是对研究对象和现场气氛的感悟和理解，没有实证性的数据。研究者根据一定的逻辑规则对资料实施定性分析。

⑤ 研究结论只具有参考的性质。现场调查法结论并不是探究的最终结果，往往指导研究者进一步观察，以便获得更深刻、更新颖的资料，得出新的结论或改善先前的结论。

3）故障树分析法。故障树分析（Fault Tree Analysis, FTA）法是美国贝尔电报公司的电话实验室于1962年开发的，它采用逻辑的方法，形象地进行风险分析工作。故障树分析法的特点是直观、明了，思路清晰，逻辑性强。采用该法可以做定性分析，也可以做定量分析。故障树分析法体现了以系统工程方法研究安全问题的系统性、准确性和预测性，是安全系统工程的主要分析方法之一。安全系统工程的发展也是以故障树分析为主要标志的。

1974年美国原子能委员会发表了关于核电站危险性评价报告（即"拉姆森报告"），大量、有效地应用了故障树分析法，从而迅速推动了故障树分析法的发展。

故障树图（负分析树）是一种逻辑因果关系图，它根据元部件状态（基本事件）来显示系统的状态（顶事件）。故障树图也是一种图形化设计方法，并且作为可靠性框图的一种可替代的方法。一个故障树图是从上到下逐级建树并且通过事件进行联系，它用图形化"模型"路径的方法，使一个系统能导致一个可预知的，不可预知的故障事件（失效），路径的交叉处的事件和状态，用标准的逻辑符号表示。在故障树图中最基础的构造单元为门和事件。故障树是由各种事件符号和逻辑门组成的，事件之间的逻辑关系用逻辑门表示。这些符号可分逻辑符号、事件符号等。

故障树分析的基本程序如下：

① 熟悉系统：要详细地了解系统状态及各种参数，绘出工艺流程图或布置图。

② 调查事故：收集事故案例，进行事故统计，设想给定系统可能发生的事故。

③ 确定顶上事件：要分析的对象即为顶上事件。对所调查的事故进行全面分析，从中找出后果严重且较易发生的事故作为顶上事件。

④ 确定目标值：根据经验教训和事故案例，经统计分析后，求解事故发生的概率（频率），以此作为要控制的事故目标值。

⑤ 调查原因事件：调查与事故有关的所有原因事件和各种因素。

⑥ 画出故障树：从顶上事件起，逐级找出直接原因的事件，直至所要分析的深度，按其逻辑关系，画出故障树。

⑦ 定性分析：按故障树结构进行简化，确定各基本事件的结构重要度。

⑧ 事故发生概率：确定所有事故发生概率，标在故障树上，进而求出顶上事件（事故）的发生概率。

⑨ 比较：比较分可维修系统和不可维修系统两种情况，前者要进行对比，后者求出顶上事件发生概率即可。

在分析时可视具体问题灵活掌握上述步骤，如果故障树规模很大，可借助计算机进行分析。目前，我国故障树分析一般都考虑到第七步进行定性分析为止，也能取得较好效果。

4）预先危险性分析法。预先危险性分析（Preliminary Hazard Analysis, PHA）又称初步危险分析。预先危险性分析是系统设计期间危险性分析的最初工作，也可用于运行系统的最初安全状态检查，是系统进行的第一次危险性分析。通过这种分析找出系统中的主要危险，并对这些危险做估算，要求安全工程师控制危险使其达到可接受的系统安全状态。预先危险性分析的目的不是为了控制危险，而是为了认识与系统有关的所有状态。预先危险性分析的另一用处是确定在系统安全分析的最后阶段采用怎样的故障树。另外，预先危险性分析还是建立其他危险性分析的基础，是一种宏观概略定性分析方法。在项目发展初期使用预先危险性分析有以下优点：方法简单易行、经济、有效；能为项目开发组分析和设计提供指南；能识别可能的危险，用相对较少的费用、时间就可以实现改进。预先危险性分析适用于固有系统中采取新的方法，接触新的物料、设备和设施的危险性评价。该法一般在项目的发展初期使用。

5）事件树分析法。事件树分析（Event Tree Analysis，ETA）也称事故过程分析，是利用逻辑思维的初步规律和形式分析事故形成过程。

事件树分析能够判断出事故发生与否，以便采取直观的安全方式；能够指出消除事故的根本措施，改进系统的安全状况；能够从宏观角度分析系统可能发生的事故，掌握事故发生的规律；能够找出最严重的事故后果，为确定顶上事件提供依据。

事件树分析通常包括以下 6 个步骤：

① 确定初始事件（可能引发感兴趣事故的初始事件）。

② 识别能消除初始事件的安全设计功能。

③ 编制事件树。

④ 描述导致事故的顺序。

⑤ 确定事故顺序的最小割集。

⑥ 编制分析结果。

6）作业条件危险性评价法。作业条件危险性评价法认为影响危险性的三个主要因素是：

① L 是代表事故发生的可能性，分值为（0.1~10 分）。分值可以根据实际情况调整，对最后的 D 值影响较大。

② E 是代表人员暴露于危险的频繁程度，分值为（0.5~10 分）。分值可以根据现实情况来调整，但必须在分值范围内。

③ C 代表发生事故造成的后果，分值为（1~100 分）。分值可以根据国家相应法规和企业的特性与风险程度来取值。

采取半定量的计值法，分别确定以上三种因素的不同的分值，再以三个分值的乘积 D 来评价危险性的大小（即 $D=L×E×C$）。D 值大，说明系统危险性大，需采取增加安全措施、改变发生事故的可能性、减少人体暴露在危险环境中的频繁程度、减轻事故损失等措施，直到将 D 值调整到允许范围。

D 值在 20 分以下时，被认为是低危险；D 值为 70~160 分时，就有显著的危险性，需要及时整改；D 值为 160~320 分时，必须立即采取措施进行整改的高度危险环境；D 值为 320 分以上的高分值时，表示环境非常危险，应立即停产整改直到环境得到改善为止。

7）安全检查表法。安全检查表（Safety Checklist Analysis，SCA）是依据相关的标准、规范，对工程、系统中已知的危险类别、设计缺陷以及与一般工艺设备、操作、管理有关的潜在危险性和有害性进行判别检查。为了避免检查项目遗漏，事先把检查对象分割成若干系统，以提问或打分的形式，将检查项目列表，这种表就称为安全检查表。安全检查表法是系统安全工程的一种最基础、最简便、广泛应用的系统危险性评价方法。目前，安全检查表在我国不仅用于查找系统中各种潜在的事故隐患，还对各检查项目给予量化，用于进行系统安全评价。

安全检查表法主要有以下优点：

① 检查项目系统、完整，可以做到不遗漏任何能导致危险的关键因素，避免传统的安全检查中易发生的疏忽、遗漏等弊端，因而能保证安全检查的质量。

② 可以根据已有的规章制度、标准、规程等，检查执行情况，得出准确的评价。

③ 安全检查表采用提问的方式，有问有答，给人的印象深刻，能使人明确如何做才是正确的，因而可起到安全教育的作用。

④ 编制安全检查表的过程是一个系统安全分析的过程，可使检查人员对系统的认识更深刻，更便于发现危险因素。

⑤ 对不同的检查对象、检查目的有不同的检查表，应用范围广。

安全检查表法的缺点：针对不同的需要，须事先编制大量的检查表，工作量大且安全检查表的质量受编制人员的知识水平和经验的影响。

（2）风险估计方法

1）趋势分析法　趋势分析法（Trend Analysis）最初由 Trigg's 提出，采用 Trigg's 轨迹信号（Trigg's Tracking Signal）对测定方法的误差进行监控。此种轨迹信号可反映系统误差和随机误差的共同作用，但不能对此二者分别进行监控。其后，Cembrowski 等单独处理轨迹信号中的两个估计值，使之可对系统误差和随机误差分别进行监控，其一即为"准确度趋势"（均数）指示系统 Trigg's 平均数规则，其二即为反映随机误差的"精密度趋势"（标准差）指示系统 Trigg's 方差卡方规则。趋势分析与传统的 Shewhart 控制图在表面上有类似之处，即用平均数来监测系统误差，而用极差或标准差来监测随机误差。然而，在趋势分析中，平均数（准确度趋势）和标准差（精密度趋势）的估计值是通过指数修匀（Exponential Smoothing）方法获得的。指数修匀要引入权数来完成计算，而测定序列的每一次测定中，后一次测定的权数较前一次大，因此增加了对刚刚开始趋势的响应，起到了"预警"和"防微杜渐"的作用。

2）灰色预测法　灰色预测是就灰色系统所做的预测。灰色系统是介于白色系统和黑箱系统之间的过渡系统，其具体的含义是：如果某一系统的全部信息已知为白色系统，全部信息未知为黑箱系统，部分信息已知，部分信息未知，那么这一系统就是灰色系统。一般地说，社会系统、经济系统、生态系统都是灰色系统。例如，物价系统，导致物价上涨的因素很多，但已知的却不多，因此对物价这一灰色系统的预测可以用灰色预测方法。

灰色系统理论认为对既含有已知信息又含有未知或非确定信息的系统进行预测，就是对在一定方位内变化的、与时间有关的灰色过程的预测。尽管过程中所显示的现象是随机的、杂乱无章的，但毕竟是有序的、有界的，因此这一数据集合具备潜在的规律，灰色预测就是利用这种规律建立灰色模型对灰色系统进行预测。

灰色预测一般有四种类型：

1）数列预测。对某现象随时间的顺延而发生的变化所做的预测定义为数列预测。例如对消费物价指数的预测，需要确定两个变量，一个是消费物价指数的水平。另一个是这一水平所发生的时间。

2）灾变预测。对发生灾害或异常突变时间可能发生的时间预测称为灾变预测。如对地震时间的预测。

3) 系统预测。对系统中众多变量间相互协调关系的发展变化所进行的预测称为系统预测。例如，市场中替代商品、相互关联商品销售量互相制约的预测。

4) 拓扑预测。将原始数据作曲线，在曲线上按定值寻找该定值发生的所有时点，并以该定值为框架构成时点数列，然后建立模型预测未来该定值所发生的时点。

（3）风险评价方法

1) $R = P \times C$ 定级评价法。$R = P \times C$ 定级评价法是综合考虑风险因素发生概率和风险后果，给风险定级的一种方法。其中 R 表示风险，P 表示风险因素发生的概率，C 表示风险因素发生时可能产生的后果，$P \times C$ 不是简单意义的相乘，而是表示风险因素发生概率和风险因素产生后果的级别组合。$R = P \times C$ 定级评价法是一种定性与定量相结合的方法，是目前国内外比较推崇的一种风险评价方法。

根据 $R = P \times C$ 定级，风险后果（或严重度）分级（表6-1）、风险发生概率（灾害概率水平）、灾害风险评估矩阵（表6-2）如下：

表 6-1　风险后果（或严重度）分级

后果描述	级别	定义	采取相应措施
后果可忽略	一	更少地引起次要结构、次要系统或环境的破坏,更少的伤人、更少的职业病害	可不采取控制措施
后果较轻	二	次要结构、次要系统或环境破坏,轻度伤人、轻度职业病害	可适当采取措施
后果严重	三	主要结构、主要系统或环境破坏、重度伤人、重度职业病	必须采取措施
灾难性后果	四	结构毁坏、系统失效或严重的环境毁坏,人员死亡	必须排除

表 6-2　灾害风险评估矩阵

灾害分类频率	（1）可忽略的	（2）较轻的	（3）严重的	（4）灾难性的
（A）不可能（$10^{-6} > x$）	1A	2A	3A	4A
（B）难得地（$10^{-3} > x > 10^{-6}$）	1B	2B	3B	4B
（C）偶尔地（$10^{-2} > x > 10^{-3}$）	1C	2C	3C	4C
（D）可能地（$10^{-1} > x > 10^{-2}$）	1D	2D	3D	4D
（E）频繁地（$x > 10^{-1}$）	1E	2E	3E	4E
灾害风险指标	风险决策准则			
一级:1A、1B、1C	可接受且不必进行管理审视			
二级:1D、1E、2A、2B、3A、4A	可接受,同时进行管理审视			
三级:2C、2D 、3B、3C、4B	不希望发生;高层管理决策;接受或拒绝风险			
四级:2E 、3D 、3E、4C、4D、4E	不可接受;停止运营和立即整顿			

从表6-2可以看出，每一级风险水平都有多个组合情况。

2) 模糊综合评判法　模糊综合评判就是权衡各种因素项目，给出一个总概括式的优劣评价或取舍，属于多目标决策方法。

设给定两个有限论域

$$U = (u_1, u_2, \cdots, u_n), \quad V = (v_1, v_2, \cdots, v_m)$$

式中　U——模糊综合评判的因素所组成的集合；

　　　V——评语所组成的集合。

给定模糊矩阵 $K = (k_{ij})_{m \times n}$，　$0 \leqslant k_{ij} \leqslant 1$，进行模糊变换，即利用 U 的子集 X 得到评判的结果 Y，Y 是 V 上的模糊子集，模糊变换参照下式进行

$$X \circ K = Y \tag{6-1}$$

$$y_i = \bigvee_{j=1}^{m} (x_j \wedge k_{ij}), i = 1, 2, \cdots, n \tag{6-2}$$

式中，运算符 "。" 为模糊合成运算，可以采用 "小中取大" 进行运算，即按照式 (6-2) 进行运算，也可进行简单矩阵乘运算，应视具体情况而定；运算符 "∨" 为析取符号；运算符 "∧" 为合取符号；X 可以视为 U 中各因素的相对权重；K 可利用专家调查法和统计资料获得。

3）层次分析法　层次分析法（Analytieal Hierarehy Proeess，AHP）是由美国运筹学家 T·L·Satty 于 20 世纪 70 年代中期提出的一种综合分析方法，用于解决多因素复杂系统，特别是难以定量描述的因素集合情况。此方法思路清晰，可将决策者的思维过程和主观判断系统化、模型化和数量化，不仅能对问题进行系统分析与计算，而且有助于决策者保持其思维过程和决策准则的一致性。

层次分析法的基本思路是：根据问题性质和要达到的目标，将研究对象的问题按层次分解为不同的要素；根据要素的层次，利用数学的方法确定其相对重要性；通过各层次的权重组合，确定各影响因素的组合权重；通过组合权重的排序结果，对问题进行分析和决策。

4）人工神经网络法　由大量处理单元互联组成的非线性、自适应信息处理系统。它是在现代神经科学研究成果的基础上提出的，试图通过模拟大脑神经网络处理、记忆信息的方式进行信息处理。人工神经网络具有四个基本特征：

① 非线性。非线性关系是自然界的普遍特性。大脑的智慧就是一种非线性现象。人工神经元处于激活或抑制两种不同的状态，这种行为在数学上表现为一种非线性关系。具有阈值的神经元构成的网络具有更好的性能，可以提高容错性和存储容量。

② 非局限性。一个神经网络通常由多个神经元广泛连接而成。一个系统的整体行为不仅取决于单个神经元的特征，而且可能主要由单元之间的相互作用、相互连接所决定。通过单元之间的大量连接模拟大脑的非局限性。联想记忆是非局限性的典型例子。

③ 非常定性。人工神经网络具有自适应、自组织、自学习能力。神经网络不但处理的信息可以有各种变化，而且在处理信息的同时，非线性动力系统本身也在不断变化，经常采用迭代过程描写动力系统的演化过程。

④ 非凸性。一个系统的演化方向，在一定条件下将取决于某个特定的状态函数。例如能量函数，它的极值相应于系统比较稳定的状态。非凸性是指这种函数有多个极值，故系统具有多个较稳定的平衡状态，这将导致系统演化的多样性。

人工神经网络中，神经元处理单元可表示不同的对象，如特征、字母、概念，或者一些有意义的抽象模式。网络中处理单元的类型分为三类：输入单元、输出单元和隐单元。输入单元接受外部世界的信号与数据；输出单元实现系统处理结果的输出；隐单元是处在输入和

输出单元之间，不能由系统外部观察的单元。神经元间的连接权值反映了单元间的连接强度，信息的表示和处理体现在网络处理单元的连接关系中。

人工神经网络是并行分布式系统，采用了与传统人工智能和信息处理技术完全不同的机理，克服了传统的基于逻辑符号的人工智能在处理直觉、非结构化信息方面的缺陷，具有自适应、自组织和实时学习的特点。人工神经网络的本质是通过网络的变换和动力学行为得到一种并行分布式的信息处理功能，并在不同程度和层次上模仿人脑神经系统的信息处理功能。它是涉及神经科学、思维科学、人工智能、计算机科学等多个领域的交叉学科。

5）蒙特卡罗模拟法。蒙特卡罗模拟法（Monte Carlo Simulation）的基本原理是随机地从每个不确定因素中抽取样本，进行一次整个项目计算；重复进行成百上千次这种计算以模拟各式各样的不确定性组合，获得各种组合下的成百上千个计算结果；通过统计和处理这些计算结果数据，找出项目变化的规律。例如，首先把这些计算结果值从大到小排列，统计各个值出现的次数，用这些次数值形成频数分布曲线，就能够确定各种结果出现的可能性；然后，依据统计学原理，对这些结果资料进行分析，确定最大值、最小值、平均值、标准差、方差、偏度等；最后通过这些信息更深入地定量地分析项目，为决策提供依据。蒙特卡罗模拟法是对未来情况的幕景分析和模拟。蒙特卡罗模拟法是一种实验研究的方法，其精度和有效性取决于仿真计算模型的精度和各输入量概率分布估计的准确度。蒙特卡罗模拟法虽然可以大大简化复杂问题的计算，显著提高计算效率，但它仍然需要较复杂的计算，每组数据都需进行 50~300 次的计算，所需要的计算机 CPU 运作时间较长，费用也较大。所以，蒙特卡罗模拟法一般只在进行较精细的系统分析时才使用。例如，在对数十种或数百种方案进行筛选后，对最后剩下某几个最可能的方案采用蒙特卡罗模拟法进行详细分析。

6）模糊综合评价法（Fuzzy Comprehensive Evaluation）。模糊综合评价是根据给出的评价标准和实测值，应用模糊交换原理和最大隶属原则，对受诸多因素制约的事物或物件做出一个总的评价。它作为模糊数学的一种具体应用方法，最早是由我国学者汪培庄提出的。模糊综合评价法进行风险评价的基本原理是：综合考虑所有风险因素的影响程度，并设置权重区别各因素的重要性，通过构建数学模型，推算出风险的各种可能性程度，将可能性程度值高者作为风险水平的最终确定值。其具体步骤是：

① 选定评价因素，构建评价因素集。

② 根据评价的目标要求，划分等级，建立备择集。

③ 对各风险要素进行独立评价，建立判断矩阵。

④ 根据各风险要素影响程度，确定其相应的权重。

⑤ 运用模糊数学运算方法，确定综合评价结果。

⑥ 根据计算分析结果，确定项目风险水平。

模糊综合评价法是当今综合评价模糊性事物或对象的通用方法，它可使带有主观评判的结果更符合客观实际，方法简便易行。

3. 安全风险分析方法的选择

选择安全风险分析方法时应根据具体条件和需要，针对分析对象的实际情况、特点和分析目标，分析、比较、慎重选用。必要时，应根据分析方法的特点选用几种分析方法对同一分析对象进行分析，互相补充、分析综合、相互验证，以提高分析结果的准确性。选择安全风险分析方法时应考虑下列问题：

1）分析对象的特点。根据分析对象的规模、复杂程度、类型、危险性等情况选择分析方法。根据系统的规模、复杂程度进行选择，随着规模、复杂程度的增大，有些分析方法的工作量、工作时间和费用相应地增大，甚至超过容许的条件，在这种情况下应优先选用简捷的方法进行筛选，然后依据需要分析的详细程度，再选择恰当的分析方法。

2）根据分析对象的工艺过程进行选择。大多数分析方法都适用于工艺过程，如道化学火灾爆炸指数评价法、蒙得法等分析方法均适用于石油化工类工艺过程的安全分析；故障型分析法适用于机械、电气系统的安全风险分析。

3）风险分析对象要求的精度。对危险性较高的对象往往采用系统的、较严格的分析方法。反之，采用经验的、不太详尽的分析方法。对规模大、复杂、危险性高的分析对象往往先采用简单、定性的分析方法进行分析，然后再对重点部位（单元）用较严格的定量分析方法进行分析。

4）分析目标。虽然对系统分析的最终目的是分析出系统的危险性，但是具体分析时可根据需要对系统提出不同的分析目标。例如，危险等级、事故概率、事故造成的经济损失、危险区域、人员伤亡、环境破坏等。所以，应根据分析目标选择适用的分析方法。

5）资料的占有情况。若分析对象技术资料、数据齐全，则可以进行系统的、较完善的分析；若分析对象属于新研制开发项目，数据、资料不充分，又缺乏可类比的技术资料和数据，则只能用定性分析方法进行概率分析。

6）其他因素。其他因素包括分析人员的知识和经验、完成分析工作的时限、经费支持状况、分析单位的硬件、软件设施配备及分析人员和管理人员的习惯。

根据以上选择安全风险分析方法时考虑的内容，对前文中提及的各种分析方法从其是定性还是定量方法，其适用范围，该方法有哪些优缺点等方面进行了评价，归纳汇总如表6-3所示。

表6-3　安全风险分析方法及其特点

名称	类型	适用范围	分析阶段	优缺点	成本耗费
经验分析法	定性	各类行业	风险识别、风险估计、风险评价	方便易行,但易受分析人员的经验限制	时间短,费用低
现场调查法	定性	各类行业	风险识别、风险评价	调查结果系统全面直观,但工作量大,标准化处理很难	时间长,雇佣调查人员费用较高
故障树分析法	定性或定量	各种复杂系统	风险识别、风险估计、风险评价	演绎的过程需要熟悉基本事件之间的关系,复杂、工作量大,精确故障树编制易失真	时间较长,费用低
预先危险性分析	定性	各类行业	风险识别、风险估计	简单易行,但准确度受分析评价人员主观因素影响	时间短,费用低
事件树分析法	定性或定量	各类工艺过程、设备装置	风险识别、风险评价	定性简便易行,定量受资料限制	时间较长,费用低

（续）

名称	类型	适用范围	分析阶段	优缺点	成本耗费
作业条件危险性评价法	定性	各类行业	风险识别、风险评价	简便，但随意性大，评分但实质是主观的	时间短，费用低
安全检查表法	定性	各类行业	风险识别	简便易于掌握，但编制检查表难度高、工作量大	时间短，费用低
趋势分析法	定量	各类行业	风险估计	精确，监控信号和指数修匀工作量大	时间较短，费用低
灰色预测法	定量	各类行业	风险估计	精确可靠，分析建模工作量大	时间较短，费用低
$R=P×C$ 定级评价法	半定性半定量	各类行业	风险估计、风险评价	结果直观，认可度高，定性部分受主观影响大	时间短，费用低
层次分析法	半定性半定量	各类行业	风险识别、风险评价	判断过程系统化、模型化，简化问题的分析与计算	时间较长
人工神经网络法	定量	各类行业	风险估计、风险评价	自适应、自组织和实时学习的特点，建立过程复杂，成本高	时间长，费用高
蒙特卡罗模拟法	定量	各类行业	风险估计、风险评价	考虑全面，显著提高计算效率，但它仍然需要较复杂的计算	时间长，费用高
模糊综合评价法	半定性半定量	各类行业	风险评价	更符合客观实际，方法简便易行，但准确程度受分析人员主观因素影响	时间较长

6.1.2　工程项目安全管理概述

土木工程施工过程复杂且施工周期长，而安全管理一直存在于整个施工过程当中。土木工程施工安全管理的基本概念为：在实际的项目中，施工管理者采用现代化的管理方式，运用经济、法律、行政、技术、舆论、决策等手段，对人、物、环境等管理对象施加影响和控制，排除不安全因素，对施工安全生产实现全过程、全方位的管理，以达到安全生产目的的活动。其核心是通过合理地分配资源，提高施工人员的安全程度，减小安全事故发生的可能性，这样可以提升企业的实际经济效益。

传统施工安全管理的实施主要依赖于管理者的管理经验和施工安全培训，对不安全的行为、环境或状态进行管控，难以有效面对动态复杂的施工现场。施工现场大量安全相关数据的获取与积累，以及先进的大数据分析技术等为施工安全管理提供了新的方向，即由"经验驱动的管理"转向"数据驱动的管理"。"数据驱动的管理"可用于施工安全管理要素预警与管控。

施工安全相关数据包括现场工人属性及不安全行为数据、工人作业环境数据、国家及行业设计与施工规范、建筑或临时结构应力、应变和位移数据，以及施工事故相关的其他数据。这些数据主要来源于施工安全事故历史数据统计分析、现场实地监测与记录、工人信息统计、问卷调查或访谈等。同样，结合适用于的大数据分析方法，相关数据可用于工人不安全行为、结构不安全状态、不安全的环境的识别与预警等工作，以支持施工安全管理，减少施工事故的发生。

根据施工安全事故致因统计，人的不安全行为、物的不安全状态以及不安全的作业环境是导致事故发生的直接原因，同时不健全的安全管理方法与制度也会导致安全事故的发生。施工安全管理要素预警，即针对上述施工现场工人的作业行为、作业环境、建筑或临时设施的安全状态进行即时识别与分析，并对相关主体进行即时预警。施工安全管理要素管控，即针对现场安全管理要素存在的安全隐患进行系统、快速、有效地排查，并给出必要的管控措施。通过施工安全管理要素的预警与管控，可以有效预防现场安全事故的发生，提高施工安全管理的水平，从而保证施工从业人员的生命安全和行业可持续健康发展。

大数据的易获取以及大数据分析技术的不断成熟，为建设工程项目的安全管理提供了重要支持，提升了建设工程施工的安全管理水平。BIM具有强大的信息集成性，BIM模型集成了建筑从设计、施工到运营的所有真实信息，包括：三维几何形状信息，非几何形状信息，如建筑构件的价格、进度、材料和重量等。BIM模型墙构件中所包含的信息，不仅有几何尺寸信息，还有墙体材料、表面处理、墙体规格、保温隔热性能、造价等信息。墙体材料，保温隔热性能等参数在很大程度上决定了火灾突发情况下人员安全疏散的可用时间，对人员能否在安全疏散可用时间内顺利撤出有着直接影响。因此，将BIM应用于工程安全管理将是今后工程安全管理发展的一大趋势。

■ 6.2 基于 BIM 的地铁施工安全管理

6.2.1 面向安全的地铁工程 BIM 建模技术

地铁工程由于其地下施工的特点，决定了其控制难点与其他工程并不相同。地铁工程BIM建模的难点具体体现在以下几个方面：

1. 需要对地铁施工的周边环境进行建模

地铁工程受周边环境的影响包括地质、水文、气象等自然环境和交通、地下管线、紧邻建筑物等的影响。地铁工程的建设绝大部分是在地下进行的，我国地铁工程埋深多在20m以内，在此深度范围内地质大多为第四纪冲积或沉积层，或为全、强风化岩层，地层多松散无胶结，存在丰富的上层滞水或潜水层。因此，地铁工程施工沿线一般都会遇到各种不良地质情况并穿越地下水富含区域，同时还存在洪水、暴雪、台风、地震等极端气象灾害的威胁。这种不利的自然环境因素在其他建筑工程中鲜见。同时，地铁工程多建在建筑物已高度集中的城市中心地区，在城市既有交通基础设施及各种地下管线、建筑物基础附近通过。因此，地铁工程的施工自始至终受到地面交通荷载的影响和限制。同时，还会遇到部分地下管线因建设年代久远存在位置精度较差或不清的情况。而地铁沿线的建筑物基础类型多数为桩基础，埋置深度与地铁建筑埋深大体上一致，施工期间必须有效控制工程对周边环境的影响，增加了地铁工程建设难度。因此，地铁建设期间进行地质、管线、周边建筑物等环境建模成为地铁工程建设进度、安全控制的关键因素之一。

2. 需要对地铁施工的监测点进行建模

由于地层力学参数的不确定性及施工过程的不可预见性，在地铁工程设计和施工过程中难免有与实际地层条件不符合的情况出现，在施工过程中采取实时监测措施，应用监测信息来修正设计、指导施工。因此，在地铁工程建设中，为保证地铁工程施工及周边环境安全，需要建立严密、科学的监测体系，其内容包括地下工程结构变形和应力、应变监测，结构与周围地层（围岩与结构）相互作用的监测以及与结构相邻的周边环境安全监测。地铁施工监测的主要目的是：

1）通过监测了解地层在施工过程中的动态变化，明确工程施工对地层的影响程度及可能产生失稳的薄弱环节，并对可能发生的危及环境安全的隐患或事故提供及时、准确的预报，以便及时采取有效措施，避免事故的发生。

2）通过监测了解支护结构及周边建（构）筑物的变形及受力状况，为业主提供及时、可靠的信息用以评定地铁结构工程在施工期间的安全性及施工对周边环境的影响。

3）通过监测了解施工方法的实际效果，并对其进行适用性评价，以获取的监测反馈信息为依据，对地下工程的可靠度进行确认，调整相应的开挖、支护参数等，验证或改进设计、施工方案。

4）通过监测收集到的第一手数据，为以后的类似工程设计、施工及规范形成、修改提供参考和积累经验。对地铁工程施工过程中的监测点进行建模能够更好地控制地铁建设施工安全的关键因素。

3. 需要对地铁施工的特殊构件进行建模

地铁施工的工法与一般房建项目不同，需要根据不同的工法，对其特殊的形象单元进行建模，如盾构开挖过程中的管片等。目前建模工具多针对房屋建筑工程，缺乏对地铁工程中特殊形象单元建模的支持。因此，需要基于 IFC 标准对地铁施工过程中需要用到的三维构件及其属性进行模型扩展。

BIM 模型图元中扩展数据的多少决定了 BIM 模型的维度。基于 BIM 模型的功能分析也依赖于扩展信息的丰富程度。将各种扩展数据逐步集成到建筑信息模型中，不断扩展其功能维度，逐步实现 4D、5D、6D 等，一直到实现包含建筑工程项目全寿命周期的所有相关信息的 N 维 BIM 模型。

在基于 IFC 标准构建工程 3D 实体模型时，已经留出了扩展数据结构的接口，因此当增加某一种维度的时候，并不需要改变 3D 模型的体系结构。构建 ND 模型也就是将工程管理要素各维度数据与 3D 信息模型的数据相整合，从而实现 N 维模型的功能。

如图 6-1 所示，BIM 模型将各管理维度的信息都依附于同一三维实体构件中，实现了在项目全寿命周期过程中，以三维实体构件为控制单元的集成信息管理。以往的信息系统均以现场数据为控制对象，信息分散且难以对其进行全面的分析，其集成控制的模型需要预先设定，可扩展性差。以 3D 实体构件为核心的 BIM 系统可灵活地根据用户的需要，将相关数据进行整合，既直观又准确。

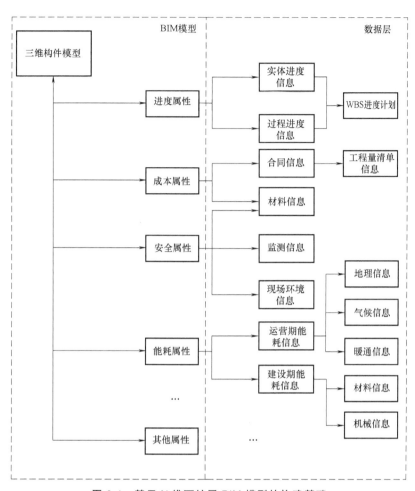

图 6-1 基于 N 维可扩展 BIM 模型的构建基础

6.2.2 面向安全的地铁工程 4D 建模技术

1. 地铁工程施工工序的分类及特点

以地铁工程深基坑工程为例，其主要施工方法可分为明挖法、暗挖法和盖挖法。

（1）明挖法 明挖法是指挖开地面，由上向下开挖土石方至设计标高后，自基底由下向上顺序施工，完成隧道主体结构，最后回填基坑或恢复地面的施工方法。根据地质条件、维护结构的刚度及基坑防水的要求可将明挖法分为以下几类：

1）放坡开挖技术，适用于地面开阔和地下地质条件较好的情况。基坑应自上而下分层、分段依次开挖，随挖随刷边坡，必要时采用水泥黏土护坡。

2）型钢支护技术，一般使用单排工字钢或钢板桩，基坑较深时可采用双排桩，由拉杆或连梁连接共同受力，也可采用多层钢横撑支护或单层、多层锚杆与型钢共同形成支护结构。

3）连续墙支护技术，一般采用钢丝绳和液压抓斗成槽，也可采用多头钻和切削轮式设备成槽。连续墙不仅能承受较大载荷，同时具有隔水效果，适用于软土和松散含水地层，如图 6-2 所示。

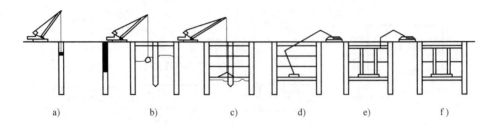

图 6-2 明挖法施工步骤示意图

a）地下连续墙施工　b）第一层开挖支撑　c）第 n 层开挖支撑　d）浇捣底板混凝土
e）浇捣中板及顶板混凝土　f）车站主体结构完成

4）混凝土灌注桩支护技术，有人工挖孔和机械钻孔两种方式。钻孔中灌注普通混凝土和水下混凝土成桩。支护可采用双排桩加混凝土连梁，还可用桩加横撑或锚杆形成受力体系。

5）土钉墙支护技术，即在原位土体中用机械钻孔或洛阳铲人工成孔，加入较密间距排列的钢筋或钢管，外注水泥砂浆或注浆，并喷射混凝土，使土体、钢筋、喷射混凝土板面结合成土钉支护体系。

明挖法施工程序一般可以分为 4 大步：维护结构施工→内部土方开挖→工程结构施工→管线恢复及覆土。

（2）暗挖法　暗挖法是在特定条件下，不挖开地面，全部在地下进行开挖和修筑衬砌结构的隧道施工办法。主要包括以下技术：

1）浅埋暗挖施工技术。该施工技术能够保持岩石原有的性能，充分发挥岩体承载作用。它采用锚喷支护控制围岩变形，根据实际情况分析确定最终支护，支护越适时越好。

2）多拱多跨暗挖法施工技术。该施工技术采用"双眼镜法"施工技术，依次分部开挖，每个眼镜的开挖支护均错开 10~20 天，使初期支护达到一定强度并形成支护闭合体后，再逐步开挖上部。

3）平顶直墙暗挖法施工技术。该施工技术采用可重复使用的临时支撑，减小开挖工作面跨度，为二次衬砌施工创造通透的空间，既实现受力转换又没有废弃工程。

暗挖法施工程序分为以下四个关键步骤：

1）首先将钢管打入地层，然后注入水泥或化学浆液，使地层加固。

2）然后做初期支护。

3）再后，做防水层；由于开挖面的稳定性时刻受到水的威胁，严重时可导致塌方，处理好地下水是非常关键的环节。

4）最后完成二次支护。一般情况下，可注入混凝土，特殊情况下要进行钢筋设计。

（3）盖挖法　盖挖法是由地面向下开挖至一定深度后，将顶部封闭，其余的下部工程在封闭的顶盖下进行施工。主体结构可以顺做，也可以逆做。依据主体结构施工顺序分为盖挖顺做法、盖挖逆做法和盖挖半逆做法。

盖挖顺做法的施工程序为：自地表向下开一定深度后先浇筑顶板，在顶板的保护下，自上而下开挖、支撑，达到设计高程后由下而上浇筑结构，如图 6-3 所示。

盖挖逆做法的施工程序为：基坑开挖一段后先浇筑顶板，在顶板的保护下，自上而下开

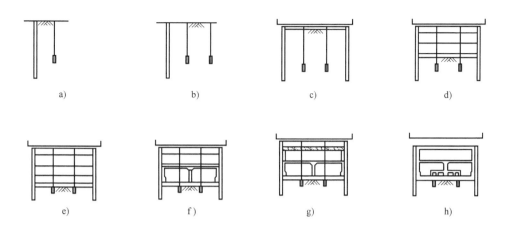

图 6-3 盖挖顺序法施工步骤示意图

a）步骤 1 构筑连续墙中间支承桩及覆盖板 b）步骤 2 构筑中间支承桩及覆盖板 c）步骤 3 构筑连续墙及覆盖板
d）步骤 4 开挖及支撑安装 e）步骤 5 开挖及构筑底板 f）步骤 6 构筑侧墙、柱及楼板
g）步骤 7 构筑侧墙及顶板 h）步骤 8 构筑内部结构及路面复旧

挖、支撑和浇筑结构内衬的施工方法，如图 6-4 所示。

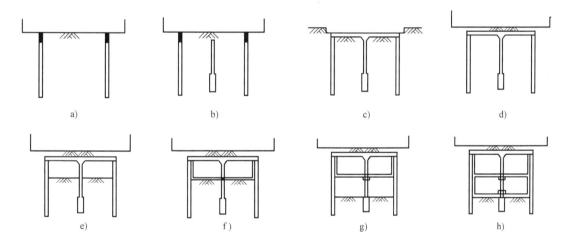

图 6-4 盖挖逆做法施工步骤示意图

a）步骤 1 构筑围护结构 b）步骤 2 构筑主体结构中间立柱 c）步骤 3 构筑顶板 d）步骤 4 回填土、恢复路面
e）步骤 5 开挖中层土 f）步骤 6 构筑上层主体结构 g）步骤 7 开挖下层土 h）步骤 8 构筑下层主体结构

盖挖半逆做法的施工程序为：盖挖半逆做法与逆做法的区别仅在于顶板完成及恢复路面后，向下挖土至设计标高后先浇筑底板，再依次向上逐层浇筑侧墙、楼板，如图 6-5 所示。

2. 面向安全的地铁工程 4D 建模过程

（1）4D 模型涵义 所谓 4D 模型是在建筑三维 CAD（3D）模型的基础上，附加时间因素，将模型的形成过程以动态的 3D 方式表现出来，这个技术的合成是通过一种能够合成图形和非图形信息的第三方软件系统来实现的。

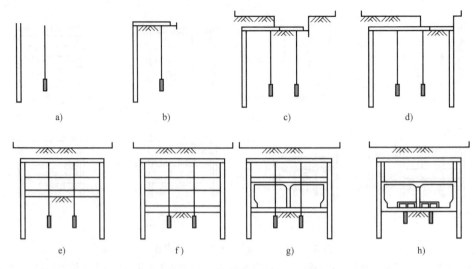

图 6-5　盖挖半逆做法施工步骤示意图

4D 的概念，最早由美国斯坦福大学集成设施研究中心（Center for Integrated Facility Engineering，CIFE）于 1996 年提出。他们认为所谓的 4D 模型是在建筑 3D 模型的基础上，附加上时间因素，以动态的三维表达方式表现出模型的形成过程，使用户能够以图形模拟的方式看到物体变化的过程，并且能够优化并控制整个形象变化过程。早在 1987 年，第一个 4D 项目进度软件由 Bechtel 工程与建设公司与日立公司合作开发。Bechtel 公司也与斯坦福大学的 Martin Fischer 的研究队伍，推动了可视化 4D 模型的技术雏形，将工程进度管理软件与 3D-CAD 模型链接起来模拟施工。1998 年，CIFE 发布了新的 4D 应用系统 4D-Annotator。在该系统中，4D 技术与决策支持系统进行了有机结合，借助 4D 显示功能，管理者能够直观地发现场地中潜在存在的问题，大大提高了对施工状况的感知能力。

4D 模型不仅仅是一种可视的媒介，使用户看到物体变化过程的图形模拟，而且能对整个形象变化过程进行优化和控制。其核心是 4D 法则、4D 资源库和 4D 过程模型的建立，及其与交互式图形生成环境、外部数据库以及其他相关 CAD 系统的集成。4D-CAD 模型的基本内核是建筑设计 3D 模型，通过制定兼容协议来开发相应的软件产品，逐步实现与进度、成本等管理软件的合成，最终达到从 3D 到 ND 的蜕变，实现建筑项目的集成化管理。

传统的施工计划工具，如横道图和网络图，并不能有效表达施工过程中各任务之间的空间搭接信息。因此在施工之前，项目管理人员并不能完全预料施工过程中可能发现的问题，并快速建立施工方案的替代方案，即传统的设计工具，如 CAD 图，并不能支持那些对于快速实施工程必需的实时、集成的决策制订。他们并不能提供信息模型，实现工程的可视化，以及对实现快速集成设计、工程的建造所必需的环境影响分析。施工进度与设计的综合评价仍然是手工进行的。此外，建筑设计以及进度计划的基本表现形式太抽象。这对于项目的参与各单位来说很难理解设计以及进度的变更会产生哪些影响。通过 4D 工具的应用，建筑师以及工程师能够运用 4D 技术来对工程的多方面进行分析及可视化操作，如建筑的 3D 设计、进度计划中各工序之间的相互关系以及可利用的资源数据等。对于进度与费用之间的关系、交界面、安全等因素，4D 模型也支持基于计算机的分析，并且能够提高设计与进度信息之间的交流。作为传统的计划工具的扩展，4D 模型是把 3D 模型与施工活动相结合以显示施工活动随着时间的进展情况。

（2）4D建模要求 4D建模能够在空间上直观显示施工过程，同时能够支持对现有施工方案的施工空间冲突检测。其目的是将基于BIM的3D模型与进度计划结合起来，实现形象的进度模拟，如图6-6所示。BIM模型包含了构件的几何属性、空间占用参数与时间进度参数，根据进度进展动态显示模型进度，提前对施工场地布置、材料堆放、机械进场出场路线进行预演。在虚拟现实环境下通过对施工整个过程的模拟，使得项目参与各方对于项目的开展有直观的了解。在施工过程中借助虚拟现实系统真实展现客观环境实现动态、集成和可视化的4D施工管理。通过3D模型展现真实的建筑物及周边施工现场环境，给现场管理人员直观的感受。将几何构件与时间进度参数联系起来形象地展示施工过程，实现建设项目施工阶段工程进度、人工、设备和场地布置的动态集成管理及施工过程的可视化模拟，实现项目各参与方协同工作。通过可视化模拟整个施工，可在实际建造之前对施工方案的可行性及风险进行预测。为此，首先需要在项目开始前根据具体施工方法考虑每一项施工活动的空间需求，将空间需求与相应的施工方法、资源等联系起来。施工模拟是后续地铁空间安全管理进行的基础，使其具备时间与空间属性，便于后续空间冲突检查的开展以及危险区域级别的动态反馈。

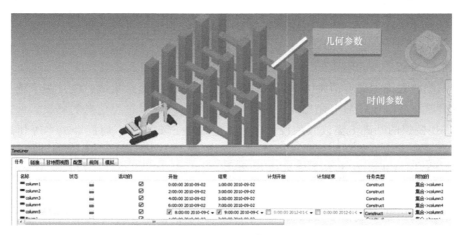

图6-6 4D模型

建设工程的空间是一种有限资源。在工程建设过程中，空间冲突是产生风险隐患的原因之一。每一道工序都需要足够的活动空间，如机械臂旋转半径和人员活动半径，若两者在空间上发生冲突易造成生产效率下降、财产损失甚至人员伤害。因此，在项目开工前根据施工方案进行动态施工模拟可以找出可能存在的问题，以便设计最优化机械行进路线以及人员活动范围，可以减少伤害及可能造成的损失。

在进行空间冲突检测之前，需要对每一构件以及每一工序的空间占用情况进行描述，可采用边界法描述BIM实体外形。其中，对于一些特殊的实体，不能简单地以其外形表现等同于其空间占用情况。图6-7所示挖掘机不能仅用某一时刻该实体的外形3D描述反映其工作时的空间占有情况，还需要考虑其回转半径。因此，将其可旋转的部分经过旋转后所形成的整体模型作为其空间需求的完整边界。机械的行为主要表现为前进以及旋转，进行施工模拟时机械活动范围模型跟随施工机械一起活动，查找与周边构件可能发生的碰撞。

时空冲突分析不仅要探测空间冲突还要对其进行分类，并判别其产生问题的后果。例如，判断运输路线中堆放材料、物料储存空间太小，物料叠放、室内装修工程材料堆放影响人员通行及物料搬运、施工隧道同时有多辆车辆进出等情况。机械开挖与人工钢支撑架设在同一区段同时进行、挖土机回转半径之内人工活动、龙门吊调运以下空间有人工架设支撑，或者机电设备机房有人员靠近等情况，都可能导致活动中的机械设备与人员的工作空间发生安全事故。因此，根据冲突产生的事故类型区别处理的优先级。

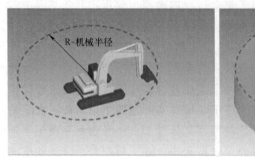
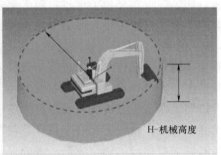

图 6-7　机械模型的活动空间定义

（3）4D 建模过程　4D 模型的基本概念就是通过 3D 信息与进度信息的集成实现 3D 模型与施工进度计划的整合，从而按照时间对整个施工过程进行可视化模拟。因此，从信息技术的角度，4D 模型的实现，即 4D 建模过程，本质上是解决 3D CAD 设计系统和进度计划管理系统的信息如何集成的问题。

信息系统的集成主要有两种方式：一是基于数据交换的信息集成，二是基于统一数据模型的信息集成。建筑业按照上述思路一直在研究如何实现建设过程信息的集成。一方面，研究如何在 3D 模型的基础上集成其他设计和施工的属性，如材料、时间和成本等信息；另一方面，致力于开发一个统一的建筑数据模型，该模型可以包含项目全寿命周期的所有信息。4D 模型的实现方法也是基于上述两条技术路线。

1）基于传统 3D CAD 技术的 4D 建模。这种方法利用基于数据交换的信息系统集成方式，为 3D 软件系统与进度管理软件系统建立不同的接口，通过 3D 信息模型与进度模型的链接实现 4D 模型，其实现方法如图 6-8 所示。这种方式采用传统 CAD 建模软件创建 3D 模型，在 3D 模型中只包含建筑产品的几何信息，因此称为基于传统 3D CAD 技术的 4D 建模方法。当前的许多研究和商用软件都是基于这种方式实现 4D 的建模。

当前，基于这种 4D 建模方法的软件有很多，如表 6-4 所示。以 Autodesk Naviswork 为例，其 4D 建模过程如下：用 Revit 或其他软件建立 3D CAD 模型；在

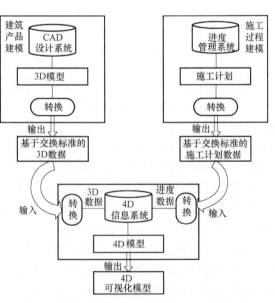

图 6-8　基于传统 CAD 技术的 4D 建模方法

Navisworks 中导入 3D CAD 模型；将 3D CAD 模型按照施工工法进行分组，分组的规则是将同一工序所对应的 3D 模型合并在一个选择集；在 Project 或者 Primavera 软件中编制进度计划；将进度计划导入至 Navisworks 中；建立 3D CAD 模型与进度计划任务项对应的关联规则；应用关联规则，将 3D CAD 模型与进度计划进行自动链接，生成 4D CAD 模型。

表 6-4　当前国外部分商用 4D 软件列表

软件名称	3D 模型来源	兼容 IFC	进度数据来源	支持网络	实时更新 3D 模型	3D 实时浏览
Bentley Schedule Simulator	Microstation		P3, MS Project			
Common Point 4D	AutoCAD, VRML	√	P3, MS Project		√	√
Smart Plant Review	VR 3D 对象		P3, MS Project		√	
Project Navigator	VR 3D 对象		交互输入	√		√
FourDviz	DXF 文件		交互输入		√	√
Visual Project Schedule	DXF 文件		交互输入 自动计算资源			√
Navisworks Roamer	自建		MS Project(MPX)			√
4D Suite	任何能输出 XML 的系统		不详, ODBC 接口		√	√

2）基于 BIM 的 4D 建模技术。基于 BIM 技术的 4D 建模则通过建立统一的建筑信息模型和中央数据库，利用 BIM 作为数据基础，通过引入"工程量清单"作为中间量，进而集成进度计划编制，最终建立 3D 工程组件与进度计划活动之间的关系以实现 4D 可视化模拟，建模过程如图 6-9 所示。这种方法与之前的方法相比，其优点在于易扩展。由于用户基于模型读取数据库信息，因此，可以方便地在其基础上进行成本信息和其他信息的扩展。

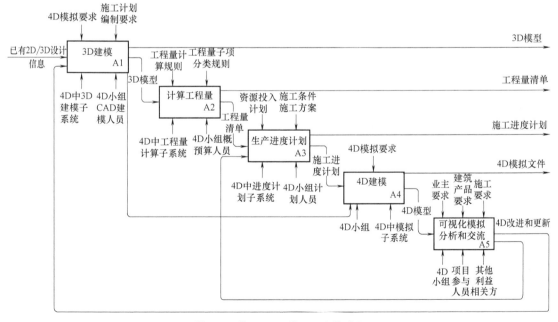

图 6-9　基于 BIM 的 4D 建模过程

6.2.3　面向安全的地铁工程模型的应用

1. 工程背景

某地铁车站的标准段宽度为 18.88m，外包长度为 241.3m，基坑开挖深度达 20m，纵向分为 16 段、横向分为 3 片、竖向分为 4 层，采用分层分段开挖。随分层土体开挖架设钢支撑，开挖一层，架设一层。基坑开挖组织投入的机械设备有挖掘机、运土车、混凝土运输车、龙门起重机等，由于土质情况较为复杂、离邻近建筑物较近且基坑较深，分四层土体开挖，采用三层钢支撑，按照地铁施工规范要求随挖随撑。基坑北面为住宅小区，南面紧邻某中学，车站基坑施工场地较为狭小。该地铁车站 BIM 模型如图 6-10 所示。

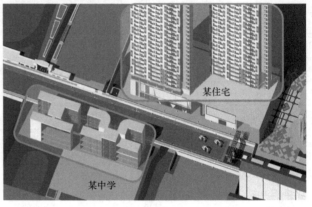

某住宅

某中学

图 6-10　某地铁车站 BIM 模型

2. BIM 建模规则

根据地铁车站 BIM 应用目标及相应项目特点，建立地铁车站基坑三维模型。模板建模内容、说明、详细程度以及建模工具选择见表 6-5，包括完整的工程信息描述；工艺参数、时间参数、空间参数、设计参数，如构件名称、构件类型、材料性能、工程边界等设计信息；施工方案、进度计划以及人员投入、机械台班、材料资源消耗等施工信息；施工空间需求信息、机械路径信息等空间属性信息；对象之间的逻辑衔接关系等。

表 6-5　地铁 BIM 建模说明表

专业	主要内容	说明	细度	工具
建筑	轴网、标高定位 车站主体：底板、中柱、顶板、墙体 土体及其分层 场地模型包括道路、绿化、周边建筑示意	可看到建筑主体结构的位置、尺寸、材料信息；建筑周边环境以及通道周边标识	L2	Autodesk Revit Architecture
结构	桩体及桩顶冠梁 围护结构 钢支撑	可看到围护结构如冠梁、类型、位置、尺寸	L2	Autodesk Revit structure
管线	水、暖、电管道模型尺寸、位置 监测点	显示管线的类型、外形、尺寸、位置	L3	Autodesk Revit MEP
机械	龙门起重机、运土车、中型挖掘机、小型挖掘机	机械类型以及尺寸		3Ds Max

由于 BIM 信息的多元性，为避免造成信息补充以及信息冗余，每一构件都应根据其应用目标设置相应的作用，详细程度，见表 6-6。

表 6-6 详细程度说明表

详细程度	说明	备注
L1	模型中包括构件的基本形状,这些形状能表示对象的基本尺寸、形状和方位,可能是二维也可能是三维	粗
L2	模型中将包括带有对象属性的实体,这些实体能表达构件的尺寸、形状、方位和对象数据	中
L3	模型中包括带有实际尺寸、形状和方位等丰富数据的实体集	细
L4	包含最终尺寸、形状和方位,用于施工图和预制的详细配件	施工图

构件属性包括机械性能参数、分层土体属性参数、钢支撑属性参数、混凝土强度、钢筋强度及部位、荷载情况,以便在后期结构安全状态计算应用,研究在不同施工阶段受力情况。建立管线模型,根据设计图在结构特定部位布设水、暖、电、通风等专业管线。BIM 模型构件及其属性如图 6-11 所示。

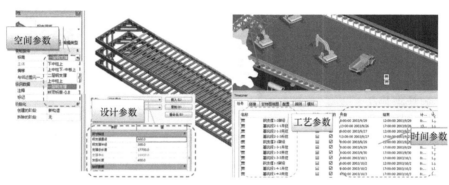

图 6-11 BIM 模型构件及其属性

3. 4D 模拟施工

将上述软件中建立的三维综合模型各构件根据项目 WBS 分解通过一定规则与实际 Project 进度计划链接起来,根据实际施工方案模拟施工整个工程,模拟项目的建造情况。如图 6-12 所示,可以直观地认识建筑物的建造过程,以了解项目进行的不同时间点的进展情况;还可用于分析、仿真和项目信息交流的全面审阅解决方案,展示设计意图并仿真施工流程,从而加深设计理解并提高可预测性。在项目实际动工前,在仿真的环境中体验所设计的项目,发现设计缺陷,检查施工进度计划。

图 6-12 某地铁车站 4D 模拟施工图

4. 空间冲突检测

将各专业已有的 BIM 设计模型（包括建筑模型、结构模型、管线模型、机电综合模型）输入后，在软件环境下运行碰撞检查（检查各专业间冲突碰撞，有无构件相互之间穿插、管道之间间隙是否满足要求、人机料等是否可以通过等问题），生成相应检测报告并提交设计修改意见，以实现在施工前预测和避免潜在问题的目的。利用 4D 可视化空间冲突分析系统，即在 3D 环境中建立工作空间动态移动及产生冲突的基本呈现模式，实现空间冲突检测功能。该功能可根据每一工序的作业空间需求动态地对场地设施之间、场地设施和主体结构之间可能发生的物理碰撞进行检测和分析，从而对施工现场进行合理规划和实时调整。

如图 6-13 所示，通过对某基坑明挖法施工方案进行模拟检测出挖掘机与钢支撑架设工序存在碰撞问题，需调整施工方案为每次架设三根支撑，留足挖掘机行进空间，待后续土体开挖完成后，再架设其他钢支撑。

图 6-13　机械与构件发生空间冲突

空间冲突检测同样适用于人员活动空间。根据空间管理理论，当人员工作区域或人员路径与机械工作区域发生重叠时可能导致潜在危险的产生。如图 6-14 所示，在工人架设支撑时若工作空间与机械活动空间相重叠可能会造成人员伤害。然而由于人员活动范围不同于固定的机械行进路线，人员活动范围具有一定随意性，难以预测及设定。因此有必要划分不同的安全等级区域并确定危险区域，以禁止人员或机械活动。

对图 6-14 所示的施工过程进行 4D 模型，通过加载安全属性，检测挖土机作业空间与钢支撑架设的空间有风险冲突，如图 6-15 所示。

通过数据回溯发现产生空间风险冲突的原因是因为存在某时间 t_0，可使得

图 6-14　人机空间冲突示意图

$$\begin{cases} \min\left[A_a(t_0) - A_b(t_0)\right] \leqslant 0 \\ \min\left[P_a(t_0) - A_b(t_0)\right] \leqslant \theta \end{cases} \tag{6-3}$$

式中，a 表示挖土机；b 表示某一段的钢支撑；θ 为安全距离。

式（6-1）所表达的含义是在现有的进度计划下，可能存在以下两种风险：

1）挖土机 a 在某一时点与已架设的钢支撑 b 发生物理碰撞。

2）挖土机 a 的操作空间与已架设的钢支撑 b 之间的距离接近于安全距离 θ。

其中，第一类风险是由当前的进度计划编排不当所产生，可以通过重新调整进度计划来

规避；而第二类风险则是由于在当前的施工条件下所产生的作业风险，如图 6-16 所示。这种作业风险不可避免地存在于地铁施工现场，需要现场操作人员和管理人员增强风险意识，予以重点关注并制订完善的应急预案等措施来降低风险。

图 6-15 基坑开挖过程构件
安全空间检测结果示例图

图 6-16 基坑开挖过程中挖土
机操作的作业风险

5. 可视化预警

在根据施工组织设计进行碰撞检查之后，需要对施工期间的现场施工进行持续的监测，并根据施工工序判断每一时段的安全等级，如表 6-7 所示，并在终端显示实时开挖区域的分段安全状态，实现可视化预警以给予管理者最直观的指导。

表 6-7 安全区域划分

安全等级	对应颜色	禁止工序	可能造成的后果
一级		无	无
二级		机械行进、停放	坍塌
三级		1. 机械行进、停放	坍塌
		2. 危险区域内人员活动	坍塌、人员伤害
四级		1. 基坑边堆载	坍塌
		2. 危险区域内人员活动	坍塌、人员伤害
		3. 机械行进、停放	坍塌、人员伤害

对于需要进行深基坑开挖的部分地铁工程，基坑稳定性对坍塌事故的发生有重要影响。因此，在施工活动开始前，应在重点关注区域布置监测点，监测包括地表沉降、管线沉降、建筑物沉降、建筑物水平位移、车站主体结构水平位移、车站主体结构沉降、土体测斜、土压力、轴力以及桩体测斜等并记录每日数据。监测数据示例如图 6-17 所示。

将监测点与监测数据链接，实现数据驱动的 BIM 模型反馈，通过与临界值对比，显示该测点安全状态，相应红、橙、黄、绿四种危险等级并反馈在三维 BIM 模型相应构件上。由于每一测点的安全状态反映了周边构件的安全状态并描述其影响区域，如图 6-18 所示。

根据基坑实际挖深、支撑架设情况，结合实际测点状态反馈对区域的危险程度进行分级管理，并将相应评价结果（包括影响区域和影响程度）反馈到模型界面，以红、橙、黄、绿四种颜色来描述区域危险程度以指导施工。地铁工程施工时每级挖土对应的影响区域，如

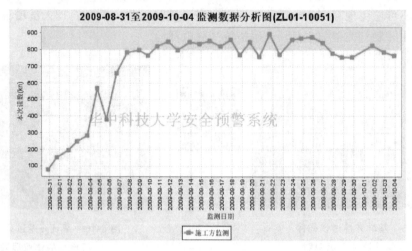

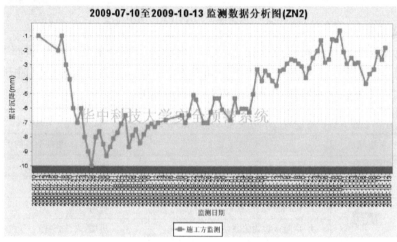

图 6-17　监测点实测值示例

图 6-18　BIM 模型中对应的测点安全等级与影响范围

图 6-19 所示。在影响区域内所对应的禁止进行的工序，需要避开堆载，禁止人员、机械停留的区域，可以在施工开始前予以直观地显示，以减少施工时由于危险区域不明确而导致坍塌事故的发生。

沉降点状态

图 6-19 BIM 模型中对应的安全区域安全状态

■ 6.3 基于 BIM 的地铁运营安全管理

6.3.1 运营安全管理概述

1. 建筑设备运维管理

建筑设备运维管理是指在建筑物使用期间人为进行建筑设备的集成进行管理，提升建筑设备的使用效率，满足使用者对设备的使用要求。

建筑设备运维管理的主要内容包含资产管理和运行管理。其中，资产管理又分为财产管理、空间管理及安全管理；运行管理中有建筑设备运维管理和相应能耗管理。

1）空间管理，包含建筑物及建筑设备空间利用与分布、建筑设备的内部设计及搬迁管理。

2）财产管理，包含建筑物的投资销售、出租回收、拆除重建。

3）安全管理，包含建筑物及建筑设备的灾害预防、应急管理和安保服务。

4）运维管理，包含建筑物及建筑设备的紧急处理、预防性维护及建筑环境维护。

5）能源管理，包含建筑物及建筑设备的能源计划、能源消耗及运行效率。

建筑设备运维管理的职能包括：

1）不动产的设备运维管理，包括不动产的租赁、买卖等服务。

2）办公支持的建筑设备运维管理，包括支撑办公服务的建筑设备运维管理。

3）建筑设备运维管理，包括对建筑物主体、建筑物所有建筑设备在后期的运维服务和进行运行管理的活动。

4）整合组织的建筑设备运维管理，包括在建筑物后期运维管理阶段的建筑设备运维管理计划、组织的确定、运维管理活动开展的所有活动。

2. 地铁运营安全管理

地铁运营管理是为保障城市轨道交通系统正常安全运营所进行的行车组织、车站作业组织、客运组织、运价与票务管理、安全管理等一系列活动。

地铁运营安全是指在城市轨道交通运营中，能够使危险、故障等发生的概率小到可以忽略的程度，以及它们所造成的对人与物的损失能够控制在可接受水平的状态。

地铁运营安全管理是指以乘客安全和行车安全为中心内容的城市轨道交通运营生产

管理。

地铁运营安全管理分为机电设备安全管理、通信系统安全管理、土建设施安全管理三类。其中机电设备安全管理由 8 项安全管理组成：环控系统设备安全管理、给水排水系统安全管理、低压配电及照明系统安全管理、屏蔽门系统安全管理、电梯系统安全管理、机电设备监控系统安全管理、消防系统安全管理、自动检售票系统安全管理。

目前，地铁运营安全管理方式从"事后处理"向"事故预防"转变，然而仍以经验作为主要的管理方法。在信息记录的过程中大部分还是采用纸质档案，这样就使得信息不能充分得到利用，不能够进行有效的归纳总结分析，造成管理工作相对盲目，制定的目标信息不完善；传统的安全管理模式需大批有经验的工作人员到一线去检查情况，而在各个部门进行信息交流时采用纸质形式传递，效率较低、易导致对信息理解的偏差。所以，将现代管理模式和先进的计算机技术相融合，建立一套完善的地铁安全管理信息系统，实现信息完整流通，最终使得地铁运营阶段安全管理处于可控状态。

BIM 模型的建立可以给运营企业提供很多有利的信息，让管理者在后期的运营过程中收获大量的效益。对于地铁运营阶段安全管理来讲，BIM 已成为一个很重要的切入点，它的出现与完善将会给地铁运营阶段安全管理带来新思路。基于 BIM 的地铁模型对运营管理来讲是信息系统的起点，在绘制模型、信息不断录入的过程中，管理人员能够更加清晰地了解地铁运营方式，在运营管理阶段能够更加有效地进行管理。此外，在地铁 BIM 模型建立的过程中，通过分析可以预测运营阶段可能出现的问题，并在施工阶段及时消除在运营阶段可能发生的安全隐患。BIM 模型可以为运营阶段安全管理提供充足的信息，方便运营阶段的设备设施安全维护、实现安全管理组织之间的信息化。

6.3.2 地铁车站火灾安全疏散方案

1. BIM 技术应用于安全疏散仿真模拟的优势

BIM 技术应用于项目的各个阶段，可实现工程项目的全寿命周期管理。在可行性研究、设计阶段开始构建建筑信息 BIM 模型，在后期的运营管理阶段则一边丰富并维护信息，一边共享信息，实现项目的协作管理。

BIM 技术应用于安全疏散仿真模拟的优势主要体现在：

1）BIM 可以准确、全面地提供建筑物信息。BIM 是通过数字信息仿真模拟工程项目所具备的真实信息。一方面，BIM 提供的安全疏散环境模型与实际情况一致，精确的安全疏散环境模型使得疏散结果更具实际意义；另一方面，BIM 模型中包含的非几何信息，如建筑材料信息，对于火灾突发事故下的安全疏散模拟有着至关重要的作用。

2）BIM 能够提供建筑物的全部数据和属性，实现可视化的图像和动态模拟。一方面，可以让人们在安全疏散培训时快速熟悉疏散环境现场，帮助救援队快速了解灾害现场；另一方面，逼真的火焰、烟雾等虚拟特效可以使人们真正感受到灾害场景，对于灾害情况下人员疏散行为特征的调研也更加接近真实。

3）BIM 模型是一种实时模型。它可以利用最先进的信息设备来随时获取建筑物内外信息，不仅包括建筑物内静物，如构件、设备设施等的信息，还能不断追踪与检测流动人群、流动设施、温度等动态信息，从而实现突发情况下的高效、安全疏散演示。

2. BIM 技术应用于安全疏散模拟

BIM 技术应用于安全疏散模拟有以下两种模式：

1）在 BIM 建模软件中附加疏散模拟模块，用以自动模拟安全疏散过程。以 Revit 为例，在 Revit 中嵌入需要的仿真模拟程序，在建立疏散 BIM 模型之后，根据不同的研究目的设置不同的参数以完成相应的疏散模拟。这种方法的优点是模型信息和疏散结果高度集成，模型信息的修改能够自动改变疏散结果，疏散结果对建筑设计的修改也可以在 BIM 模型中立即反映出来；缺点是 BIM 模型中所承载的信息会越来越多，容易超出计算机的硬件能力，并且对各参与单位的协同要求也比较高，相当于是设计（或竣工）BIM 模型和疏散 BIM 模型的并集，无论是对软件技术上还是对工作流程都有较高的要求。

2）疏散模拟模块与 BIM 模型分离的模式。具体做法是首先将疏散 BIM 模型中的信息抽取出来导入疏散软件中或与疏散算法建立数据链接；然后进行疏散过程的仿真模拟；如果要满足可视化的最大需求，可将疏散模拟的结果在 BIM 模型中展示出来。该法的优点是在软件产品和人员操作层面实现起来相对比较容易；缺点是需要在两者之间建立一个沟通（或通信）的桥梁。

3. BIM 技术应用于地铁车站火灾安全疏散的实施方案

将 BIM 技术应用于安全疏散模拟的可行做法是：在 BIM 建模软件中建立疏散 BIM 模型，然后将疏散 BIM 模型中的信息抽取出来导入疏散软件中或与疏散算法建立数据链接。现阶段国内外研究主要是将 BIM 模型导入 Pathfinder 疏散软件中，在 Pathfinder 中进行疏散模拟。鉴于研究目的的多样化及复杂化，Pathfinder 疏散软件并不能满足人们对研究疏散模拟的要求。例如，进行火灾情景下的地铁车站安全疏散模拟，Pathfinder 软件的底层算法不能实时考虑火灾对疏散人员的影响。其次，Pathfinder 软件的可视化程度不高，大多数情况下为了便于观察整个疏散过程，删除了外墙等重要信息。再者，Pathfinder 软件的环境模型中不包括疏散标志等重要疏散引导信息。最后，信息在传递过程中不连续，包含强大语义信息的BIM 模型导入 Pathfinder 软件后需要重新定义其属性。这些都不能体现出 BIM 模型应用于火灾安全疏散模拟的优势，所以需要提出一种能够考虑火灾实时影响的算法来模拟火灾情景下地铁车站人员的紧急疏散过程，并且解决疏散模拟过程可视化展示的难题。

假设已经找到一种可以实时考虑火灾影响的疏散算法，但如何将 BIM 模型与疏散算法结合起来，以及进行地铁车站应急疏散模拟前还需要做哪些准备工作等都是接下来要考虑的问题。

疏散模拟研究是模拟某种突发情况下人员在某建筑环境中的逃生疏散过程。所以，可以将疏散仿真模拟过程分解为以下几个步骤：首先需要建立疏散的建筑环境，然后统计人员的疏散行为特征；其次提出疏散算法；最后将疏散环境和疏散人员加载到疏散算法中进行疏散模拟。在目前可行的技术条件下，基于 BIM 的地铁车站火灾安全疏散的实施方案如图 6-20所示。

1）建立地铁车站疏散 BIM 模型。在地铁车站竣工 BIM 模型的基础上，通过实地调研等方式补充完善疏散 BIM 模型。地铁车站疏散 BIM 模型可以为安全疏散模拟提供一个准确、全面的疏散环境模型。

2）研究地铁乘客疏散行为特征。通过对地铁车站乘客在突发情况下的行为特征研究，确定计算机仿真模拟的乘客人员疏散参数，如疏散总人数、乘客的性别、年龄比例、疏散速度等。

3）搭建火灾与人员交互作用的疏散模拟算法。提出能够考虑火灾实时影响的仿真疏散算法——扩展非均匀的格子气模型算法，并利用 Fortran 实现对疏散算法的编程。

4）研究《地铁安全疏散规范》。《地铁安全疏散规范》对地铁车站的应急疏散各方面都做出了相关规定，如对疏散时间的硬性要求，对疏散人员的计算规定，对疏散安全区的界定等，研究《地铁安全疏散规范》是进行安全疏散模拟的前提。

5）地铁车站火灾疏散模拟。将地铁车站疏散 BIM 模型和地铁乘客疏散行为特征加载到疏散算法中，按照《地铁安全疏散规范》的规定进行地铁车站火灾疏散模拟。通过设置火灾场景和疏散方案，模拟地铁车站乘客安全疏散的全过程，并对结果进行记录和分析。

6）疏散模拟过程的可视化展示。最后，为了最大限度地发挥 BIM 模型的可视化优势，借助 Unity 3D 平台将地铁车站疏散 BIM 模型和仿真疏散模拟过程结合，呈现出三维可视化的地铁车站火灾乘客安全疏散全过程。

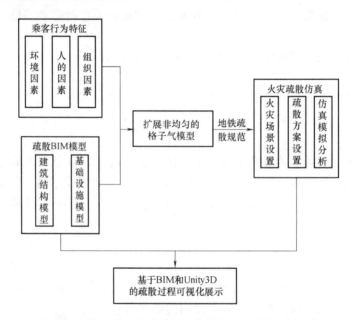

图 6-20　基于 BIM 的地铁车站火灾安全疏散的实施方案

4. 地铁车站火灾应急疏散仿真案例

（1）车站概况　武汉中南路地铁站为地下两层岛式车站，也是武汉地铁 2 号线和 4 号线的换乘车站。该站位于武昌区中南路地下，在中南路与中南一路丁字路口，南北走向，南与武珞路丁字相接，北往洪山广场中北路。共有 8 个出入口与该站连接，如图 6-21 所示。

车站地下一层为站厅层，中部为公共区，东西两侧有商业区和设备。如图 6-22 所示，车站公共区中部为付费区，设 6 组步梯、4 组扶梯和 2 部垂直电梯；公共区两端为非付费区，设 1 部垂直梯，6 个通道与出入口相连。地下二层为站台层和设备用房，站台有效长度为 110m，如图 6-23 所示。

（2）疏散情况总结

1）武汉中南路地铁车站的规划设计和运营管理符合国家有关火灾疏散的标准，可以在6min 内将站台乘客疏散至站厅安全区。

图 6-21　武汉中南路地铁车站位置图

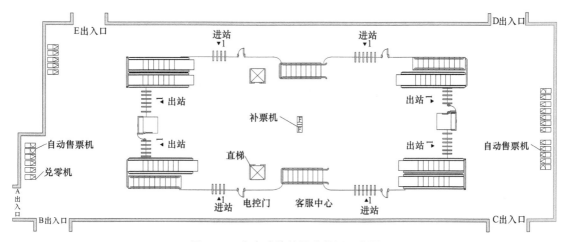

图 6-22　中南路站站厅公共区示意图

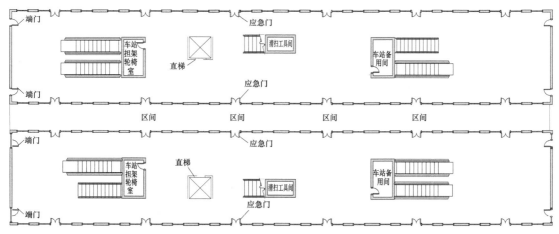

图 6-23　中南路站站台层示意图

2）在火灾应急疏散时，尽量将扶梯及时调整为上行状态可以加快站台楼扶梯处的疏散效率，从而减少整体疏散时间。

3）在突发情况下应急疏散时，在站台楼扶梯、站厅闸机以及出入口通道处安排工作人员进行导流或者配合车站广播进行指导疏散，可使这些疏散通道得到合理均匀地使用，从而加快整体疏散效率，减少总疏散时间。

（3）疏散过程可视化展示研究　基于 Unity3D 平台可视化展示地铁车站火灾疏散模拟过程的三个前期基础工作分别为：建立地铁车站疏散 BIM 模型、建立地铁车站人物模型和整理地铁车站疏散模拟结果。下面以武汉中南路地铁车站火灾安全疏散模拟为例，首先分别研究这三个基础工作，然后在 Unity3D 软件中实现模拟过程的可视化展示。

1）建立地铁车站疏散 BIM 模型。地铁车站疏散 BIM 模型是疏散过程可视化展示的基础，只有基于真实地铁车站环境，建立逼真的环境模型，才能达到疏散模拟的最佳效果。

2）建立地铁车站疏散人物模型。在疏散过程可视化展示的过程中，人物模型同环境模型一样，都是其中至关重要的表现因素。为了真实地还原地铁车站乘客情况，通过调研和统计，大致将地铁乘客分为成年男士、成年女士、老人和儿童这四种典型的群体，他们在性别、年龄和疏散速度的定义上分别不同，表现在人物模型上，即身高、肩宽、体型、外表等不同，借助 3Ds Max 软件，建立这四类乘客的人物模型，如图 6-24 所示，从左到右分别是成年男士、成年女士、老人和儿童模型。

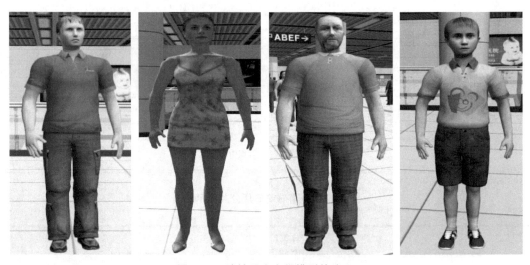

图 6-24　地铁乘客人物模型的建立

3）整理地铁车站疏散模拟结果。在分别完成地铁车站环境模型和人物模型建立的前提下，为了可视化地展示突发情况下站内所有乘客的整个动态疏散过程，所以需要建立任一时刻地铁车站人物模型与环境模型之间的对应关系，即获取任一时刻下各人物模型所处环境模型中的位置信息。从二维疏散模拟的结果文件中提炼并总结人员编号、位置、年龄、性别、状态以及时间等信息，根据这些信息，能够在三维场景中构造人物的运动路径。在 Excel 表格中整理地铁车站疏散模拟结果，如图 6-25 所示。

4）疏散过程的可视化展示。在 Unity3D 软件中完成对武汉中南路地铁车站火灾疏散模拟过程的可视化展示，其各时刻的疏散效果图如图 6-26 所示。

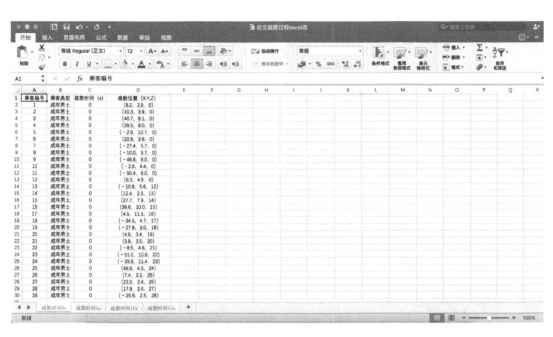

图 6-25　地铁车站疏散模拟结果的数据整理情况

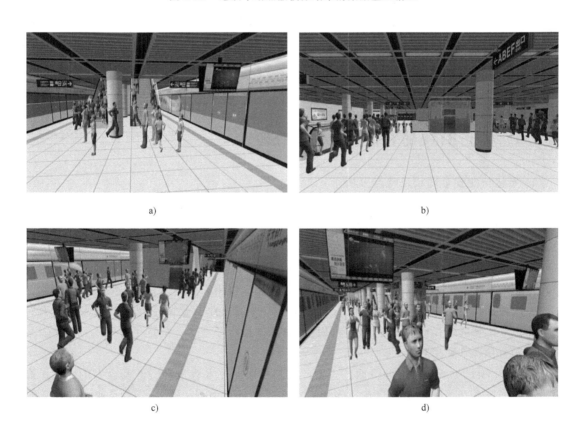

a)　　　　　　　　　　　　　　　　　　　b)

c)　　　　　　　　　　　　　　　　　　　d)

图 6-26　武汉中南路地铁车站火灾疏散情况效果图

a）疏散时间 10s　b）疏散时间 100s　c）疏散时间 200s　d）疏散时间 300s

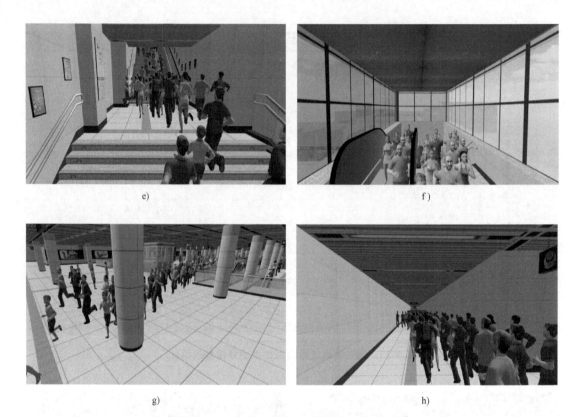

图 6-26 武汉中南路地铁车站火灾疏散情况效果图（续）

e）疏散时间 350s f）疏散时间 400s g）疏散时间 450s h）疏散时间 500s

■ 6.4 基于 BIM 的石化项目安全管理

1. 石化行业安全现状及特点分析

我国是世界上第二大原油需求国和第四大原油生产国。作为国民经济的支柱产业之一，石化行业同时也是一个高危行业。我国石油化工行业是仅次于煤炭和爆竹生产的第三大高危行业。

石化工程建设处于石化、建筑双重设防的高危领域，具有施工安全风险高、安全隐患多，施工条件、施工工艺复杂，设备吊装、管道焊接工作量大，高压设备、管道试压工程量大，多工种在相对集中的时间和区域内交叉作业、高空作业及受限空间作业量大等专有特点。由于石化装置处在易燃易爆、高温高压、腐蚀性运行环境中，决定了石化工程施工及运营过程安全管理难度相对较大。

1）石化项目生产线长、涉及面广，生产工艺复杂，技术含量高，涉及众多的催化、高温、高压等技术，需要多学科合作，涉及专业多且面广而复杂，是一个多专业协同作业过程，协作机制不易建立，现场管理难度大。

2）石化行业复杂的工艺和庞大的辅助系统使生产过程对工艺参数要求相当严格和苛刻，这种生产的特殊性，给安全生产带来了很大的困难，要求操作人员严格掌握工艺参数，实时掌握其动态变化并采取有效措施进行控制。

3）随着生产装置的规模日益扩大，设备种类、规格繁多，管理日趋复杂。设备失修、操作不当、原材料保管不善、检查不严或安全措施不周等都会引起火灾和爆炸事故，造成巨大损失。

4）安全操作信息需求门类多，信息复杂，各种物料、设备、操作包含大量的参数信息，大量的信息需求给安全管理增大了难度。

2. 石化工程安全管理存在的不足

传统石化工程安全管理以伤亡事故管理为安全管理的中心，主要着眼于事故预防和处理，具有相对被动和静态的特征；主要依靠安全规章制度，通过安全检查、安全教育、安全考核等手段，基本是依靠安全管理人员的有限努力去争取实现安全管理的目标；主要重视对伤亡事故信息及部分安全检查信息的收集、处理，且其应用程度有限。而石化生产运营处于动态变化过程中，危险随时可能发生，运营系统随时可能出现问题，这就要求安全管理以危险源控制为中心，主要着眼于危险预测预控，实现主动风险管理；通过系统辨识、系统控制、系统评价等主要手段，着眼于系统的全过程管理，通过全面调动企业各层次人员的积极性，将安全管理目标落到实处；注重对安全管理信息的全面收集、综合处理和实时反馈，提高风险应对能力。

具体而言，我国石化行业企业普遍存在以下安全问题：

1）安全管理不到位，信息交流不畅。部分企业建立了归口管理安全工作的职能机构——安全与环保处（科），所有的企业都成立了安全生产委员会，对企业的安全工作进行全面指导和控制。但在实际运作过程中，大多数企业或多或少存在一些问题，主要情况有两种：一是职能划分不清，有些事情都想管、有些事情都不想管、有些事情该管又管不着，使得领导协调的任务很重；二是由于安全涉及企业活动的全过程、所有的部门和岗位，而每个部门有其主要职能，每个岗位有其主要职责，这样，在很多情况下有些部门和岗位不能处理好其主要职能、主要职责与安全管理职能、职责的关系，导致安全隐患不能及时排除。

2）在安全信息获取不充分的情况下，违规作业，违背安全作业要求。在科学的安全风险评价和措施没有跟进时，就对企业的生产工艺或设备进行改进、改造，极易造成安全风险放大。部分石化企业为追求产量、效益，对工艺和设备进行局部改造，以求放大产能，却未考虑输送管道的材质可能无法承受新的压力或温度，导致事故风险积聚。另外，部分企业片面追求效益，忽略安全，竟私自把生产装置配套的安全连锁装置关闭或拆除，严重违背安全作业要求。石化生产装置和储存装置越来越多，意味着重大危险源的数量越来越多，在安全措施和管理滞后甚至违规操作的情况下，安全隐患更加严重。

3）状态监测与预警安全技术缺失。石化企业由于成本和投资的限制，生产设备设施的更新极其缓慢，老化严重。老化设备问题的多发性，给安全生产造成了很大困难。石油天然气管道多处于野外或埋于地下，自然条件复杂、恶劣，管道内部输送的介质——石油天然气，含有各种腐蚀性化学成分，尽管在管道建设时采取了各种防腐措施，但随着时间的推移，腐蚀在所难免。由于资金有限，企业无法定期对管线进行检测，对管线的运行状况也就无从掌握，更谈不上有计划、有针对性地对管线进行维修和更换，只能疲于奔命地处理随时出现的问题，严重地影响了企业的正常生产秩序，在造成重大经济损失的同时，也埋下了事故隐患。

4）安全培训专业性和针对性差。作业者的专业知识、与实际操作技能直接影响系统的安全运行，尤其表现在对危害的识别和控制危害的对策上。如果作业者不明白什么是不安全的状况，就无法判断事故状态，也不知道应该去采取预防措施或者不会采取措施，无法采取正确的操作决策，就无法控制不正常状态或控制事故。

石化行业生产经营规模的快速发展，形成了大量危险源。从业人员即使经过了必要培训，但由于企业的安全教育和培训往往流于形式，针对性差，缺少关于安全知识、安全技能定期的、经常性的培训和考核，员工获得的安全培训往往是些笼统的常识，没有针对性的指导，使得他们对风险的辨识、分析与控制能力存在不足，对于风险的有效防范效果不佳。

3. BIM 在石化工程安全管理中的价值

BIM 技术具有显著提高信息集成化程度、参数化设计、信息共享与高度关联性等优势，而石化项目的传统安全管理中反映出来的问题是项目缺乏统一有效的组织与协调管理，内部沟通机制差，有关文件信息不能在项目上得以有效及时传达，信息的动态管理水平低下，信息的完整性、统一性、规范性问题突出，不同单位甚至同一单位的不同阶段间信息的查询与共享存在极大的不便，无法满足现场安全监管的需要。充分运用 BIM 技术的优势，在设计之初就注重信息的集成与收集，将各个阶段、各个环节、各参与单位所产生的信息资源有效整合，构造起整个项目的 BIM 模型，可以为设计、施工、运营维护、风险的动态监测等提供充分的、高度共享的信息资源，可以实时反映设施设备的整体运行状况，可以为改善安全管理提供可靠的技术支持。

运用 BIM 技术构建 BIM 平台系统开展石化工程项目的安全管理，可以强化项目安全管理的效用，具体表现在以下方面：

1）破解信息不对称的难题。BIM 平台将项目全寿命周期所有相关的信息有组织地集成起来，实现信息与模型构件的有效关联，满足不同参与单位信息共享的需求，有效地提高各参建单位之间的沟通交流，实现快速获取项目相关信息、缩短信息传递路径、提升项目信息有效性与真实性、及时形成工程资料、保证项目安全高效进行等目标。

2）设备故障的自动反馈和危险因素分析。由于 BIM 安全信息模式是一种动态模型，其参数化设计使得模型图元与实体对象具有高度关联性，即任一图元信息的变化将会引起其他所有相关信息的变化。运用这一特征结合物联网技术可以及时捕捉并反馈项目现场的异常变化，并对其影响范围及危害程度进行分析，以找出危险因素，提出应对措施。

3）对策措施的自动生成和跟踪管理。由于安全信息是按照项目 WBS 分解结构加载的，在完成对应图元或构件的潜在危险因素分析后，通过输入特定的环境信息和作业条件，模型可以将相关的安全信息以作业许可清单要求的形式表达出来，形成针对性的安全防护措施或方法，这可以减小因专业技术人员不够带来的局限，也可以大幅提高工作效率。此外，运用 BIM 安全信息的模型可以实现在线对作业执行情况进行跟踪管理，获知最新动态，以最精准的方式实施作业内容。

4）可视化安全培训。BIM 平台利用其可视化 3D 模型，模拟石化工程现实场景，对员工进行有针对性的、专业的培训。通过虚拟现实场景与培训内容的有效对接，将培训内容以可视化的方式呈现出来，使员工得以通过生动形象的虚拟场景了解安全知识，提高认知水平，掌握安全操作技能，提升安全培训的效果。

4. BIM 在石化工程安全管理中的实施

石化工程项目是一个比常规项目更为复杂、更为庞大的系统工程，除了一般的建筑形体，还有大量造型各异、工艺多样的设备设施。这些情况使得以往的项目管理面临挑战。运用 BIM 建模技术有助于从根本上解决上述问题，实现全面、全流程、全员的信息管理。

构建石化工程项目的 BIM 平台系统，应在 BIM 建模规则的约定下开展。具体来说，石化项目安全管理的 BIM 构架应包括数据层、模型层、网络层和应用层，总体上表现为一个综合的网络结构体。

基于 BIM 的石化项目安全管理的总体思路是遵循 IFC 规则，建立起石化项目 BIM 三维模型，针对项目安全管理的需求，对应于模型图元依次载入安全信息。其中，在建立三维模型前，应做好实体对象的结构分解、图元编号、基础信息数据库建立、操作规程等信息的模型语言转化、风险情形的录入等准备工作。在此基础上，将项目相关的几何信息、属性信息和构件间关联信息集成起来，实现对项目的 3D 展示，并能对构件属性进行管理与查询。然后，将项目全寿命周期各阶段、各领域与安全相关的要素信息基于 IFC 标准关联到基础模型，如图 6-27 所示。

图 6-27 安全信息的集成过程

在完成实体三维建模、安全信息的表达后，要使安全信息完整地映射到 BIM 模型中，接下来的工作是将安全图元数据与工程构件及模型实体关联起来，实现安全管理与三维模型的融合。基于 IFC 标准的 BIM 模型具有很好的拓展能力，可以根据实际需要在其框架体系基础上扩展图元数据，将资源、进度等相关数据与模型图元的数据关联整合，可以实现模型的功能升级。

构建基于 BIM 的石化项目安全管理模型，其关键在于将已经确定的安全信息以符合 IFC 标准的形式附加到基本模型中去，使模型增加安全维度的功能。依照前文分析，BIM 模型是在历经资源层、核心层、交互层和领域层的结构层次上构建起来的，因此，安全信息到模型的映射关系也应遵循这一构架层次，即由底层的基本数据和扩展数据出发进行分析归类，然后按项目时间顺序和参与单位需求链接并集成起来，从而建立覆盖安全管理的、面向项目全寿命周期的完整的 BIM 模型。

将项目全寿命周期各参与单位涉及的安全信息关联到三维基本模型，需要开展的工作是进行项目结构分解（WBS）。

构建石化工程项目的 BIM 平台系统，支持项目全寿命周期安全维度的信息管理，打破传统安全管理中存在的"信息孤岛"现象，实现信息的高度集成、关联和共享，提高安全管理的可靠度和及时性。BIM 平台系统的构建可以从设备管理、巡检管理、风险评价、安全培训、用户管理等角度考量项目的安全管理。

（1）设备管理 原始的设备台账以 Excel 形式存在，台账记录与空间实体对象相对孤立，无法建立有效的关联。设备台账信息包括设施名称、型号、规格、参数、供应商、质保商、质保有效期、联系人、联系电话等，在设备需要维修或保养时，维修人员需要查询准确设备的台账信息，便于联系生产厂商和售后服务商。系统平台提供了多种方式供用户快速定位到设备，如在三维图形中漫游到指定位置，从空间位置直接查找到设备是非常直观的一种方式。同时也可通过模糊搜索的功能，系统列出所有满足条件的结果列表，确定并双击列表项即可导航至指定的设备。通过不同的快速导航方式，实现设备的快速定位，进而对设备台账进行查看或对设备进行维修、保养进行管理，如图 6-28 所示。

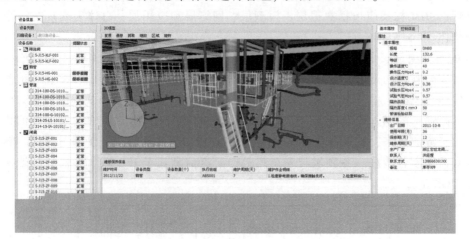

图 6-28　BIM 平台的设备管理

BIM 平台系统以参数化三维模型为信息载体，提供一个完整和丰富的工程项目信息数据库，通过设备设施信息的管理，以及相关各类文档资料（如设计图、说明资料）的挂载，避免信息流失和信息传递失误，实现石化工程项目的可视化信息管理，提升安全管理效率与有效性。此外，系统自动报警提醒维修人员按期对设备进行保养维护，并提供维修保养指导，如图 6-29 所示。

图 6-29　维护保养指导

BIM 平台提供的设备管理功能，可以保证设备得以合理的维修保养，可以使设备管理者完全掌握设备运行状态、缺陷情况、设备缺陷的可能发展趋势以及设备存在的隐患，帮助管理者选择合适的维修方式，在适当的时机对其实施维修，以保证其可靠连续运行。

（2）巡检管理　巡检管理的目的是通过常规检查，及时获知各类设备的运行状态，当发现设备故障或检修提示时，BIM平台将向相关用户发出检修指令。平台提供详细的检查流程指导，从检查说明、紧急处理、风险评估、安全措施、生成报告等方面为安全检查提供辅助。面向海量的施工和运维信息，针对石化装置不同的模块划分，基于构件的信息动态成组技术与动态关联技术，形成上下游动态模型，高效获取上游设备控制信息以及故障紧急处理措施与方案，实现高效的信息检索、查询、统计与应急预案决策支持，如图6-30和图6-31所示。

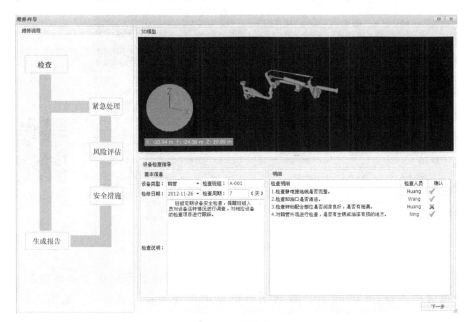

图6-30　巡检指导

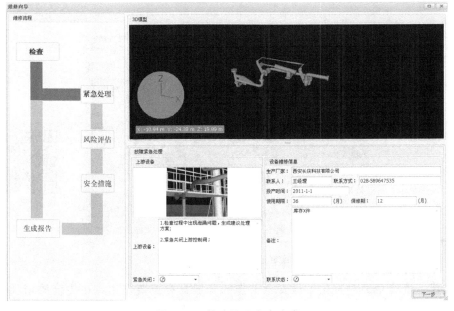

图6-31　故障处理方案生成

（3）风险评价　BIM 平台实现作业风险的预警，对操作项目、活动过程所涉及的危险因素、危害事件（风险类型）进行预警提醒，同时显示触发原因、风险等级以及应该采取的安全措施及建议（目前已有措施及需增补措施），如图 6-32 所示。

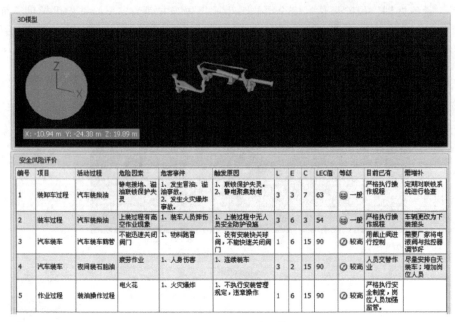

图 6-32　作业风险预警

此外，通过可视化泄漏检测管理，将库区内所有密封点泄漏信息依附于三维模型之上，以便对这些密封点信息进行管理和使用，并对所有信息进行分析和风险评估，从而达到有效、安全地用三维可视化的方式管理泄漏点，使用户能够更为有效、方便地管理现场泄漏情况，在三维空间上动态定位和跟踪安全风险，如图 6-33 所示。

图 6-33　风险跟踪定位管理

（4）安全培训　安全培训对石化工程安全工作的开展具有重要作用，在传统的培训工作中，主要依靠人力资源部门对不同岗位员工技能进行跟踪评估，从而制订针对性培训计划，但培训由于未与实际操作有效融合而导致效果不理想。运用 BIM 平台系统，可以有效解决这一问题，通过系统平台的真实场景演练，事故案例的分析演示，结合三维模型进行操作注意事项以及安全操作步骤的展示，使员工快速掌握安全操作，提高员工的认知水平和经验积累，提升安全技能水平。其全过程可分为以下几个阶段：培训准备、注意事项、操作步骤、安全风险评价，如图 6-34 所示。

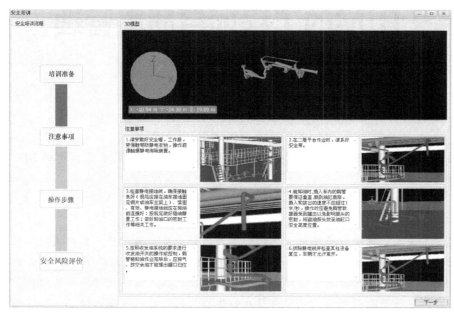

图 6-34　安全培训

（5）用户管理　职责与权力的匹配是安全管理得以有效开展的前提，在 BIM 平台系统中，工程项目相关人员都被赋予岗位职责对应的基本信息、用户权限信息，也能开展用户的增减设置，如图 6-35 所示。

图 6-35　用户管理

思　考　题

1. 请谈一下你对工程安全管理这一概念的理解。
2. 请讨论一下你见过的 BIM 运用在工程安全管理的案例。
3. 你认为除本书列举的用处之外，BIM 在工程安全管理上还可以用到哪些方面？

第7章

基于BIM的工程项目质量管理

学习目标

掌握工程项目质量管理的基本概念，了解 BIM 在工程质量管理中的应用，理解 BIM 的施工质量管理模型和控制方法。

引入

工程项目质量事关人民生命财产安全，也影响用户的舒适度和满意度，因此成为人们关注的焦点。工程项目日益复杂化、专业化、国际化，传统的质量管理方式面临着严峻的挑战。质量不仅是指产品的固有特性满足要求的程度，也是指产品或服务所体现出的价值。质量的好坏不仅关系到建设产品的成败，也影响用户的体验。国内工程质量的评定以验收结果为主，缺乏对施工人员以及质量形成过程的控制；质量监督中控制点容易遗漏，质量纠纷定责困难。在技术上，现场查找和引用众多质量标准和规范手册存在困难。

工程项目施工过程是形成实体质量的过程，要控制建设产品的实体质量就要控制工程施工质量。在新的技术环境下采用合理的质量管理方法才能在工程建设中开展行之有效的验收工作。BIM 技术的出现为工程质量管理带来了信息化和可视化的工具，同时也为精益建造思想的贯彻提供了有力的工具。相应地，在 BIM 条件下需要一套新的管理流程和方法支持数字化、可视化的质量管理。

■ 7.1 工程项目质量管理概述

7.1.1 工程项目质量概述

工程项目质量是国家现行的有关法律、法规、技术标准和设计文件及建设项目合同中对建设项目的安全、使用、经济、美观等特性的综合要求，它通常体现在适用性、可靠性、经济性、外观质量与环境协调等方面。

【概念解读】 工程项目质量是按照项目建设程序，经过项目可行性研究、项目决策、工程设计、工程施工、工程验收等各个阶段而逐步形成的，而不仅仅由施工阶段决定。工程项目质量包含工序质量、分项工程质量、分部工程质量和单位工程质量，且不仅包括工程实物质量，还包含工作质量，即各项目建设参与单位为了保证项目质量所从事技术、组织工作的水平和完善程度。

工程项目质量的特点有：

（1）影响因素多　工程项目的决策、设计、材料、机械、环境、施工工艺、施工方案、操作方法、技术措施、管理制度、施工人员素质等均直接或间接地影响工程项目的质量。

（2）质量波动大　工程项目建设因其具有复杂性、单一性，不像一般工业产品的生产那样，有固定的生产流水线，有规范的生产工艺和完善的检测技术，有成套的生产设备和稳定的生产环境，有相同系列规格和相同功能的产品，所以其质量波动性大。

（3）质量变异大　由于影响工程项目质量的因素较多，任意因素出现质量问题，均会引起建设项目建设中的系统性质量变异，造成工程质量事故。

（4）质量隐蔽性　工程项目在施工过程中，由于工序交接多、中间产品多、隐蔽工程多，若不及时检查并发现其存在的质量问题，只看表面质量，容易将不合格产品认定为是合格产品。

（5）最终检验局限大　工程项目建成后，不可能像某些工业产品那样，可以拆卸或解体来检查内在的质量，工程项目最终验收难以发现工程内在的、隐蔽的质量缺陷。

影响工程项目质量的因素有：

（1）人的因素　人是指直接参与工程项目建设的决策者、组织者、指挥者和操作者。人的业务素质和身体素质是影响工程项目质量的首要因素。

（2）材料的因素　材料（包括原材料、半成品、成品、构配件等）是工程项目施工的物质条件，没有材料就无法施工。材料质量是工程项目质量的基础，材料质量不符合要求，工程项目质量也就不可能符合要求。

（3）方法的因素　方法包括工程项目整个建设周期内所采取的技术方案、工艺流程、组织措施、检测手段、施工组织设计等。方法是否正确得当，是直接影响工程项目进度、质量、投资控制三大目标能否顺利实现的关键。

（4）施工机械设备的因素　施工机械设备是实现施工机械化的重要物质基础，是现代工程建设中必不可少的设施。施工机械设备的选型、主要性能参数和使用操作要求对工程项目的施工进度和质量均有直接影响。

（5）环境的因素　影响工程项目质量的环境因素较多，有工程技术环境，如工程地质、水文、气象等；工程项目管理环境，如质量保证体系、质量管理制度等；劳动环境，如劳动组合、劳动工具、工作面等。环境因素对工程项目质量的影响，具有复杂而多变的特点。

7.1.2　工程项目质量管理的原则

工程项目质量管理是指为提高工程项目质量而进行的一系列管理工作，工程项目质量管理的目的是以尽可能低的成本，按既定的工期完成一定数量的达到质量标准的工程项目。工程项目质量管理的任务在于建立和健全质量管理体系，用企业的工作质量来保证工程项目实物质量。

从20世纪70年代末起，我国工程建设领域开始引进并推行全面质量管理。全面质量管理是指一个组织以质量为中心，以全员参与为基础，目的在于通过让顾客满意和本组织所有成员及社会受益而达到长期成功的管理途径。根据全面质量管理的概念和要求，工程项目质量管理是对工程项目质量形成进行全面、全员、全国过程管理。

工程项目质量管理的原则：

（1）"质量第一"是根本出发点　在质量与进度、质量与成本的关系中，要认真贯彻保证质量的方针，做到好中求快，好中求生，而不能以牺牲工程项目质量为代价，盲目追求速度与效益。

（2）以预防为主的思想　好的工程项目产品是由好的决策、好的规划、好的设计、好的施工所产生的，而不是检查出来的。在工程项目质量形成的过程中，事先采取各种措施，消灭种种不符合质量要求的因素，使之处于相对稳定的状态之中。

（3）为用户服务的思想　真正好的质量是用户完全满意的质量，要把一切为了用户的思想作为一切工作的出发点，贯穿到工程项目质量形成的各项工作中，在内部树立"下道工序就是用户"的思想，要求每道工序和每个岗位都要立足于本职工作的质量管理，不给下道工序留麻烦，以保证工程项目质量和最终质量能使用户满意。

（4）一切用数据说话　依靠确切的数据和资料，对工作对象和工程项目实体进行科学的分析和整理，研究工程项目质量的波动情况，寻求影响工程项目质量的主次原因，采取有效的改进措施，掌握保证和提高工程项目质量的客观规律。

7.1.3　工程项目质量管理中存在的问题

工程项目具有单件性、一次性、整体性、固定性、不可逆转性、建设周期长、约束条件多、不确定因素多等特征，使得工程项目管理难度大，质量事故频繁发生。

在理论层面工程项目质量管理存在下述问题：

1）信息传递不对称、信息流失，容易出现信息孤岛。一般质量管理理论强调质量协同，但是这种协同是单向的，用户未能参与质量标准的制定。传统的信息传递是两两之间的沟通协调，信息传递速度慢且无法实现将信息同时传递给各参与单位，以便及时发现质量问题并及时处理。传统的信息传递方式不仅耗费大量时间，同时容易造成信息失真，导致施工中由于信息传递错误或传递不到而造成施工质量事故。

2）无法实现信息的共享。质量管理理论强调协同和共享，传统的质量管理是建立在CAD环境之下，各专业分开设计，无法实现信息的共享，参与单位很难达到真正意义上的协同。在传统的CAD环境下，除了设计人员、专业的工程师外，施工现场的操作人员如班组长、工人等无法全面地理解建设意图，更不可能实现质量完全满意、工期最优、资源消耗最少、用户价值最高等精益建设的目标。

3）质量管理缺乏公众参与的途径，质量开放标准的吸收和认同不够。质量管理应是一个动态的，不断优化的过程，质量标准、规范也应是与时俱进，不断丰富和完善的，传统的质量管理缺乏及时的用户信息反馈与更新机制。

从实践层面来看工程项目质量管理存在以下问题：

1）从建筑产品的生产要求来说，各类规范繁杂零散，难以查阅。有关质量管理的各种规范、标准繁多，条目分布零散。不同国家、不同行业、不同地区的质量控制标准不尽相同，查找和使用也相当不便，导致现场规范使用混乱，质量管理过程难度大。例如，对桩基质量控制点，它的使用材料需要按照JGJ 79—2012《建筑地基处理技术规范》确定，尺寸形状按 JGJ 106—2014《建筑基桩检测技术规范》中的要求确定，力学性能按照 GB 50202—2018《建筑地基基础工程施工质量验收规范》里的要求确定，这就导致了规范查阅困难，增大了质量控制的难度。

2）施工人员专业技能不足。工程项目一线操作人员的素质直接影响工程质量，是工程质量高低、优劣的决定性因素。工人的工作技能、职业操守和责任心都对工程项目的最终质量有重要影响。但是现在的建筑市场上，施工人员的专业技能普遍不高，绝大部分没有参加过技能岗位培训或未取得有关岗位证书和技术等级证书。很多工程质量问题都是由施工人员的专业技能不足造成的。

3）材料的使用不规范。国家对建筑材料的质量有着严格的规定和划分，个别企业也有自己的材料质量标准。但是往往在实际施工过程中对建筑材料质量管理不够重视，个别施工单位为了追求额外的效益，会有意无意地在工程项目的建设过程中使用一些不规范的工程材料，造成工程项目的最终质量存在问题。

4）不按设计或规范进行施工。为了保证工程项目的质量，国家制定了一系列有关工程项目各个专业的质量标准和规范。每个项目都有对应的设计资料，规定了项目在实施过程中应该遵守的规范。但是在项目实施的过程中，这些规范和标准经常被突破。原因一是人们对设计和规范的理解存在差异；原因二是因管理漏洞造成工程项目无法实现预定的质量目标。

5）不能准确预知完工后的质量效果。一个工程项目完工之后，如果感官上不美观，就不能称之为质量很好的项目。在施工之前，准确无误地预知工程项目完工之后的实际情况十分困难，往往在工程完工之后仍存在不符合设计意图的地方，甚至还会出现使用中的质量问题。例如，设备没有足够的维修空间，管线布置杂乱无序，因未考虑到局部问题被迫牺牲外观效果等。这些问题都影响工程项目完工后的质量。

6）各个专业工种相互影响。从生产组织来说，由于工程项目参与单位众多，关系复杂，冲突多，相互之间的协调管理难度大。工程项目的建设是一个系统、复杂的过程，需要不同专业、工种之间相互协调，相互配合。但是在工程实际中往往由于专业的不同，或者所属单位的不同，各个工种之间很难在事前做好协调沟通。这就造成在实际施工中各专业工种配合不好，使得工程项目的进展不连续，或者需要经常返工，以及各个工种之间存在碰撞，甚至相互破坏、相互干扰，严重影响了工程项目的质量。例如，水电专业队伍与主体施工队伍的工作顺序安排不合理，造成水电专业施工时在承重墙、板、柱、梁上随意凿沟开洞，因此破坏了主体结构，出现影响结构安全的质量问题。难以根据各方的职责，清晰地划分各方责任，确定各分项工程主要责任人，不能保证质量控制落到实处，再加上有些参与单位一心为了利润，责任心不强，一旦出现质量问题时，各参与单位相互推诿，无法快速地找到质量责任人及质量缺陷并及时处理；其次，信息在不同阶段各参与单位之间传递不对称，如图 7-1 所示，各参与单位信息无法共享，容易出现"信息孤岛"以及信息损失，可能导致施工中由于信息传递错误或传递不到而造成施工质量事故；最后，工人流动性大，技能不足。

以上所述因素为工程项目质量管理造成了诸多困难，信息孤岛使得工程项目各阶段之间及多个主体之间无法形成无缝对接，造成了信息的流失和新项目资源的浪费，还使得很多设计问题在施工阶段才得以暴露。

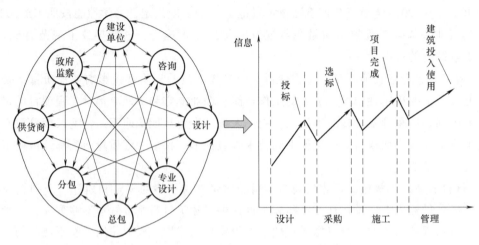

图 7-1　传统信息沟通方式及其导致的信息流失

■ 7.2　工程项目质量控制

7.2.1　概述

工程项目质量控制是一个从对投入资源和条件的质量控制开始，进而对生产过程及环节质量进行控制，直到对所完成的工程项目的质量检验与控制为结束的系统控制过程。由于工程施工是一项物质生产活动，所以将影响工程项目质量控制划分为五个方面。

1. 工程行为人的控制

工程行为人是指直接参与工程建设的决策者、组织者、指挥者和操作者。工程行为人作为控制的对象时，要避免产生工作失误；作为控制的动力时，要充分调动受控对象的主观能动性和工作积极性。为了避免工程行为人的失误，增强工程行为人的责任感和质量观念，达到以工作质量保证工程质量的目的，除了要加强职业道德培训、专业知识培训、健全岗位培训制度、改善其工作条件外，还需要根据工程项目自身的特点，从工程项目质量出发，建立公平合理的激励制度来进行工程行为人的控制，以确保工程项目质量。

2. 施工材料的质量控制

施工材料是工程施工的物质条件，没有施工材料就无法进行施工。材料质量是工程项目质量的基础，材料质量不符合要求，工程项目质量也就不能符合标准。因此，加强材料的质量控制，是提高工程项目质量的重要保证，是创造正常施工条件，实现质量控制的重要保证。

3. 施工方法的质量控制

施工方法正确与否，是直接影响工程项目质量控制目标能否实现的关键之一。所以在制订与审核施工方案时，必须结合工程实际，从技术、组织、管理、工艺、操作、经济等方面进行全面分析，综合考虑，使施工方法具有可行性。

施工方法是实现工程建设目标的重要手段，施工方法的制订、工艺的设计、施工组织设计的编排、施工工作的开展和施工操作方法等，都必须以确保质量为目的，严加控制。

4. 施工机械设备选用的质量控制

施工机械设备是实现施工机械化的重要物质基础，是现代工程建设中必不可少的设施，对工程项目的施工进度和质量均有直接的影响。因此，在对工程项目质量进行控制时，工程行为人必须综合考虑施工现场条件、建筑结构形式、机械设备性能、施工工艺和方法、施工组织与管理、建筑技术经济等，进行施工机械设备选用方案的制订和评审，使之合理装备、配套使用、有机联系。只有充分做好施工机械设备选用的质量控制，才能保证工程项目质量和综合经济效益。

5. 施工环境因素的质量控制

影响工程项目质量的环境因素有很多：有工程自然环境，如工程地质、水文、气象等；工程管理环境，如质量保证体系、质量管理制度等；劳动环境，如施工队伍配合、劳动工具、工作环境等。施工环境对工程项目质量的影响，具有复杂多变的特点，往往前一项工序就是后一项工序的环境，前一分项分部工程也就是后一分项分部工程的环境。因此，要根据工程本身的特点和所处的环境，对影响质量的施工环境因素进行综合评估，采取切实有效的措施进行工程项目质量控制。

7.2.2 工程质量控制模型

美国斯坦福大学设施集成中心将解决建筑业效率低、质量控制难的主要方案定义为"POP"模型，它包括：产品（Product）——建筑物或结构；组织（Organization）——设计、施工和管理队伍；过程（Process）——用于建造设施的工作过程，即把设计——施工——管理过程集成在一起。

1. 产品质量模型

美国著名的质量管理专家朱兰（J. M. Juran）博士从顾客的角度出发，提出了产品质量就是产品的适用性，即产品在使用时能成功地满足用户需要的程度。根据国际标准化组织制定的国际标准——《质量管理和质量保证——术语》（ISO 8402—1994），产品质量是指产品"反映实体满足明确和隐含需要的能力和特性的总和"。

由于建筑产品具有其本身的特殊性，因此建筑产品质量可以解释为：在兴建建筑物或发展基建的过程中保证建筑物或基建能够达到使用要求和满足要求的程度。对于建筑产品质量的内容，根据建筑本身的要求可分为：

（1）实体对象——分部分项工程 在建筑产品质量模型中，需要将建筑产品拆解成各分部分项工程，同时对各分部分项工程进行编码。以桥梁工程为例，编码次序由桥梁底部到上部空间进行划分，共有四级编码，通过编码来确定桥梁各分部分项的施工顺序，以便于在计算机中进行统计、运用，如图7-2所示。

（2）特征属性——参数要求 根据设计使用要求，参照现行国家、行业、地方规范标准详细罗列每一分部分项工程的主控项目和一般项目，包括几何尺寸、质量要求、偏差范围、操作要求、施工方法等，保证参数的准确性、完整性、科学性、唯一性，同时明确相应的质量责任人、质量验收人，做好记录，及时更新信息。例如，整体浇筑钢筋混凝土梁所需的参数如图7-3所示。

2. 施工过程质量控制模型

施工过程质量控制的策略是：全面控制施工过程及其有关方面的质量，重点是质量控制

数字建造项目管理概论

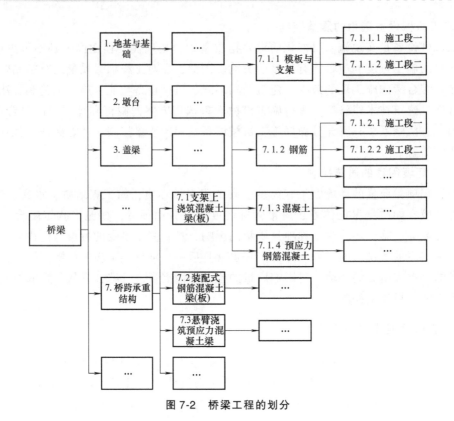

图 7-2　桥梁工程的划分

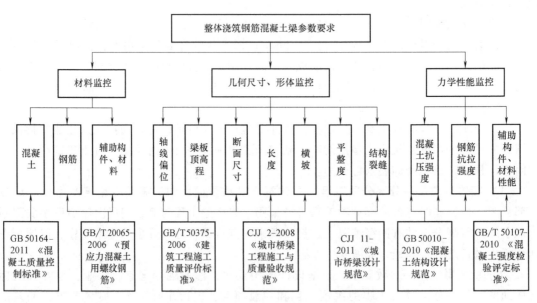

图 7-3　整体浇筑钢筋混凝土梁所需参数

点、控制工序质量和工作质量。施工过程质量控制是对质量活动的行为约束，即对质量产生
过程各项技术作业活动操作者在相关制度管理下的自我行为约束的同时，充分发挥其技术能
力，完成预定质量目标的作业任务。施工过程质量控制是对质量活动过程和结果来自他人的
监督控制，这里包括企业内部管理者的检查检验和来自企业外部的工程监理和政府质量监督

部门等的监控。

施工过程质量控制首先是要确定质量控制点，理清各质量控制点施工的先后顺序，并根据进度计划，制订各控制点的施工时间段及其质量验收时间；其次是控制工序质量和工作质量，根据相应的国家、行业、地方规范标准和企业施工要求来具体衡量工序质量和工作质量，同时在施工过程中实时检查各工序及工作是否按规范标准来操作，以此保证施工过程质量。

施工过程质量控制的核心是质量控制点的质量控制。质量控制点是为保证工序质量而确定的重点控制对象、关键部位或薄弱环节。施工难度大的结构部位、影响质量的关键工序、操作施工顺序都可作为质量控制点。工程的施工阶段是工程项目质量的形成阶段，施工过程质量控制的主要工作包括：以工序质量控制为核心、设置质量控制点为路径、严格质量检查为辅助。其中，工序质量作为施工过程质量活动的基本单位，而质量控制点的设置则是对工序质量进行监控和过程控制的有效途径。因此，把握好质量控制点设置和管理环节的工作是质量控制的基础。以桥梁工程施工过程质量控制为例，其质量控制环节如图7-4所示。

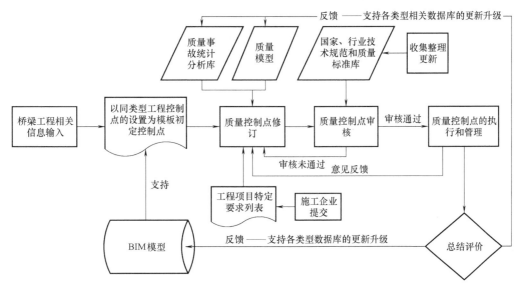

图 7-4 桥梁工程的质量控制环节

在质量控制中，质量控制点的设置是基于如下知识库的，这些知识库保持查询的完全开放，并且企业可以反馈自己的相关信息，以方便知识的修改和添加，实现对质量控制知识的动态更新。

1）国家、行业技术规范和质量标准库：包括桥梁设计规范、质量验收规范、技术标准、国家和地方法规以及 ISO 9000 质量标准等规范和标准数据库。

2）质量模型：通过以往的应用积累，主要存储一些质量通病、用户反馈的常见质量问题及其预防解决办法。

3）质量事故统计分析库：主要是整个行业的质量事故的统计、事故分析过程和原因阐述及其处理办法，同时用统计方法找出质量事故频发点作为质量控制的关键点。

4）BIM 模型：包括以往各种基础（如桩基础、条形基础、箱形基础）、各种承重结构（如框架、梁、板等）、各类型工程的质量控制点设置，以及控制点的控制和管理办法。

在确定所有质量控制点后，根据各控制点的施工先后顺序及进度计划的时间安排进行质量控制，同步对工序质量和工作质量进行控制，并制订详细的各控制点的施工时间段及质量验收时间点。各控制点施工过程质量控制可表示成如图 7-5 所示。

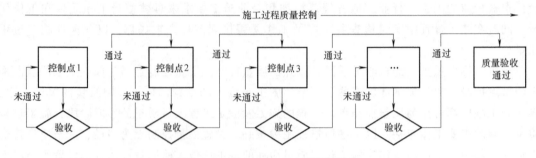

图 7-5　各控制点施工过程质量控制

施工过程质量控制要依照由局部到整体，由内向外的质量验收原则，保证施工过程质量控制真正落到实处。按施工层次划分的施工过程质量控制如图 7-6 所示。

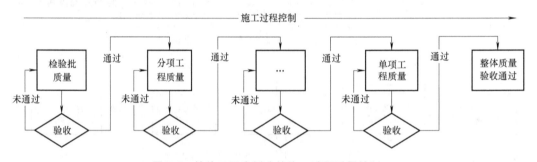

图 7-6　按施工层次划分的施工过程质量控制

3. 质量组织模型

施工阶段的质量控制包括建设单位、承包单位、设计勘察单位、监理单位、供货单位和政府质量监督机构，即项目参与各单位在施工阶段对工程项目施工质量所实施的监督管理和控制。其中，各参与单位在施工阶段的质量控制目标如下：

（1）建设单位的质量控制目标　通过对施工全过程、全面的质量监督管理、协调和决策，保证竣工项目达到投资决策所确定的质量标准。

（2）设计勘察单位的质量控制目标　通过对关键部位和重要施工项目的施工质量验收签证、设计变更控制及纠正施工中所发现的设计问题，采纳变更设计的合理化建议等，保证竣工项目的各项施工结果与设计文件所规定的质量标准一致。

（3）施工单位的质量控制目标　总承包单位是通过全过程、全面的施工质量自控，保证最终交付满足施工合同及设计文件所规定质量标准的工程产品；分承包单位应当按照分承包合同的约定对其分承包工程的质量向总承包单位负责。总承包单位对分承包工程的质量承担连带责任。

（4）供货单位的质量控制目标　材料、设备、构配件等供应商，应按照采购供货合同约定的质量标准提供货物及其质量保证、检验试验单据，产品规格和使用说明书，以及其他必要的数据和资料，并对其产品质量负责。

（5）监理单位的质量控制目标 通过审核施工质量文件、报告报表及采取现场旁站、巡视、平行检测等形式进行施工过程质量监理，并应用施工指令和结算支付控制等手段，监控施工承包单位的质量活动、协调施工关系，正确履行对工程项目施工质量的监督责任，以保证工程项目质量达到施工合同和设计文件所规定的质量标准。

因此在施工阶段，需要准确、高效地协调施工参与各单位，并明确各单位在施工阶段的具体责任人，做到组织明确、清晰，责任落实到人的管理模式。同时，充分考虑影响工程项目质量的主要因素（4M1E因素），即人（Man）、材料（Material）、机械设备（Machine）、方法（Method）和环境（Environment）在各施工参与单位内部及之间的作用。

由此，可以建立工程项目施工阶段质量控制的组织模型，通过明确施工参与各单位对单项工程质量的具体责任人，使得各单位为了自身最终利益而保证施工质量，如图7-7所示。

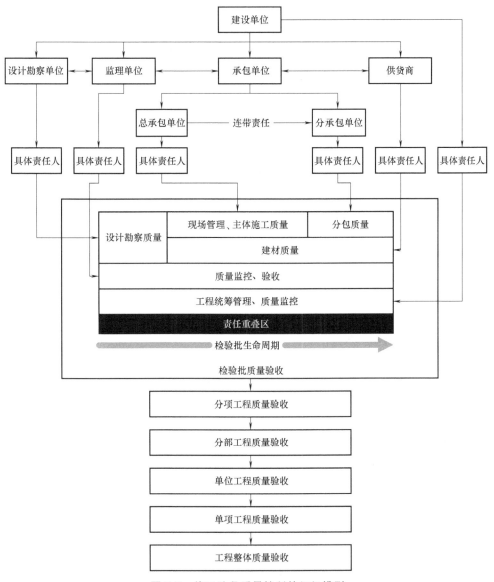

图7-7 施工阶段质量控制的组织模型

施工阶段质量控制的首要任务是确定质量责任人。质量责任人是指在施工参与单位中对工程项目质量具有管理、审核、调查、处理、监督等权利的相关人员。在工程项目施工中，每一分部分项工程的质量或建筑材料、机械的质量的选择都应由该分部分项工程质量控制表中的验收人签字确定，然后才能进行下一步施工工序，否则不能施工；若出现质量问题，由验收签字人负首要责任，即第一责任人。

因此，要根据工程及各分部分项工程的具体情况，经过专家论证确定各单位的第一责任人；并制订相应的质量责任人细则，明确其权利与义务，即在施工正式开始前指定施工所涉及各单位的责任人，以书面形式告知责任人并在其签署责任认定书后生效，而后将各责任人的具体信息导入到 BIM 数据库中，方便日后施工质量验收及质量责任的确定。通过责任落实到人，可以保证施工参与单位做好本职工作，同时积极与其他参与单位共享信息，及时解决施工中存在的质量问题，从而确保工程项目整体质量。

■ 7.3　BIM 在工程项目质量管理中的应用价值

7.3.1　基于精益建造的质量管理

GB/T 19000—2016《质量管理体系基础和术语》标准中质量的意义是：一组固有特性满足要求的程度。其中"满足要求"不仅指满足施工、验收标准和规范等，也包含满足用户舒适度、满意度等隐性的需求和期望。美国质量管理之父约瑟夫·M·朱兰（Joseph M. Juran）博士从顾客的角度出发，提出了质量就是产品在使用时能成功地满足用户需要的程度，即建筑产品所带来的服务价值。

质量不仅是指产品的固有特性满足要求的程度，也包含了产品或服务所体现出的价值大小，质量的好坏不仅关系到建筑产品的成败，也影响用户对其的舒适度和满意度。质量根据人们在生产链上所扮演的角色不同而观点认识不同，从用户（客户）的角度出发有两种质量观点。用户的观点认为质量是由顾客的要求来决定的，质量被定义为相对于预期用途的适用性，反映了为顾客提供价值从而影响其满意度和偏好的要求。质量要体现产品的服务价值，能够满足或超越顾客的期望。

工程项目质量一般归类于生产质量，即把质量机械的定义为工程建设活动的预期产出，或符合标准规范的要求，即实际偏差在产品或服务的设计师所确定的偏差范围内。然而，如果不能真正反映出产品对用户的使用价值，技术性规范标准就是无意义的。因此，本书将工程项目质量定义为工程项目产品在全寿命周期内为用户提供服务价值的满意程度。为了进一步提高基于 BIM 的工程项目质量管理理论的科学性，本书引入精益建造理论，以服务价值定义质量，以满足用户需求为质量管理的最终目标。

精益建造（Lean Construction，LC）理论是持续地减少和消除浪费，最大限度地满足用户要求的系统性方法。精益建造是以精益生产理论和建筑生产理论为理论基础来构建整个工程项目交付体系。精益建造项目交付体系如图 7-8 所示。

与传统的建造方式不同，精益建造在生产建造体系上运用拉动式准时生产方式，运用并行工程的思想组织项目的流程和整合资源。采用全面质量管理的方法，对质量持续改进，不断优化各环节，最大程度地减少浪费和满足用户需求。精益建造 TFV 理论从转换（Transfor-

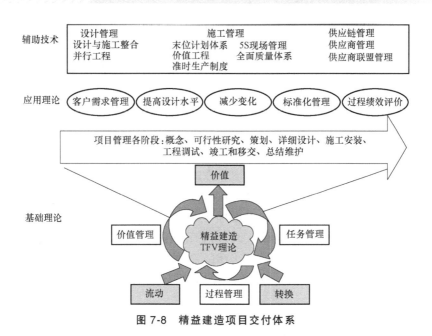

图 7-8 精益建造项目交付体系

mation)、流动（Flow）、价值（Value）三个角度理解建筑生产全过程，通过实施任务管理、过程管理和价值管理，实现项目交付的同时，最小化浪费、最大化价值。

7.3.2 BIM 环境下的质量管理

建筑信息模型与精益建造都是建筑行业先进的建造方式，目标都是实现建筑施工全寿命周期中的价值最大化、减少浪费、提高劳动生产率。两者的目的都是更好地服务于建筑行业，但是两者的概念并不相同。BIM 与精益建造起源于不同的时期，各自有着不同的产生背景与发展路径。通过对精益建造与 BIM 的关系分析可知：BIM 技术与精益建造理论相互独立，但若将精益建造的关键技术与 BIM 集成可以更好地实现建筑业的可持续健康发展。BIM 与精益建造的核心理念都是价值最大化和浪费最小化。BIM 的功能符合精益建造原则，精益建造原则是 BIM 功能的理论基础。精益建造的原则是：减少变化原则、增加灵活度原则、拉动式生产原则、标准化管理原则、精简原则、并行工程原则、可视化管理原则、持续改进原则、合作伙伴关系等。精益建造与 BIM 技术的对比见表 7-1。

表 7-1 精益建造与 BIM 技术的对比

项目	BIM	精益建造
提出时间	1992	1993
一般定义	BIM 是设施物理和功能特性的数字表达；BIM 是一个共享的知识资源，是一个分享有关这个设施的信息，为该设施从概念到拆除的全寿命周期中的所有决策提供可靠依据的过程；在项目不同阶段，不同利益相关方通过在 BIM 中插入、提取、更新和修改信息，以支持和反映各自职责的协同工作	综合生产管理理论、建筑管理理论以及建筑生产的特殊性，而向建筑产品的全寿命周期，持续地减少和消除浪费，最大限度地满足顾客的要求的系统性的方法
核心	协同工作	拉动式准时化
目标	实现建筑施工全寿命周期中的价值最大化，减少浪费，提高劳动生产率	

BIM 技术是一种用于建立、管理建设项目信息，将建设过程中所涉及的多维信息进行结构化图形化的整合。BIM 具有以下功能：模型可视化；确保模型信息与信息的精确性和完整性；设计文档的自动生成；设计施工一体化分析；进度计划变更的快速生成和评估；在线交流和及时通信；计算机控制预制加工。精益建造体系和 BIM 技术的协同应用具有高度的契合性，BIM 是精益建造成功实施的重要驱动因素。BIM 模型作为一个新的方法，帮助建筑行业实现精益建造原则、消除浪费、简化程序、加快项目的建设。

通过构建精益建造原则与 BIM 功能的矩阵，可以分析出 BIM 的功能与精益建造原则的相关性的强弱。BIM 与精益建造的结合可增加施工进度计划编制的灵活性，支持可视化进度管理、施工状态可视化及产品和过程信息的及时通信等标准化和可视化管理。充分利用 BIM 的功能和精益建造原则的相关性，使两者更大程度上发挥各自的优势，可以更好地为建筑行业服务，达到减少浪费、提高用户价值、改善施工过程等目标。

精益建造和 BIM 之间有一种协同交互作用，这种作用贯穿整个建筑的寿命周期。其交互作用主要体现在：精益建造优化 BIM 技术的应用环境和 BIM 技术促进精益建造体系的实施。

精益建造体系下的 BIM 集成应用，是指设计、施工、运营阶段的高度协作与深度整合，来支撑 BIM 应用价值的实现，如图 7-9 所示。

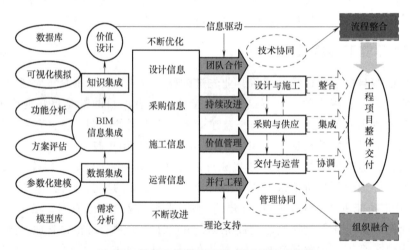

图 7-9　精益建造体系下的 BIM 的集成应用

两者交互应用将带来以下几方面优势：

1）精准建造：利用 BIM 模型进行构件的标准化设计与预制加工，可以将建筑按照类别拆分成构件，生成加工材料的数量、规格以及加工方法清单。

2）拉动式生产：产品信息即时通信并与供应单位数据库集成。将 BIM 数据库中有关构件的建造材料清单与材料设备供应单位的供应链数据库集成，传递需求信息，形成拉动式生产。

3）施工可视化：BIM 技术能够实现施工状态可视化，使现场施工人员提前获知后续工作地点和工作目标。

4）并行工程：在并行工程思想下应用 BIM 的优势集中体现在促进设计施工一体化。设计与施工整合，多个用户同时工作于同一个模型，达到真正意义上的并行工程原则。

7.3.3 BIM 效益概述

工程项目质量不仅包括工程项目的实体质量，还包括形成实体质量的工作质量。在传统质量理论以及精益建造理论的指导下结合信息技术，使 BIM 技术的应用将为提高工程项目质量带来巨大价值。BIM 的应用并不是通过直接作用于某一个作业环节来提高工程项目质量，而是通过对全寿命周期信息的集成以及全方位协同来减少信息损失、消除信息孤岛、提高问题的可预见性、提高工程项目各主体（包括用户）的可参与性以及各方面保障业务的连续性。BIM 应用价值在于改进了信息表现与利用的方式、支持项目协同及精准建造，并可借此为用户带来更符合期望的产品。

BIM 提高工程项目质量的途径如图 7-10 所示。

1. 提高工程项目设计质量

1）在设计阶段利用 BIM 可视化模型进行设计图评审，可以极大地提高图样审查效率。由于 BIM 模型固有的几何表达精度，模型集成水、暖、电等各专业模型，清晰地表达管线属性及其空间排布，帮助图样评审人员更准确、更便捷地查找设计错误，大大提高了图样评审的效率。项目信息通过中心文件进行更新，发生设计变更时能够保证平立剖图形及相关信息的一致性，消除信息不明确或缺失的情况。

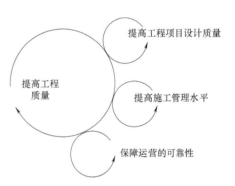

图 7-10　BIM 提高工程项目质量的途径

2）利用管线综合模型进行三维空间的管线碰撞检查，找出设计中存在的或是设计变更可能带来的构件在空间上的交叠，在施工前找出施工阶段潜在的问题，减少其带来的损失和降低返工的可能性。施工管理人员可以利用消除设计错误以及物理冲突之后的三维管线方案进行施工技术交底，避免由设备管线碰撞等引起的拆装、返工，提高施工质量。

3）利用等比例反映真实环境和待建实体的 BIM 模型，进行各类建筑性能分析，如空气龄、热舒适度、自然通风、照度遮阳、噪声、可视度、能耗等分析。根据分析结果不断优化设计方案，最大限度地利用自然条件提高舒适度，最大程度的节约资源。

2. 提高施工管理水平

1）为组织提高决策效率，并支持多主体协同。通过构建 BIM 模型，利用其可视化的功能和界面，为不同层级、不同文化程度的管理人员提供快速理解项目设计意图的工具。更方便与设计师沟通其设计意图，更方便与承包、分包团队及他们的供应单位、合作伙伴、客户讨论、审核施工方案，减少交流时间，提高各参与单位对项目的理解，从而使项目建设更好更快。将工程开工到竣工的全部相关数据资料在同一个三维 BIM 模型上集成，使信息的表达直观而准确。由于在项目全过程中采用同一套信息，增强了信息的统一性，避免了信息传递损失，无论是在过程中还是工程竣工后，工程管理人员都可以及时、准确地筛选和调用工程数据以支持决策。

2）支持模块化施工。模块化施工要求对各功能模块进行合理地组合，继而实现整体项目的标准化产品定型。可以节约材料，避免浪费，实现现场"零"切割的施工模式。模块化施工要求 BIM 环境下建筑构件单元模块设计、生产、安装的协同性与集成性，结合虚拟建造手段可以模拟安装流程。

3）利用手持设备进行现场信息的采集与后台信息推送，在质量检查过程中记录检查时空信息、检查对象信息，进行现场数据采集及推送质量控制要求，并上传质量检查结果。还可对检查过程进行拍照存档，保证信息传递及时，检查无遗漏。

4）为可视化的建设管理提供基础，支持先试后建。应用 BIM 模型能形象地展示项目的建造过程，随时观察项目的进展情况，支持工程会议及专业化的各类工程交底工作。利用可视化 4D 模型使参建人员很快理解工程重要节点以及工程施工组织的编排情况、主要的施工方法、总体计划等。另外，引入基于 BIM 的施工看板管理，将建筑模型、施工进度、安全管理、标准化作业流程等信息以电子看板的形式在施工现场展现，为施工管理提供强有力的信息支持，解决了以往现场信息传递不畅，掌握信息不全面的问题，符合精益建造的发展要求。

3. 保障运营的可靠性

BIM 应用为项目管理与设施运营管理无缝对接提供支持。设施管理目标是实现设施寿命周期经营费用与使用效率的最优结合。设施管理是专业化、集约化、精细化、知识密集型的产业，离不开信息化的支持。把 BIM 模型中积累的建设全寿命周期内各阶段的数据无损传递到运维阶段，从而达到协同设计、协同建设的目的，并最终惠及运营阶段的设施管理。设施管理者可以随时从 BIM 中获取所需的空间几何信息、空间功能信息、施工管理信息以及设备信息等各专业相关数据信息，根据这些信息可以对建筑空间使用进行优化，为设备日常维护提供信息，识别最佳疏散路径，从而提高设施管理效率和运营过程的安全性，减少运营维护的费用，保证业务的连续性和稳定性。

7.3.4　BIM 提高设计质量的具体途径

1. 减少设计文档错误

传统的工程项目管理主要通过人工检查二维图样来发现设计问题；另外，各专业是分开设计的，无法达到协同设计的目的。所以，图样审查和设计交底极度依赖审查人员的经验，容易产生错漏。BIM 环境下三维设计固有的特性决定了在完成之时即完成了所有设计产品在空间上的准确排布，既清晰地表达设计意图，也保证了设计信息的完整性和一致性。

设计文档的错误主要分为以下三类：

1）信息损失带来的设计信息不全。例如，某市一车站主体建设项目竣工图进行 BIM 建模，在建模过程中发现此项目虽然经历了多次变更，且已经形成竣工图，然而二维 CAD 竣工图中存在诸多设计信息不完整或不一致的问题。如图 7-11 所示，该车站主体通风系统设计图某一设备间缺少室外集成式冷水机组和冷却塔详图，通风系统设计图本应当包括冷水机组和冷却塔设备安装的详图，可 CAD 竣工文件包中并不存在相关图样，这可能导致设备安装阶段因无法及时准确地得到设备安装的技术参数而导致安装过程停滞，影响车站施工工期。由于信息损失导致的设计文档的信息缺失，包括建筑结构施工详图缺失、机电设备安装详图缺失或必要的设计信息缺失甚至是设计意图不明确等，在图样审查过程中易被忽略，特别是工程量大、造型复杂的项目，这种问题尤为突出。

2）错误是相关联的图样间信息不明确，多个图样间对应内容相互不一致。如图 7-12 所示，该车站站厅层电力干线平面图和商业图间建筑结构有明显差异，电力干线平面图建筑、

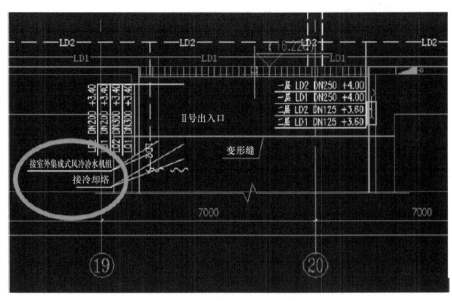

图 7-11 缺失信息的 CAD 图

结构墙体与商业图多处存在不一致，商业图 1 处墙体在电力图中未找到，2 处墙体布置方式明显不同，3 处商业图中许多房间墙体未在电力图中表现出来，4 处空间甚至连功能设计都完全不同。大量的集合信息只能依靠二维图样表达，不同制图专业之间缺乏沟通，信息传递困难，带来的问题可能是不同专业、不同功能间图样不一致，对现场的施工计划安排甚至施工进度、成本、质量控制带来隐患。

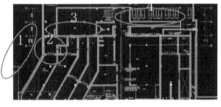

图 7-12 关联图样间的信息不明确

3）错误为存在多专业间设计冲突问题。例如，在某市国际博览城项目中，在设计阶段引入 BIM，通过建立 BIM 模型快速找到多个设计碰撞问题。由于各专业分别进行设计，在导入各专业图样进行建模时发现喷淋管与梁底碰撞，且喷淋管下部排布多个暖通分管和喷淋管，下部暖通风管与吊顶间空间间隙较小无空间可以调整。

如果在设计阶段引入 BIM，通过对各专业 BIM 模型的合并可以迅速准确地发现和定位这些错误，减少审图过程中对人工经验的依赖性及增加设计错误的可预测性，大大减少设计文档错误，从而提高设计质量。

2．增加设计协同能力

当工程施工过程中出现不可预见的水文、地质、环境、设计、材料等方面的不利因素时，可能需要做设计变更，会对工程项目造成一定程度的利益损失。BIM 技术能增加设计协同能力，在可视化的设计环境下更易发现工程项目潜在的问题，从而减少各专业间冲突，增加各专业协同能力。通过 BIM 协同管理平台来协调各专业设计过程，能大大减少设计变更。

图 7-13 所示为 BIM 协同设计下各专业设计流程与信息沟通交互方法。

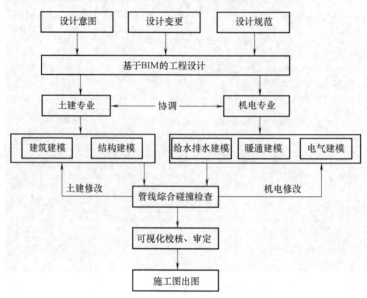

图 7-13　BIM 协同设计下各专业设计流程与信息沟通交互方法

项目设计包括建筑、结构、给水排水、暖通、电气等多个学科，是需要相当数量的多个专业的设计人员共同密切配合才能完成的多个子系统共同构建的复杂体系。由于各专业图样设计的独立性，导致设计图在不同专业间往往存在不一致之处，且现有设计方式所产生的图样，具有很强的不确定性，特别是管线的排布，只给出了平面位置和主要管路的标高，其余部分需要施工单位根据实际情况自行处理，如若事先未进行详细规划很容易出现管线排布冲突的情况。BIM 技术的应用保证了设计的集成性、共享性以及设计过程连续性，打破了各专业之间"抛过墙"的模式，通过及时准确的信息传递与交互，能迅速发现设计中存在的矛盾和不合理现象，及时协调修改，从而提高设计质量。

3. 减少施工开洞损伤

由于建筑、结构构件和给水排水、暖通、电气等专业管线在空间上的分布与排列，因此避免不了管线与门、窗、墙、梁、板、柱等建筑构件在水平或竖向上可能产生空间交叠部分，一般设置为预留孔洞。例如，管线和楼板产生的碰撞则可预留孔洞，在设计期进行标记，并传递给施工方，可避免建筑损伤。在传统 CAD 环境下，国家设计和施工标准和规范对预留孔洞的设置有一定的要求。《建筑工程设计文件编制深度规定》2016 版第 4.3.4 条对建筑平面图规定：建筑平面图中应绘出楼地面预留孔洞和通气管道以及墙体（主要为填充墙、承重砌体墙）预留洞的位置、尺寸与标高或高度等。GB 50204—2015《混凝土结构工程施工质量验收规范》第 4.2.9 条的规定预留孔、洞均不得遗漏。

实际图样设计中孔洞预留具有一定的随意性，导致图样中孔洞位置和尺寸表达不完整。在建筑安装工程预留预埋阶段，普遍存在漏留孔洞、漏埋套管或者预留预埋位置、数量、尺寸不满足要求等问题，造成管道或设备安装时，只好去凿墙钻洞，不但劳民伤财，还会影响使用功能甚至破坏结构，留下不少质量隐患。因此，为了保证安装工程乃至整个工程的施工质量，应该加强对预留预埋阶段的质量控制。完成 BIM 建模及管线空间优化排布之后，可通过对建筑结构与管线设备之间的碰撞检查定位到孔洞，并按照要求进行建筑开洞与出图，BIM孔洞预留图解决了主体结构施工与安装之间的冲突问题，如图7-14所示。

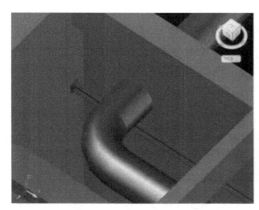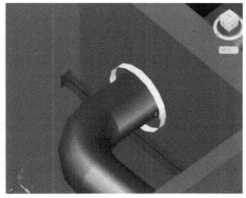

图7-14　BIM孔洞预留图

通过BIM模型导出预留孔洞位置和形状大小的相关图样，应确保设备管线能准确定位到预留孔洞中。BIM技术的应用可以避免管线冲突、预留孔洞错位而造成的返工、破坏主体结构和改变原有设计风貌等问题，不仅做到了管线布局合理、整洁美观，还有效减少了窝工，降低了造价。研究显示，经过碰撞检查并进行整改后，可实现80%的孔洞预留覆盖率、可降低60%的现场返工量和30%的管道支架使用量。

7.3.5　提高施工管理水平的具体途径

1. 先试后建的实现

由于工程项目具有一次性和不可逆性的特点，因此整个施工过程的资源配置安排以及各个专业之间的搭接极度依赖专家经验。在CAD图样以及说明文档等二维信息环境下，只能依靠有经验的工程师通过想象对二维图样进行三维场景的还原，再加上施工方案的复杂性，难免产生疏漏。虽可利用3Dmax等三维图形工具进行场景建模，但三维模型只能表达简单的图形几何信息和动画场景，并不能在时间和资源配置上准确地还原真实场景。

先试后建就是在施工前运用模拟仿真技术对施工方案进行预演，提前演练施工方案对于人员、材料、机械等资源在时间和空间上的配置，并优化配置方案。在BIM应用中除了消除静态设计冲突外，还可动态模拟施工进行过程工作面占用冲突，避免因工作面冲突导致增加施工困难或危险程度，从而影响到施工质量。以钢结构拼装项目为例，可对构件的制造、校准、拼装的过程进行重复演练，预先发现可能存在的对质量有潜在影响的因素，有效避免问题的出现，大大减少施工过程中因质量问题返工而带来的费用。

例如，我国华中地区某大型钢结构生产制造企业在某高架桥项目中采用基于BIM的钢结构构件计算机仿真模拟预拼装方法。为了保证高架桥的强度和刚度，针对其跨度大、安全要求严格等特点，对主体钢结构运用预应力张拉的技术焊制型钢进行装配组焊。高架桥采用顶压弯来控制焊接变形。在施工过程中，运用质量保证体系进行科学的全面质量管理，在钢结构工程的质量控制和质量管理过程中，运用预制拼接的方法使得高架桥的制造、组装及焊接质量等达到优良。

根据该企业钢结构预拼装工程施工工艺标准，桥梁钢构件截面错位偏差不允许超过

2mm。为了有效控制钢结构构件误差，在工业厂房内节段制作工艺流程中运用 BIM 技术则能实现"先试后建"，运用计算机仿真模拟预拼装方法使偏差得到更好的控制，相比现场的预拼装也具有良好的经济性。

此方法首先通过 Tekla Structure、Revit 软件，依据设计图绘制工程建筑结构各个构件的三维标准图，建立三维模型图和标准图库，同时用三维激光扫描系统对板单元进行三维扫描，测量实体构件得到三维立体图像。然后，在计算机内用 ATOS 软件将实测构件与三维模型图进行比较，检验是否合格，若不合格，找出实测构件与构件设计图之间连接部位偏差数值，并给出数据，实测构件返回工业厂房修正连接部位偏差，如图 7-15 所示。构件数据判断合格后，在计算机中用实测构件模型对整体结构模拟预拼装，如图 7-15 所示，将构件之间拼装数据误差与企业允许误差标准进行对比，进一步检验构件合格性，若不合格，根据预拼装数据进行修改；最后，出具预拼装报告，指导构件运输与工程现场安装。

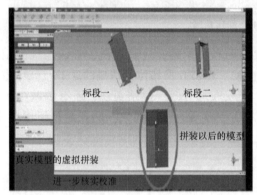
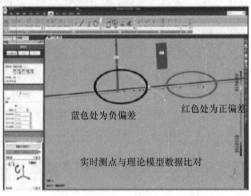

钢构件扫描点云模型预拼装　　　　　　　　　　　　BIM模型构建与点云偏差对比

预拼装偏差报告

图 7-15　预拼装钢构件检测流程

经测算得到本项目应用 BIM 直接成本为 204 万元，直接效益为 332.34 万元，投资回报率为 62.91%。可见 BIM 的预拼装技术能带来显著的经济效益。另外，BIM 带来的间接效益也十分可观，如相比传统工艺中胎架上预拼接工期节约了 5.56%。在组织管理方面，生产效率显著提高，返工减少率 2.19%。可见这种基于 BIM 的"先试后建"的方法能极大地改善施工工艺，有效控制拼装误差，避免了因失误造成的返工，提高了施工质量。

2. 模块化施工

相对于在施工现场现浇或者制作的构件，在工厂环境中制作的构件质量更加可控，施工质量也有更可靠的保证。模块化施工能促进建筑工业化，提高施工效率。基于 BIM 的建筑模块信息集成平台提供了设计单位、施工单位、物流公司等单位协调合作的可能，满足模块化施工前提条件，保证了信息的良好交互与无损传输。模块化施工技术本身改善了施工工艺，而BIM技术平台则有利于模块在制造、运输、吊装等全过程中的信息集成共享。利用BIM模型的4D虚拟施工模拟精细化施工过程，最终可实现自动施工。通过施工过程的信息化、智能化，减少施工失误中人的因素，实现施工过程全方位模拟和施工过程中全面、快速、准确的控制，从而提高施工质量。

3. 手持设备的应用

建筑工程施工现场的环境比较复杂而且是动态变化的，手持设备因其是便携式的移动终端被越来越多地应用于施工现场的管理中。手持设备体积小、便于携带，在信息识别、读取，信息查询方面具有很大的优势，十分适合复杂变化的施工现场，利用手持设备可以便利地实现施工现场工程信息的收集与反馈。对于施工现场出现的各种问题，可以利用手持设备在问题发生之时立即采集信息并上报，给管理层真实、及时、直观的信息反馈。与传统文字记录不同的是手持设备自带拍照和视频功能，可以将施工现场的真实情况以照片和视频的形式进行存档，从而可以随时还原施工现场的真实场景，有效防止工程资料在层层传递过程中的信息损失问题。

通过手持设备也可以有效建立现场业务人员和上层管理人员的沟通平台。一方面，手持设备可以作为一个移动办公的平台，采集施工现场的信息或是对现场工程质量验收等，并将信息进行上报。同时，手持设备也可以作为一个信息的获取工具，上层管理者的意见以及相关的资料也可以上传到施工现场人员的手持设备中，从而实现施工现场内和现场外信息的有效沟通。

在武汉国际博览中心项目中，开发了"掌上国博"手持系统，手持设备被用来查询工程图样，极大提高了图样查询的效率，通过将图样电子化，节约了大量查询时间，如图7-16所示；同时，手持设备也被用来对工程现场进行校核以及对工程量清单进行一键验收，通过将工程量清单与现场实际情况对比校核，提供及时的工程信息反馈。除此之外，手持设备还被用来接收一些工程通告以及合同信息，极大提高了信息的传递效率。

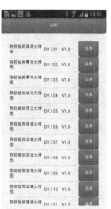

图 7-16　手持设备应用界面

4. 监测手段的改善

施工单位依托BIM质量管理模型可以准确地记录质量信息，结合相应的文字信息、图片、视频等信息，有效提升现场施工质量记录的准确度。监理单位可以在三维 BIM 模型中准确、直观地查询质量管理对象的属性和设计建造要求。材料供应单位可以利用 BIM 模型储存大量的材料、构件、设备信息，准确地记录材料的入库、出库情况，产品规格说明书、材料合格证明、检验试验单据等，并对不同材料的合格等级用不同颜色进行区分。建设单位利用 BIM 可以全面有效地阅读相关质量信息，清楚地了解工程的整体情况。

7.3.6　保证运营的可靠性的具体途径

建筑工程自交付之日起即进入物业管理阶段，由施工单位负责保修，待保修期满即完全由物业服务公司提供质量保障服务。建筑工程全寿命周期质量也涵盖此阶段，并且使得全寿命周期质量管理形成了一个闭环。

BIM 可有效进行设施设备的维修维护管理，能够准确找出需要检修的部件和部位。同时可以在竣工三维 BIM 模型的基础上通过模拟运营状态来实现质量问题的预发现。运营维护阶段的质量管理信息与用户的使用密切相关，质量标准通过使用数据和用户体验推动规范完善。

1. 运营状态的模拟与利用

运用 BIM 对运营状态进行模拟与利用，充分利用 BIM 模型中含有的丰富设计属性及空间坐标，包括障碍物，楼梯、出入口等通道位置数量信息，结合优化算法进行准确模拟。例如，某地铁 BIM 项目利用 BIM 模型，采用格子气优化算法模拟地铁站火灾和大客流突发情况时乘客的疏散过程。这一方法的运用可以检验地铁站现有的应急预案，并给出有针对性的优化建议。在已成功开发的信息管理系统的应急管理子系统中，事故情景模拟分析模块就基于 BIM 模型模拟了地铁在运营过程中的突发火灾和大客流情景下乘客的疏散过程，如图 7-17 所示。

通过对火灾的模拟与分析，得到一些优化建议，有利于进行现场布置隔离带和安排工作人员。通过对单双侧大客流的模拟与分析，可以得到限流措施建议，采取相应调整的人群密度阈值，还可以模拟得到容许撤销限流措施的时间。在该项目中，将 BIM 用于地铁运营过程模拟，可以保证地铁运营安全和地铁运营的连续性，从而

图 7-17　BIM 模拟疏散过程

提高了项目运营的质量。因为用户满意是以功能实现为前提的，所以项目运营的质量最能反映用户满意的程度。由此可见，对运营状态的模拟与利用能够提升用户的满意程度，从而提高工程质量。

2. 运营信息的集成与利用

BIM 不仅能在运营之前对运营状态进行模拟和分析，也能在运营阶段对大量的信息进行

集成和利用。工程项目一旦投入运营使用，就必须保持整个项目能够连续地正常运转。工程项目的正常运营依赖于设备的安全运行。因此，提高建筑设备设施的可靠性、延长设备使用寿命，以及对复杂的设备系统采用高效可靠的运维管理方法是保证工程项目长期安全运营的重要措施。

工程机电设备系统具有自动化、连续化以及量大面广、种类繁多、专业性强等特点，庞大而复杂的设备系统伴随着海量的设备运维信息。传统的设备管理由于设备信息不完善、信息筛选难度大、信息传递损失大，无法对设备信息进行有效的集成和管理，从而影响设备维修工作的管理水平。

采用基于 BIM 的设施管理系统辅助设备管理并建立设备信息库，可以实现资源共享、提高工作效率，有助于管理人员及时了解设备资产的运作、分布、构成、使用、故障等情况，变静态管理为动态管理，实现设备的智能化管理、优化资源配置。基于 BIM 的设备模型可以实现建筑及设备信息的有效整合和可视化展示。利用 BIM 模型可在计算机中对建筑设备信息进行可视化表达并进行准确的设备定位，如图 7-18 所示，使用 BIM 模型的可视化功能可以用不同的颜色展示出 3D 模型设备模型的规格、外观等信息。利用 BIM 模型中所包含的建筑设备的所有相关信息，建立设备上下游拓扑关系，如图 7-19 所示，可快速调出预

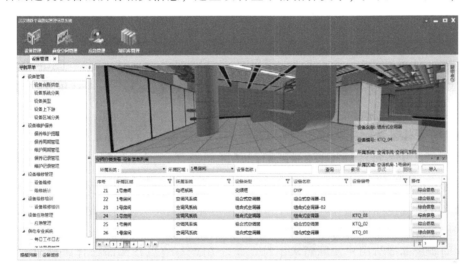

图 7-18 BIM 模型的可视化功能界面

图 7-19 BIM 的设施管理系统界面

案及响应方法，为故障快速响应与排查提供支持。通过设备运营维护过程不断积累水、暖、电设备的运营状态和记录，建立每个设备的病例，并通过对设备的运维数据进行分析，得出并展示该设备运维过程的关键问题，辅助管理人员进行及时有效的设备管理与决策。

为提高 BIM 的现场可操作性，配合手持运营管理应用程序，快速获取图样及模型信息，也被用于进行机电设备的报修，如图 7-20 所示。运营管理人员或者业主可以利用手持运营管理应用程序对问题部位进行拍照上报，图文结合反馈设备问题及隐患，增加了信息传递的速度，保证了信息的一致性。还可利用巡视提醒功能对达到维护周期的设备进行巡视维护提醒，给运营管理人员更清晰高效的巡视指导。确保在发生问题前消除隐患，同时快速暴露及排除故障，减少故障时间，保证运营的可靠性，提高运营质量。

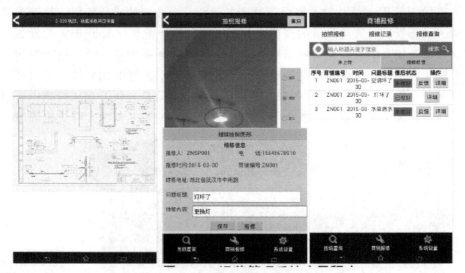

图 7-20　手持运营管理应用程序界面

随着科学技术的发展，生活水平的提高，用户对产品的质量要求也是动态的和发展的。因此，应定期修订建设规范标准，对产品设计和建造所遵循的规范规程进行改进和更新，以满足动态变化的质量要求。工程质量标准往往因工作量大、信息统一困难而不能及时更新，导致工程运营期间质量标准与用户实际需求不符。通过 BIM 与信息技术的结合能更加容易地获得质量反馈信息，而这些信息在 BIM 和相关信息技术平台上的有效利用能使相关质量标准的更新变得方便快捷、针对性强。

BIM 在建设工程全寿命周期的应用价值见表 7-2。

表 7-2　BIM 在建设工程全寿命周期的应用价值

全寿命周期应用	途　　径	应用价值
提高工程项目设计质量	减少设计文档错误	迅速准确地发现和定位错误,减少人工依赖,增加设计错误的可预测性
	增加设计协同能力	及时准确的信息传递与及时协调修改
	减少施工开洞损伤	可以避免管线冲突、预留孔洞错位而造成的返工、破坏主体结构和改变原有设计风貌等问题
提高施工管理水平	先试后建的实现	改善施工工艺,有效控制拼装误差,避免了因失误造成的返工

（续）

全寿命周期应用	途　径	应用价值
提高施工管理水平	模块化施工	虚拟施工细化施工过程,减少了现场所需的人力,避免了因信息不一致导致的错误和因信息不明导致的指令等待
	手持设备的应用	实现了施工现场内和现场外信息的有效沟通,提高信息传递的效率
	监测手段的改善	有效提升现场施工情况质量记录准确度
保证运营的可靠性	运营状态的模拟与利用	可保证运营安全和连续性,提升用户的满意程度
	运营信息的集成与利用	信息有效集成,可视化表达,准确的设备定位,质量信息反馈推动质量标准更新

■ 7.4　基于 BIM 的施工质量控制方法

PDCA 管理循环是工程项目质量控制的基本原理。PDCA 管理循环围绕着实现预期的目标,进行计划、实施、检查和处置活动,随着对存在问题的克服、解决和改进,不断提高工程项目质量。在工程项目质量控制计划、实施、检查和处置的过程中,运用 BIM 质量模型把各项工作有机地联系起来,彼此协同、互相促进,既注重工程项目质量控制中的检查环节,又注重把质量问题归类整理以作为制定和更新技术或管理的标准、规范的依据,防止同样的缺陷、错误再现,并把存在问题的部位纳入下一个循环加以解决。

本节介绍应用 BIM 5D 质量模型结合 PDCA 质量控制理论并融合现有质量控制流程和方法设计的一整套工作流程。工作流程如下:施工单位在一定的质量目标下进行施工活动,在完成一个待检验项目后,提出验收请求;监理单位对完成部位进行现场数据采集与分析,完成电子数据填报,并在模型中进行逻辑分析、完整性分析、偏差分析以及合规性分析等以判定是否同意验收。如果满足验收要求,施工单位则继续进行下一个任务;如果检验批验收未通过,监理单位出具包含设计要求、验收标准及施工偏差报告,待施工单位返工完成后再验收。

7.4.1　质量控制计划制订与实施

质量控制计划制订首先要确定质量目标,根据合同规定和标准、规范等确定各部门、各人员的总体目标和阶段性目标,其依据是顾客的要求和国家法律、规范的有关要求以及企业内部的要求。工程项目质量控制计划的编制过程是各项管理和技术的优化组合和接口的协调过程。根据工程合同规定的质量标准和责任,在明确各自质量目标的基础上,制订实施相应范围质量管理的行动方案,包括技术方法、业务流程、资源配置、检验试验要求、质量记录方式、不合格处理、管理措施等具体内容和做法的质量管理文件。质量控制工作程序如图 7-21 所示。

与工程项目设计有关的设计要求,以及与工程项目质量控制计划有关的施工规范、质量验收表格等基础信息已经集成于基于 BIM 的 5D 质量管理模型中。在施工进行之前,可实现 BIM 先试后建,以精益建造为目标,减少信息损失带来的浪费与数据的不一致性导致的错误,避免造成施工成本增加和质量问题。为了更好地支持质量控制计划的实施,可构建

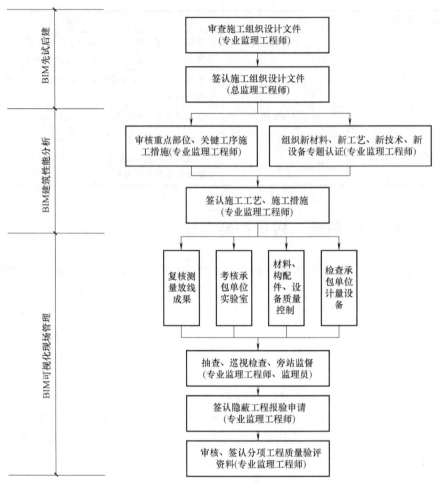

图 7-21　质量控制工作程序

图 7-22 所示基于 BIM 的质量模型应用结构，结合智能手机、扫描仪器及计算机等设备动态跟踪和反映设计变更和施工进度及其对质量控制的影响。在数据层使得质量控制计划实施有统一的数据来源以及充分的数据支持。

7.4.2　质量控制计划的检查

利用 WBS 分解，按照施工组织设计和施工方案的要求将 BIM 中构件按照类型和空间位置分解为检验批。检验批的评定与验收按照要求需进行资料检查和实物检验，首先由施工班组进行自检，然后由项目质检员进行检查、评定，对照 5D 质量模型中设计要求检查，并在质量模型中填写检验批质量验收记录相关资料数据，并随后及时报监理工程师组织验收。检验批及分项工程验收工作程序如图 7-23 所示。

基于 BIM 的施工质量分析是指在利用基于 BIM 的 5D 质量模型信息的基础上，针对质量控制要求对质量控制数据进行采集与分析，并将其作为施工质量检验评定的依据，具体分析流程如图 7-24 所示。为支持以上质量检验流程，其中每一项程序中所涉及的支撑技术如下：

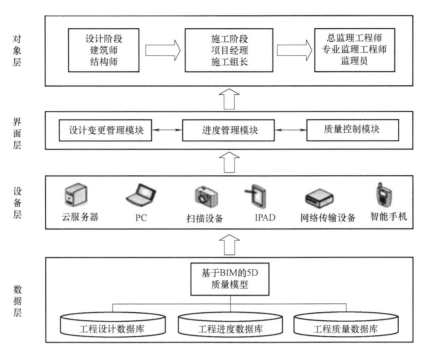

图 7-22 基于 BIM 的质量模型应用结构

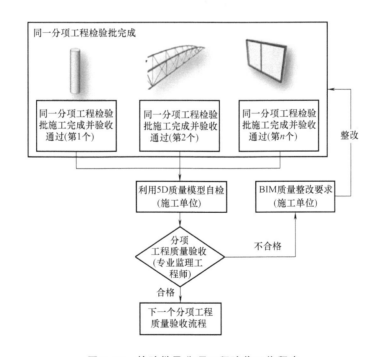

图 7-23 检验批及分项工程验收工作程序

1. 质量数据收集

通过手持设备可以随时随地访问和获取各种信息。它体积小、携带方便，具有较快的计

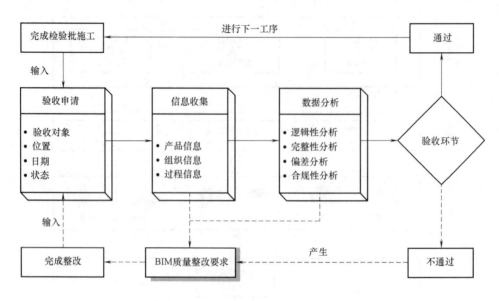

图 7-24　基于 BIM 的质量检验与分析流程

算处理能力。手持设备已经成为 BIM 在工程中应用的良好实现平台。质检员通过手持设备检查和管理整个施工场地，当发现实际施工和 BIM 模型不符时，可以及时拍照、上传并与 BIM 模型中的设计情况进行对比。工程项目的验收多在施工现场进行，利用含有图形和视频记录功能的手持设备在现场进行信息的取证与采集，基于 BIM 的手持设备质量管理数据传递流程如图 7-25 所示，将数据通过无线网络传递到后台数据库，并与 BIM 模型进行对接。除此之外还可将手机作为数据采集终端，填报质量测量数据。

施工现状信息采集　　　　　　　　　　　　　　　实景档案与BIM模型链接

图 7-25　基于 BIM 的手持设备质量管理数据传递流程

2. 施工试验控制

工程项目质量管理要严格控制原材料的来源，保证工程项目所用材料为正规厂家生产销售的质量合格产品。特殊材料需要进行材料试验以保证材料成形后的力学性能达到设计要求。建筑材料试验和施工试验是由持国家试验许可证单位或工程质量检测中心接受试验委托，按程序对规定建筑材料及施工半成品、成品进行性能测试的工作。按国家规定，建筑材料、设备及构件供应单位对供应的产品质量负责。对于需要进行材料强度测试的混凝土构件，为了保证测试样品与施工使用材料的一致，在浇筑检验试块之前放入射频识别（RFID）芯片，作为检测对象的唯一识别标志，记录检验时间、BIM 模型中对应部位、力学性能要求、生产厂家信息等数据，并在完成测试后对比测试结果生成测试报告。

3. 观感检验及数据偏差判断

三维激光扫描技术在工程项目施工质量管理中的应用主要是通过激光扫描仪器对工程项目的重点部位进行扫描，得到点云模型（一般为 stl. 格式），然后根据精度要求转换成面片模型或体模型，最后与基于设计图的 BIM 模型进行对比并校核施工模型，判断施工偏差是否在允许的范围内，若未超出则继续施工，反之，则生成相应的偏差报告。

4. 质量数据分析

在质量控制计划检查阶段，将通过多种检测途径获取的质量数据自动或半自动方式输入模型后可进行数据分析。

（1）逻辑性分析 质量检验过程是按照施工顺序分阶段连续进行的，每个子单元的验收必须在下一个单元开始施工前完成。验收测试的第一个层次是检验批，每个检验批的验收必须由具有专业背景的责任人来完成，再根据由局部到整体的原则，完成检验批到分项、分部、单位、单项工程，最后到工程项目整体的验收过程。此处逻辑性分析是考虑紧前工作的完成情况，特别是判断隐蔽工程是否完成验收，才开始进行下一个任务的验收。

（2）数据完整性分析 BIM 质量分析模型要求输入系统的实际数据必须符合完整性标准，不同检验批要求的检测项目和检测次数不同，只有当检验次数达到规范标准要求，才可以进行判断。例如，一个桩检验批要求的检验次数为 10 次，在填写施工质量记录时，每项检测要求的监测点的 10 个记录全部填满后，会进行下一个质量控制点的检验，否则施工质量记录将不能继续填写，如图 7-26 所示。

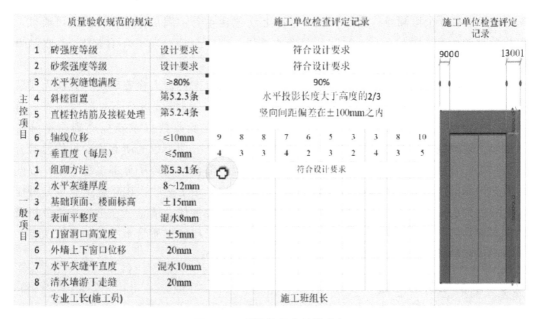

图 7-26 质量数据完整性分析

（3）数据偏差分析　当施工质量记录的填写满足数据完整性之后将开始进行数据偏差性分析。在建立 BIM 标准模型时，每一构件的施工控制标准已经被保存在质量模型中，当进行该构件的偏差分析时，系统将调用质量模型中的控制标准限值，对录入的实际施工监测信息进行对比评定。在采集数据时会自动判断所采集的数据值与上下限规范值的关系，模型自动设置形象化标示（圈号表示处于临界值，三角符号表示超出允许范围），如图 7-27 所示。模型也可以根据用户要求设置更严格的检查范围。

		质量验收规范的规定	施工单位检查评定记录									施工单位检查评定记录
主控项目	1	砖强度等级	设计要求				符合设计要求					900mm
	2	砂浆强度等级	设计要求				符合设计要求					
	3	水平灰缝饱满度	≥80%				90%					
	4	斜槎留置	第5.2.3条				水平投影长度大于高度的2/3					
	5	直槎拉结筋及接槎处理	第5.2.4条				竖向间距偏差在±100mm之内					BIM模型
	6	轴线位移	≤10mm	9	8	8	7	6	5	3	3	8	⑩
	7	垂直度（每层）	≤5mm	4	⑤	3	4	2	3	4	3	4	906mm
一般项目	1	组砌方法	第5.3.1条				符合设计要求					
	2	水平灰缝厚度	8～12mm	9	9	10	10	7	9	8	10	△13	11
	3	基础顶面、楼面标高	±15mm	10	-14	12	13	⑮	10	11	8	-12	
	4	表面平整度	混水8mm	⑧	7	6	10	5	5	7	5	4	
	5	门窗洞口高宽度	±5mm	-4	3	-3	△6	-5	4	3	2	3	
	6	外墙上下窗口位移	20mm	15	⑳	18	21	14	9	11	18	16	
	7	水平灰缝平直度	混水10mm	9	6	⑩	8	5	4	9	7	5	建成形状
	8	清水墙游丁走缝	20mm	19	18	㉑	⑳	15	12	14	18	19	
		专业工长(施工员)					施工班组长					

图 7-27　数据偏差性分析

根据各构件的要求判断是否合格，达到要求则可以通过检验。例如，根据 GB 50203—2011《砌体结构工程施工质量验收规范》中的规定，砖墙工程的每项监测要求合格率为 80%，即如果有 5 个监测点，至少要有 4 个以上（包含 4 个）满足标准，检验方可通过。完成该检验批的所有质量检验后，输出质量验收结果，即"合格"与"不合格"。验收结果将同时显示在施工质量显示模型中。

BIM 施工质量分析模型的输出结果要经过项目相应施工负责人检查确定，确认无误后检验报告方可生效。若质量分析模型的检验结果为"合格"，则继续进行下一阶段施工，若检验结果"不合格"，则返回施工阶段，返工完成后将施工验收数据重新提交到质量分析模型，重复上述的数据完整性分析和数据偏差分析。当一个分项工程的所有检验批均检验合格后该分项工程合格，一个子分部工程的所有分项工程全部合格后该子分部工程合格，以此类推，直至工程的所有分部工程检验合格，该工程方可进行竣工验收。BIM 施工质量分析模型中包含检验批、分项工程、子分部工程、分部工程的相关责任人信息，在进行质量分析及记录的同时保存施工组织机构及相关责任人的信息，以便于在发生质量事故时的责任认定。

分部工程和单位工程质量验收工作程序如图 7-28 所示。

7.4.3　质量控制的处置

随着施工活动的不断进展，各分部分项工程将处于不同的施工验收状态。施工过程可划分为未验收、验收中、已验收三个阶段。其中，未验收阶段包括未施工、施工中、施工完成

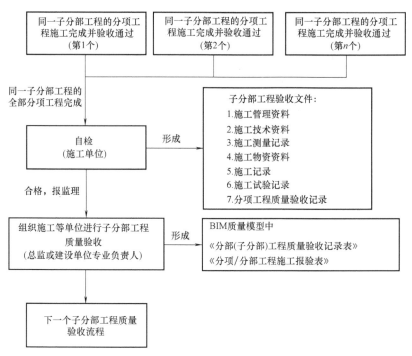

图 7-28 分部工程和单位工程质量验收工作程序

（待验收）三个状态；已验收阶段包括未通过验收、已通过验收两个状态。BIM 施工质量显示模型是在 BIM 施工模型的基础上，用不同的颜色表示施工状态，反映施工质量控制进度的模型。BIM 模型中不同颜色表示的施工质量状态划分如图 7-29 所示。

施工验收阶段	未验收			验收中	已验收	
	未施工	施工中	施工完成（待验收）	施工验收	未通过验收	已通过验收
质量状态颜色显示						

图 7-29 施工质量状态划分

　　BIM 施工质量显示模型中未验收阶段和验收阶段根据施工进度情况显示。已验收阶段根据 BIM 施工质量分析模型输出的质量分析结果显示。在施工建造的过程中，进行持续的过程跟踪。对应基于规范的质量标准模型要求的质量控制点，将实际测量数据填入质量分析模型，根据施工进度和质量分析模型的检验判断，显示验收结果。BIM 质量显示模型可以同时反映实际工程进度和质量验收结果，实时准确反映施工状态。BIM 施工质量显示模型用不同颜色显示不同施工质量状态，可以使项目管理者一目了然地了解施工情况，如图 7-30 所示。

　　基于 BIM 技术的施工质量控制报告链接 BIM 施工质量显示模型，直观地显示出已完成验收项目位置、标准参数、组织信息及工程总体施工质量状态。若检验批、分部分项工程、单位工程都能逐级通过检验，则在模型中显示通过验收的状态；若不能通过验收，可利用 BIM 模型导出竣工数据与设计要求之间的偏差，并给出整改要求。工程质量事故处理方案审核工作程序如图 7-31 所示。

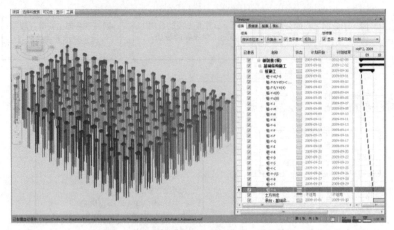

图 7-30　与进度关联的质量验收可视化状态

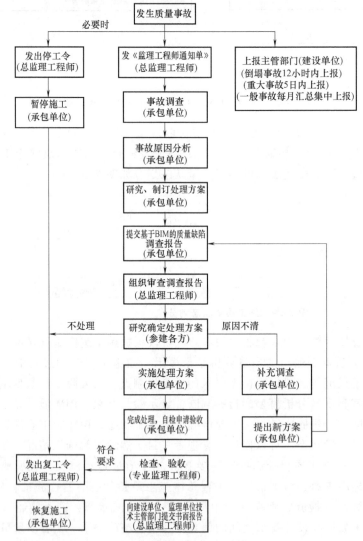

图 7-31　工程质量事故处理方案审核工作程序

项目在交付使用之后便进入用户体验阶段。由于用户对产品过程或体系的质量要求随时间、地点、环境的变化而变化，如随着技术的发展，生活水平的提高，人们对产品过程或体系会提出新的质量要求。因此应定期评定质量要求，修订规范标准，不断开发新产品，改进老产品，以满足变化的质量要求。在广泛收集质量缺陷、质量通病、质量事故的基础上，对用户使用信息结构化、参数化记录并分析处理。根据用户体验及反馈更新质量控制点的设置方法或质量标准，从而使得基于 BIM 的全寿命周期质量控制形成管理闭环，并通过此控制方法不断提高整体项目质量。基于 BIM 的质量控制点更新流程如图 7-32 所示。

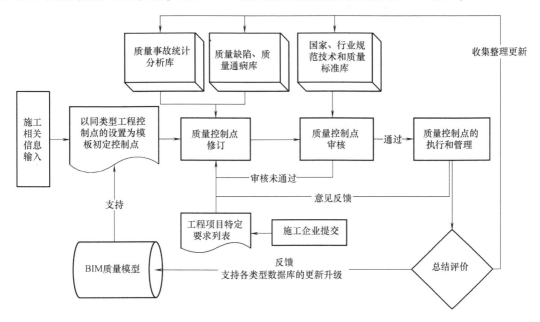

图 7-32 基于 BIM 的质量控制点更新流程

7.5 工程项目质量管理 BIM 应用案例

7.5.1 东北亚（长春）国际机械城会展中心项目

1. 应用背景

东北亚（长春）国际机械城会展中心项目，如图 7-33 所示，位于吉林省长春市长德新区，由钢框架结构会展中心项目和混凝土框架结构的附属设施项目组成。会展中心项目总建筑面积约 13.5 万 m^2，工程用钢总量 1.74 万 t，建成后成为全国最具代表性的机械展销综合体之一。附属设施项目包括 1 栋 23 层酒店及 1 栋 15 层办公楼，项目总建筑面积约 10 万 m^2，酒店建成后成为长德新区地标性超四星级酒店，办公楼建成后为酒店管理公司及入驻企业服务。

本工程结构整体设计复杂、施工作业量较大、专业分包较多、方案优化及变更情况复杂，同时本工程的质量目标（确保获得国优工程、"鲁班奖""金刚奖""长白山杯"，创"詹天佑奖"）是本工程总目标中最重要的环节。为保证施工质量，确保创优目标的顺利完成，同时也为更直观地了解工程质量，建设过程中引进广联达 BIM 5D 系统，应用其质量安全管理模块，通过数据共享和集中分析为项目的精细化管理奠定基础。

图 7-33　东北亚（长春）国际机械城会展中心项目

2. 应用内容

通过 BIM 5D 移动端及时跟踪、记录、上传现场质量问题，推送责任人提醒整改以及验收等流程，如图 7-34 所示，并利用计算机端线上下发质量整改通知单，如图 7-35 所示，最后通过网页端进行数据集中处理和分析。以往项目管理人员在发现施工中存在的质量问题后，需编写质量整改通知单，然后通过资料室将整改单下发到有关人员手中，这样单纯靠语言描述和照片组成的整改单，使质量检查信息不够直观，不利于各施工队伍之间的交流和沟通。利用手机移动端可以对施工构成中发现的有关质量问题实时捕捉，项目管理人员接到信

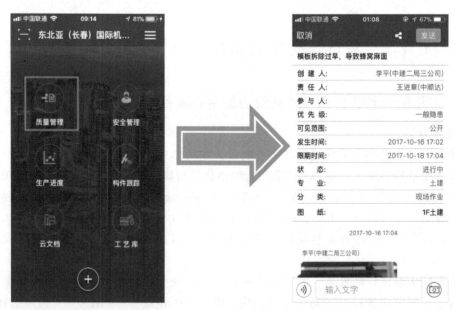

图 7-34　移动端操作流程

息后便可立刻安排工人进行整改、快速反馈，实现质量的信息化管控。

利用 BIM 5D 的数字化集成体系，将现场实测的质量信息录入移动端，方便、快捷地将实测实量信息、质量问题照片与三维模型关联。通过上述数据采集建立三维质量信息数据库，利用 Web 端进行质量数据的集中管理与统计分析，从而让管理者实时了解不满足要求点数量、部位、成因等质量问题，掌控施工质量。本工程对质量问题的数据统计分析主要从下面几个方面进行：

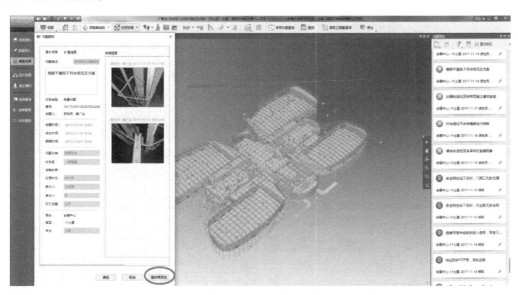

图 7-35　计算机端线上下发质量整改通知单

（1）质量问题分布趋势图分析　质量问题分布趋势图是整个项目不同时间段现场质量问题发生数量的统计。在此可以清晰地看到在特定时间段内质量问题发生的趋势走向，为管理者实时了解现场动向，做好下一步决策提供了一个数据支持。图 7-36 所示，为本工程从 2017 年第 23 周至 2018 年第 12 周的质量问题分布趋势图。通过该图所反映的问题曲线图，项目经理分析得到如下结论：从第 23 周至第 40 周，现场出现质量问题的数量相对于比较稳定，说明现场施工质量比较理想；从第 41 周至第 43 周，现场质量问题数量呈直线上升，43 周达到峰值，单周质量问题数量达到 12 次，说明此阶段质量问题呈爆发式，现场对施工质量管控不到位，因此项目部决定追究相关分包单位责任，同时要求质检部门严把质量关；从第 44 周开始至 2018 年第 2 周，质量问题数量呈下降趋势，说明经过对现场及分包的严格管控，质量问题得到解决。

（2）质量问题燃烧图分析　质量问题燃烧图主要是对现场质量问题整改情况的统计，对于一周内需要整改问题汇总，将这些问题分为进行中、待验收和已完成三种情况，管理者能够清晰地看到有哪些问题已经解决，有哪些问题是正在整改过程中，还有哪些问题需要验收。这样能够了解到现场质量整改工作的情况，检验内部人员工作情况。图 7-37 所示为本工程从 2017 年 10 月质量问题燃烧图，通过图上所反映的问题分析得到如下结论：该月出现的质量问题中，多数问题都在进行整改，数量达到了 25 个，尚有一部分已经完成整改待验收，整改完成的最少，这充分说明该阶段的现场质量整改过程缓慢、工作滞后。因此，项目部要求质量部和工程部督促分包整改，限定整改时间。

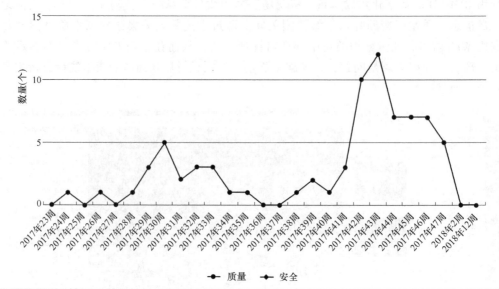

图 7-36　质量问题分布趋势图

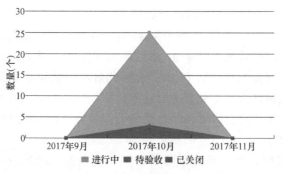

图 7-37　质量问题燃烧图

（3）待整改问题负责人分布图分析　待整改问题负责人分布图是质量整改责任单位的统计，主要是针对分包单位。通过柱状统计图可以看到一段时间内各分包出现质量问题数量，与其他单位横向对比，便于项目部对分包单位的综合管理。图 7-38 所示为本工程一个月内的质量待整改问题负责人分布图，通过图上所反映的问题分析得到如下结论：在一个月内，某分包单位出现质量问题数量达到 34 个，远远多于其他分包单位，潍坊宏源、二局安装、东南网架这三家单位施工质量良好。因此项目部决定对某分包单位进行罚款处理，并要求其他单位要以此为戒，保证施工质量。

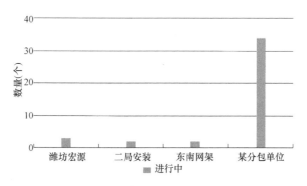

图7-38 质量待整改问题负责人分布图

（4）质量问题类型分布图分析 质量问题类型分布图分析是根据现场发生质量问题的专业、类别、优先级进行的统计，以扇形图的方式展示。通过占比扇形图，可以清晰地了解到不同专业类别的质量问题发生比例，为管理者针对性解决项目质量问题提供了数据支持。图7-39所示为工程两个月内质量问题类型分布图，分析图中所反映的问题，得到如下结论：

1）从质量问题类型分布图（图7-39a）可以看到土建的质量问题占据了82.9%，钢结构质量问题为7.9%，说明现场的质量问题以土建和钢结构类为主，后续工程要加强对这两个方面的管理。

2）从质量问题优先级分布图（图7-39b）可以看出项目上发生的质量问题均为一般隐患，无重大隐患发生，说明项目部对重大质量隐患管控意识较强。

3）从质量问题类别分布图（图7-39c）可以看出质量问题中现场作业类占比85.5%，材料类占比1.3%，其他占比13.2%，说明质量问题以现场施工作业为主，要增强对现场的管控，因此项目部决定对质量通病召开针对性专题会议。

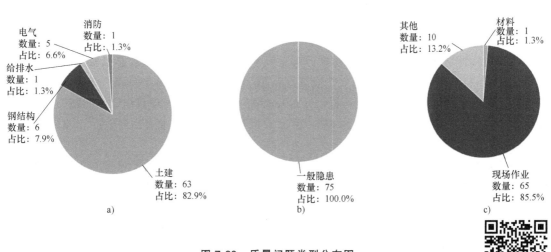

图7-39 质量问题类型分布图

a）质量问题专业分布图 b）质量问题优先级分布图 c）质量问题类别分布图

3. 应用效果

与传统的工程项目质量管理方式相比，基于 BIM 的工程项目质量管理在处理时间和处理流程方面具有优势，质量问题能够得到及时处理，能够明确责任人和问题的具体位置，能够使问题的传达和处理流程得以简化，能够加强对分包的约束力，问题发生的数量得到明显下降。BIM 施工质量控制主要的应用效果体现在以下几个方面：

（1）提高验收效率　传统的工程质量验收工作需要监理人员、施工人员和质检人员到施工现场进行验收，在验收之前他们不了解现场施工效果。应用 BIM 5D 手机移动端后，施工人员将需要验收的部位拍照上传，监理人员和质检人员就会收到信息，方便验收人员之间的交流，所有的验收步骤都可在云端留下痕迹，也减轻了验收人员的工作量，不必将验收数据二次输入到计算机。验收不合格的部位，施工单位整改后再通过手机移动端将整改后的部位上传，很大程度地提高了验收效率。同时，手机移动端的引入代替了传统手笔记录，记录的问题更清晰、精准，提高了巡检过程中问题记录效率，便于信息更好地传递至施工各参与单位，信息得到共享，避免了重复沟通。

（2）提升管理水平　BIM 5D 质量管理平台将现场施工和 BIM 实体模型相结合，将 BIM 实体模型与施工作业结果进行比对验证，从而有效规范施工流程，及时避免施工过程中的错误。相比传统的文档记录，BIM 更适用于现场施工管理，不仅摆脱了文字的抽象，而且利于促进质量问题协调工作的开展，使所有的原始记录可溯可查。同时将 BIM 技术与现代化新技术相结合，进一步优化了质量管理体系。质量问题关联模型后，项目组可在计算机端直接查看项目质量问题集中的位置以及出现质量问题较多的时间段，辅助项目班子决策。项目可针对性地召开相关质量问题专题会议，加强现场管理。

（3）保障施工质量　在现场发生质量问题后，管理人员利用手机对质量问题进行拍照、录音和文字记录，并关联模型，再通过云平台自动实现手机与计算机数据同步，避免了检查问题的遗漏，防止资料弄虚作假，提高了建筑物的质量性能，保障了工期，降低了施工成本。

7.5.2　武汉国际博览中心项目

1. 应用背景

武汉国际博览中心（图 7-40）是中西部最大、全国第三的展览馆，总投资约为 20 亿元。展馆由 12 个 117m×72m 矩形场馆、2 个登陆厅及 10 个梯形连接体围合而成，展馆内部采用无柱设计，室内净高达 17.5m，最大可提供 6.5 万 m^2 连续展览面积，项目鸟瞰图如图 7-40 所示。武汉国际博览中心展馆总建筑面积约 45.7 万 m^2，可提供室内展览面积 15 万 m^2，室外展览面积 4 万 m^2。

由于项目投资巨大、工期紧张、施工量大、参与单位众多，必须严格审查工程质量，在施工阶段严格按照有关施工规范，避免项目由于赶工造成退步验收甚至是质量缺陷。武汉国际博览中心是武汉市重点建设项目，为保证其设计、建设过程及运维管理更科学、更协调、更可持续发展，在一期展馆引入 BIM 技术，建立完整的 BIM 模型及应用流程，为日后的建设、安全运营维护和数字博览提供大数据服务。相关工程资料由建设单位武汉新城国际博览中心有限公司及中建三局总承包单位提供。其中建设单位提供项目多专业施工图，作为 BIM 模型建模依据。

图 7-40　武汉国际博览中心

2. 应用内容

本节以武汉国际博览中心七号展厅为例，分为以下几个步骤重点描述工程大数据在项目基础施工质量管理成效评价方面的应用。首先，根据设计图建立 BIM 设计模型；其次，加入进度及质量评价大数据形成 5D 质量模型；最后跟踪设计及施工过程，并集成各种技术手段对设计及施工质量成效进行评价，对收集的质量管理成效大数据进行分析及可视化展现。武汉国际博览中心七号展厅 BIM 模型如图 7-41 所示。

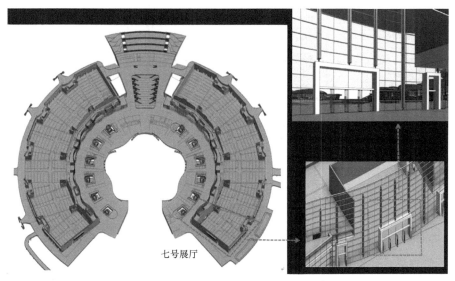

七号展厅

图 7-41　武汉国际博览中心七号展厅 BIM 模型

（1）BIM 模型构建　根据现有方案设计和施工图设计等不同专业所处不同阶段产生的 CAD 图样进行真实尺寸 BIM 建模。以高压喷射桩的施工过程为例，七区展馆桩位分布平面布置如图 7-42 所示，在施工过程中将每个展厅单独划分为一个大施工段，七号展厅中共有直径 500mm 的工程桩 940 根，共分为 14 种，编号为 ZH1～ZH14，长度为 31.5～33.9m 不等。以编号为 ZH11 的桩为例，建模时按照前述质量模型的构建方法和流程为构件增加部件代码、型号、制造商等更详细的标识数据，以便建立质量评价点信息，如图 7-43 所示。

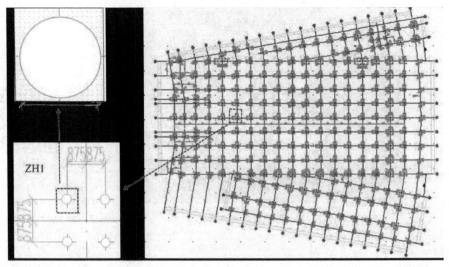

图 7-42　七区展馆桩位分布平面布置

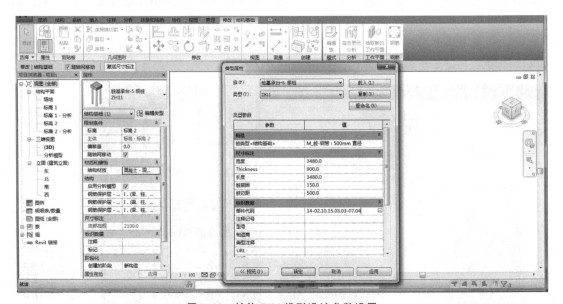

图 7-43　桩体 BIM 模型设计参数设置

（2）5D 质量管理成效评价大数据模型构建　在 BIM 模型的基础上融入施工时间参数可生成动态 4D 施工进度模型，进而将施工工艺、技术标准、实施人员等质量管理成效评价大数据融入 BIM 模型可生成 5D 质量管理成效评价大数据模型。5D 质量管理成效评价大数据模型的构建，首先要设置质量评价点。质量评价点是基于国家、行业规范技术、质量标准库，质量事故统计分析库以及 BIM 模型设置的；然后在 BIM 模型中给每个构件添加相应的质量评价大数据。

采用手持设备采集质量数据可改善信息获取的便捷性和准确性。利用基于 BIM 的手持设备现场校核应用程序，协助现场质量管理进行图样查询、清单规范查询、现场校核、移动办公，能够减少采集过程中的信息流失，并且及时记录、反馈，实时地收集质量评价大数据，同时提高了施工现场的可操作性。以国博 7 号展厅桩基础为例，在施工完成后，要进行检验批验收工作，监理人员利用随身携带的手持设备对质量管理成效情况进行实时的收集和记录。当对某个检验批进行质量管理评价时，打开基于手持系统的应用程序，选择质量管理评价点，找到 G 类施工验收资料中高压喷射注浆地基工程质量验收记录表，进行相关信息的输入，如图 7-44 所示。然后，将相关质量大数据录入到 BIM 模型中。示例桩添加的完整的质量评价数据如图 7-45 所示。

图 7-44 质量管理应用与验收现场取证

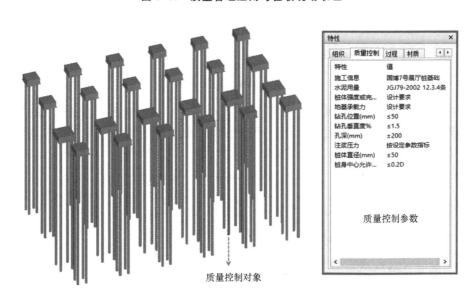

图 7-45 示例桩添加的完整的质量评价数据

（3）基于大数据的施工过程质量成效评价 管理和施工人员可以通过 4D 进度模型清晰地了解施工情况，即施工计划与实际开始、完成情况，对施工构件进行实时的进度跟踪，并根据进度安排，提前制订检验批验收计划，确保了整个施工过程的及时检查和可视化，帮助项目参与者更好地理解质量验收要求，并以可视化的方式进行合作。以国博 7 号展厅桩基础为例，桩的检验批施工完成后，施工单位向监理等发出此检验批的检查请求，监理人员根据要求收集检验批相关信息，包括桩的长度、尺寸等产品信息，施工人员、专业组长、项目经理等组织信息，以及各项工序的质量记录等过程信息。然后，将收集到的检验批信息输入到BIM 模型中进行数据分析，判断收集到的数据是否满足验收要求，如数据是否完整，偏差是否在允许的范围内。

此处收集到的 18 次检验数据及数据偏差性分析如图 7-46 所示，验收结果同时显示在模型中，圈号代表处于临界值，三角表示超出允许范围。根据 GB 50202—2018《建筑地基基础工程施工质量验收规范》的规定桩的每项监测要求合格率为 80%，即 18 个监测点中有 15 个以上（包含 15 个）满足标准，检验即可通过。经分析，该检验批桩验收记录中钻孔位置、钻孔垂直度、孔深、桩体直径各有 1 次超出允许的偏差，没有超出规定的范围，满足质量验收规范的要求。

施工质量验收规范的规定														施工单位检查评定记录		监理(建设)单位 验收记录
主控项目	1	水泥及外掺剂质量	符合出厂要求						满足要求							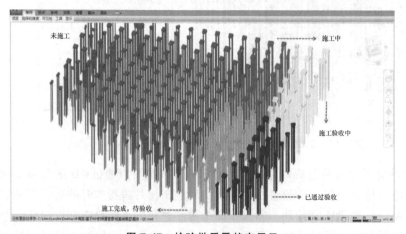
	2	水泥用量	JGJ79-2002 12.3.4条						水灰比1.0							
	3	桩体强度或完整性检验	设计要求						满足设计要求							
	4	地基承载力	设计要求						满足设计要求							
一般项目	1	钻孔位置/mm	≤50	40	40	35	40	55	40	45	50	40			
	2	钻孔垂直度(%)	≤1.5	1.2	1.2	1.5	1.2	1.6	1.2	1.1	1.1	1.2			
	3	孔深/mm	±200	150	120	150	200	220	150	170	170	150			
	4	注浆压力	按设定参数指标	0.6	0.6	0.6	0.6	0.6	0.6	0.6	0.6	0.6			
	5	桩体搭接/mm	＞200	300	300	300	300	300	300	300	300	300			
	6	桩体直径/mm	≤50	40	40	50	40	45	50	55	45	40			
	7	桩身中心允许偏差/mm	≤0.2D	10	8	10	10	8	10	10	8	8			
		专业工长(施工员)											施工班组长			

图 7-46 数据偏差性分析

随着施工的进行，高压喷射地基工程处于不同的施工验收状态。在 BIM 施工模型中，不同的质量验收状态表现为不同的颜色，通过在 BIM 模型中的展示，可以清楚地看到桩的施工进度情况以及质量验收情况，各检验批验收情况如图 7-47 所示。在本节所讨论的案例

图 7-47 检验批质量状态显示

中由于利用 BIM 技术对桩检验批进行严密的质量评价，未出现重大质量缺陷及质量事故。

3. 应用效果

通过广泛的应用调研和系统分析，BIM 在武汉国际博览中心 7 号展厅中的应用进一步提升了我国工程施工质量管理信息化效率、保证了工程施工质量水平，提升了工程施工质量评价效果。同时，需加紧建立并部署应用工程施工质量诚信评价信息平台，以约束各责任主体的不良行为，促进工程施工质量管理信息系统的正常运行。

思 考 题

1. 请阐述工程项目质量管理的基本概念。

2. 请对比分析 BIM 在工程项目质量管理中的优势。

3. 对于 BIM 在工程项目质量管理未来的发展与应用，谈谈你的见解。

第8章

基于BIM的施工现场规划管理

学习目标

了解施工现场规划管理的基本概念；掌握施工现场规划管理的基本工作流，以及 BIM 技术在施工现场规划管理中的实际应用。

引入

目前，我国正处于经济建设高速发展的时期，各种新技术、新工艺等不断涌现。工程项目大型化、复杂化、专业化、国际化对工程项目施工管理的水平也提出了更高的要求。作为工程项目的重要环节，施工现场规划管理是在工程项目开始之初，对场地的使用进行科学安排和合理规划，从源头减少安全隐患、降低成本、提高施工管理水平。施工现场规划管理对于优化项目施工方案和施工工期具有重要意义。传统的、静态的、二维的施工场地布置主要由编制人员根据工程项目特点及施工现场环境，凭借一定的经验和推测对施工场地各项设施进行设计而成。工程项目施工现场是一个动态变化的过程，即在施工的进程中对各种资源（人、材料、设备等）的需求是不断变化的。因此，场地布置也应遵循动态控制原则。传统模式下的施工场地静态布置方法在一定程度上已经无法满足新的需求。

随着 BIM 及相关技术的发展，BIM 在工程项目中的应用越来越广泛。采用 BIM 对施工现场进行三维布置，可对复杂抽象的工程项目进行信息处理，并依据施工进度对施工场地布置及时进行调整，动态控制施工场地布置的过程，实现施工场地布置过程的合理化。施工现场规划管理是否合理，将直接对项目的成本、安全、工期等产生重要的影响。基于 BIM 技术的施工现场规划管理。将施工现场的布局可视化，有利于管理者更加直观地了解现场作业情况，实时判断施工现场规划管理是否合理，把控施工过程，是未来施工组织设计发展的一个方向。

■ 8.1 概述

BIM 技术在国内施工中的应用已经从利用 BIM 技术做一些简单的静态碰撞分析，发展到利用 BIM 技术对整个工程项目进行全寿命周期分析的阶段。

工程项目施工现场，即建设工程施工现场，是指进行工业和民用项目的房屋建筑、土木工程、设备安装、管线敷设等施工活动，经批准占用的施工场地。工程项目施工现场规划管埋涉及对场地的科学安排、合理使用并与环境保持协调。

工程项目施工现场规划要尽可能地减少反复地调整大型机械和临时设施的平面位置，尽可能最大限度地利用大型机械设施性能。传统的临时场地布置考虑的因素难免有缺漏，在施工开始之后往往会发现存在如影响垂直风管安装或影响幕墙结构施工的因素。

建设项目的单件性、复杂性，严格的工期要求，城市中建设施工狭小的施工场地等对施工现场布置提出了非常高的要求，既要确保施工安全性、按期完工，又要减少二次搬运、降低施工成本。施工现场布置不当就需要进行施工现场的重新布置，对工程项目的工期、成本等都造成负面影响。施工现场布置规划问题关系到项目的安全、进度、成本等目标的实现。工程项目的单件性的特点决定了每个工程项目的场地限制条件、需用设备、临时设施、工期目标、成本目标等有其独特性，每个工程项目的施工现场布置规划需要考虑的影响因素也千差万别。在工程项目施工实践中，施工人员的经验依然是施工现场布置决策的主要依据。这为施工现场布置带来了极大的不确定性，施工现场布置人员的培养周期也变得极为漫长。如果缺乏科学的方法和技术手段辅助施工人员完成施工现场的条件分析和施工现场布置决策，则施工人员难以综合全面地考虑各方面的影响因素，难以完成科学的施工现场布置。BIM 提供的参数化信息模型能够提供极为全面的信息，以此为基础使用计算机技术帮助施工人员完成施工现场的条件分析和施工现场布置优化，同时其直观的图形呈现方式以及众多的功能优势也能够提高施工现场布置设计的效率及准确性。将 BIM 应用到施工现场布置中并充分发挥其优势，能为施工现场布置提供更为科学、高效的方法。

国内的软件开发商就利用 BIM 进行施工场地三维布置开发出了相应的软件，如广联达开发的 BIM 施工现场布置软件。该软件能够帮助相关工作人员便捷地完成施工现场平面布置方案的三维绘制，工作人员可以通过拖拽构件的方式绘制施工现场布置图，也可直接导入 Auto CAD 的二维平面图，利用软件的识别功能，完成图样从二维到三维的转变。该软件提供三维施工平面图的二维出图功能。该软件中的构件库较为全面，能够提供施工场地布置中用到的构件及构件的几何信息，用户可以自由改变构件的尺寸。该软件也提供自定义构件的编辑功能，满足某些构件的特殊需求。该软件能够自动完成临时水电的布设，自动完成构件的空间碰撞检测，同时在完成布置方案之后利用内置的施工现场布置规范完成合法性检查，并自动完成工程量统计。

■ 8.2 施工现场布置总体规划

施工场地的空间如同其他的建筑资源一样，会对建筑活动的顺利进行产生重要的影响，尤其是民用和商用建筑工程项目施工场地空间资源较为紧缺。因此，施工场地的空间资源在开始施工之前如果能够得到较为合理的布置，将极大地促进建筑活动的高效性、安全性，有助于降低材料二次运输的成本和安全风险等。施工现场布置是施工组织计划的一部分，其主要内容有垂直运输机械的选择及布置、垂直运输路线的选择、加工棚的布置、施工现场运输道路、临时用电网络、临时排水系统、临时用水管道、材料堆场大小及位置、围墙与入口位置、办公区位置、生活区位置、绿化区域位置等。施工现场布置需要考虑的因素很多，如施工现场布置的技术规范、建筑物的位置、建筑面积、楼层高度、材料使用计划、施工设备需求、人员需求等。因此，施工现场布置所需求的信息也来自方方面面，只有充分考虑这些信息对施工现场布置的影响，结合建筑信息模型的特点，施工现场布置的设计和优化才能高效的实现。

8.2.1 施工现场布置原则

在进行施工现场布置方案设计时，必须使其符合安全、消防、环境保护等方面国家法律、法规、地区性规范的要求，包括《中华人民共和国安全生产法》《危险性较大的分部分项工程安全管理办法》（建质［2009］87号）《建筑起重机械安全监督管理规定》（建设部令第166号）《建筑施工特种作业人员管理规定》（建质［2008］75号）《建筑施工个人劳动防护用品使用管理暂行规定》（建质［2007］255号）JGJ 59—2011《建筑施工安全检查标准》、JGJ 46—2012《施工现场临时用电技术规范》、JGJ/T 188—2009《施工现场临时建筑物技术规范》、JGJ 146—2013《建筑施工现场环境与卫生标准》等。国家和地方出台了相当完善的法律法规和地区性规范，遵循这些硬性要求，能够极大地提高施工过程的安全性，降低施工作业对周边环境的影响，保证施工进程的顺利进行。以国家和地方法律法规为依据，许多企业编制了标准图集，如中建工业设备安装有限公司编制的《施工现场管理标准图集》、中国建筑股份有限公司编制的《施工现场安全防护图册》等。这些企业级标准图集的产生能够更好地指导施工现场布置方案设计工作。施工现场布置的根本目的是保证施工进程更加高效地进行。因此，施工现场布置方案应该从便于工程施工顺利进行的角度出发，确保在规定的工期内完成既定施工任务，满足流水施工的要求，不同施工阶段的施工现场布置应该与相应施工阶段的工作重点相适应。施工场地内运输道路的设计极为重要，优秀的道路规划有利于建筑材料在临时设施之间运输及进出场、有利于人员的迁移等。临时设施的布置应该便于施工人员的生产和生活。生活区应当距离施工现场远一些。钢筋场地、搅拌站、土木场地等生产设施应该考虑布置在离施工现场较近的位置。合理布置施工现场不仅能满足施工的需要，同时也必须满足降低施工成本的原则。以满足工程施工顺利进行为基本前提，尽可能减少临时设施的搭设种类和数量，充分发挥施工场地内既有建筑物的作用，选择其中能够继续使用的作为临时设施，减少临时设施成本。布置方案在保证安全距离的前提下，应该尽量紧凑，提高施工场地的利用率，最大限度地利用施工场地。少用施工用地进而减少场内运输工作量和临时水电管网布置，也便于进行施工场地的管理。为了缩短运输距离，施工机械的位置、材料及半成品的堆放场地应按照就近原则将其布置在使用地点附近，同时尽量在垂直运输机械覆盖的范围内布置临时材料堆放点，减少二次搬运量。

8.2.2 施工现场信息 BIM 数据库构建

不同施工阶段的施工场地布置涉及方方面面的影响因素，这些因素之间相互联系、相互制约，使得施工现场布置工作变得十分复杂并且工作量大。在进行施工场地布置时，依靠经验知识的定性分析不能成为方案决策的唯一依据，需要结合定量的方法以便更加清晰地、明确地比较方案的优劣。在定量分析方法中，工程施工需要使用的施工设施和物质要素在规定的场地范围内的布局成为分析的重点，也是量化分析的决定性因素。在相关图样和说明文件上反映施工设施和物质的布局情况不直观，也无法说明设施间的内在联系。BIM 可以提供全面的施工现场信息数据库，让工作人员可以在相关 BIM 软件提供的可视化操作界面通过直接拖曳的方式完成施工现场布置 BIM 模型的绘制。同时，BIM 提供参数化构件可以对施工现场布置方案进行定量的分析、计算、比较和优化。

1. 信息的筛选分类

施工现场布置涉及信息量非常巨大，没有必要将这些信息全部反映到施工现场布置 BIM 模型中，否则会造成施工现场信息 BIM 数据库的臃肿庞大，过分的精度追求也会对辅助决策功能的效率以及计算机硬件性能提出更大的挑战。因此，应对施工现场涉及信息进行筛选分类，在数据库中针对不同的精度要求对不同的构件进行不同的描述。

在实际施工中，具体详细的场地信息才能满足施工现场布置的需求。勘察单位提供的水源、电力、地下设施布置图、气象资料、地理信息等都对施工现场布置的决策有一定的影响。在进行临时水电系统的设置时需要用到水源、电力的分布信息。地下设施布置、气象资料、地理信息等对施工现场排水系统、垂直运输机械的布置、材料堆场的选择也起到一定的影响，因此也必须予以考虑。周边的道路信息、既有建筑物也需要在现场信息中予以反映，在施工现场出入口设计时，合理考虑周边道路信息，更有助于施工现场道路的科学布置。而既有建筑物对塔式起重机的吊臂长度起到限制作用，对塔式起重机的布置存在影响，同时一部分既有建筑物可以直接作为临时设施使用。在当前的施工现场布置中，工作人员需要通过实地踏勘、阅读勘察单位提供的文件以及调取周边建筑的档案等途径来进行施工场地的了解，这些信息的获取需要耗费工作人员大量的精力，确定这些信息的准确性、将它们综合成对施工场地布置有指导意义的场地信息也需要占用工作人员的精力。因此通过 BIM 与 GIS 的交互，将这些需要的信息直接从地理信息系统中导入，可以极大程度地方便工作人员对信息的调用，同时也减少了工作人员实地踏勘的工作量。GIS 所能提供的场地信息可以视作施工现场 BIM 数据库的一部分资源，对于充分发挥 BIM 在施工现场布置中的优势有着重要的意义。

2. 数据库的信息来源及构建

施工现场 BIM 软件所能提供的构件数据库的完备程度一定程度上决定了 BIM 技术在施工现场布置中的应用程度。施工现场所需要的临时设施、机械设备的种类多种多样，将这些全部按照施工现场 BIM 建模的需要转换为参数化的数据模型录入数据库中，其工作量必将非常巨大，并且市场上会不断有新的产品、新的技术出现，数据库的维护、更新也需要专门的人员来进行。设备供应单位掌握着比较全面的设备信息，软件供应单位有数据库构建、维护、更新的关键技术，而数据库的使用者则是施工单位，三家单位需要保持信息互联，才能保证数据库的及时性与可用性。在基于 BIM 的施工现场布置技术应用尚不成熟的阶段，其相对于传统施工现场布置的优势并不明显，因此就需要软件供应单位占据其中的主导地位，进行技术的推广、普及。软件供应单位需要向施工单位了解其工作中所需的数据精度，然后给出数据库中构件的基本标准与方式方法，并依此向设备供应单位索取数据，完成数据库的构建，然后向施工单位提供具备数据库信息的软件。当 BIM 软件在施工现场布置中走向成熟的时候，那么提供符合数据库标准的产品参数模型将变成施工单位的一项必要要素，成为其竞争优势的一部分。那么设备供应单位会主动向 BIM 软件供应单位提供完备的产品数据，以期增强其产品竞争力。但是在这些信息的传递过程中，产品涉及商业机密的参数不可避免地会流向软件供应单位和施工单位，这就需要更加完善的商业机密保护法律法规约束及良好的市场秩序。因此，施工现场信息 BIM 数据库构建是一项需要多家单位共同参与的工作，并且数据库的完善程度和基于 BIM 的施工现场布置技术应用程度互相推动、互相制约，只有各参与单位齐心协力，才能使传统的施工现场布置方式完成成功转变。

8.2.3　施工现场布置 BIM 建模方法

施工现场布置的步骤一般按照重要性顺序依次布置。首先确定塔式起重机的位置；然后完成料场、加工厂和搅拌站的布置；接着布置运输道路；之后布置行政管理和生活用临时房屋；在布置图基本完成的情况下，最后完成水电管网的布置。这样的布置方案设计流程能够极大提高设计的成功率和科学性。

在 BIM 提供的三维可视化环境下，施工现场布置显得更为直观简单。首先从地理信息系统（GIS）中导入需要的施工现场场地信息；然后将建筑物 BIM 模型置入场地中；再根据建筑物整体的几何属性、施工方案、场地距离等确定垂直运输机械的类型、数量、位置，同时还要注意尽可能布置在地下室以外便于安装的位置、保证其安装拆除不能对正常的作业产生影响；之后选择相应的垂直运输机械图元置入现场模型中，通过碰撞检测检查其对周围既有建筑是否产生影响、多个垂直运输机械之间的工作是否协调等问题。

在垂直运输机械的布置完成之后，可以进行料场、加工场、搅拌站的布置。结合 BIM 施工管理软件中的施工进度计划安排，可以较为清楚地计算出相应的资源需求计划，根据资源需求计划可以较为精确地计算存储空间的需求量、加工场的生产能力等，根据这些数据信息；然后结合垂直运输机械工作的范围、就近原则等进行料场、加工场、搅拌站的布置。可以直接在封闭式临时房屋、敞篷式临时房屋、半敞篷式临时房屋、堆场中进行选择，修改其名称信息、面积信息，将其置入施工现场三维模型中。

在垂直运输机械、料场、加工场、搅拌站布置完成之后，结合场地外公路的位置，定出运输道路入口，运输道路基本就显现出来，在图元构件中设定宽度并将其绘入指定的位置。道路布置完成后可以直接将进出大门、警卫传达亭绘制在设定的位置处。

行政管理及生活用房临时房屋的布置应遵循办公区靠近施工现场，生活区远离施工现场的原则，按照用工人数的需要选取相应的临时房屋构件图元绘制在符合要求的地区。最后可以将其他类的构件选择置入施工现场 BIM 模型中，完成模型的建立。临时水电管网可以利用相关软件的智能布置功能完成布置。

■ 8.3　大型施工机械设施规划

8.3.1　塔式起重机规划

重型塔式起重机往往是大型工程中不可或缺的部分，它的运行范围和位置一直都是工程项目计划和施工场地布置的重要考虑因素之一。BIM 模型往往都是参数化的模型，利用 BIM 模型不仅可以展现塔式起重机的外形和姿态，也可以在空间上反映塔式起重机的占位及相互影响。

上海某超高层项目大部分时间需要同时使用 4 台大型塔式起重机（见图 8-1），4 台塔式起重机之间的距离十分近，相邻两台塔式起重机间存在很大的冲突区域，所以在塔式起重机的使用过程中必须注意相互避让。在工程进行过程中存在 4 台塔式起重机可能相互影响的状态：相邻塔式起重机机身旋转时相互干扰；双机抬吊时塔式起重机巴杆十分接近；台风时节塔式起重机受风摇摆干扰；相邻塔式起重机辅助装配爬升框时相互贴近。

图 8-1　参数化的塔式起重机模型

必须准确判断这四种情况发生时塔式起重机行止位置。以前，通常采用两种方法：其一，在 AutoCAD 图样上进行测量和计算，分析塔式起重机的极限状态；其二，在塔式起重机现场边运行边察看。这两种方法各有其不足之处，利用图样测算，往往不够直观，每次都不得不在平面或者立面图上片面地分析，利用抽象思维弥补视觉观察上的不足，这样做不仅费时费力，而且容易出错。使用塔式起重机实际运作来分析的方法虽然可以直观准确地判断临界状态，但是往往需要花费很长的时间，塔式起重机不能直接为工程服务或多或少都会影响施工进度。利用 BIM 软件进行塔式起重机的参数化建模，并引入现场的模型进行分析，既可以 3D 的视角来观察塔式起重机的状态，又能方便地调整塔式起重机的姿态以判断临界状态，同时不影响现场施工，节约工期和能源。通过修改模型里的参数数值，针对这四种情况分别将模型调整至塔式起重机的临界状态（见图 8-2），参考模型就可以指导塔式起重机安全运行。

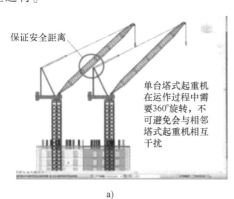
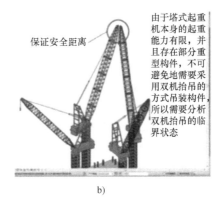

图 8-2　临界状态

a）情况 1　b）情况 2

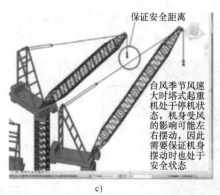
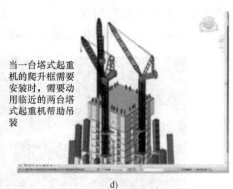

保证安全距离

台风季节风速大时塔式起重机处于停机状态，机身受风的影响可能左右摆动，因此需要保证机身摆动时也处于安全状态

当一台塔式起重机的爬升框需要安装时，需要动用临近的两台塔式起重机帮助吊装

c)   d)

图 8-2　临界状态（续）

c）情况 3　d）情况 4

8.3.2　施工电梯规划

建筑场地 BIM 模型可以根据施工方案来虚拟布置施工电梯的平面位置，直观地判断出施工电梯所在的位置、与建筑物主体结构的连接关系，以及今后场地布置中人流、物流的疏散通道之间的关系，还可以在施工前就了解外幕墙施工与施工电梯间的碰撞位置，以便及早地出具相关外幕墙施工方案以及施工电梯的拆除方案。

1. 平面规划

施工电梯布置的好坏往往能决定一个工程项目的施工进度与成本。施工电梯就是一个项目施工过程中的"高速道路"，担负着项目物流和人流的垂直运输作用。合理地、最大限度地利用施工电梯，将大大提升施工进度，尤其是在砌体结构、机电和装饰三个专业混合施工时。通过模拟施工，可以直观地看出物流和人流的变化值，能提前测算出施工电梯的合理拆除时间，为外墙施工收尾争取宝贵的时间，以确保施工进度。施工电梯的搭建位置还会直接影响建筑物外立面施工。通过前期的 BIM 模拟施工，将直观地看出其与建筑外墙的一个重叠区，并能提前在外墙施工方案中解决这一重叠区的施工问题，对外墙的构件加工能起到指导作用。

2. 方案技术选型与模拟演示

在施工电梯方案策划时，首先考虑的是施工电梯的运输通道、高度、荷载以及数量。这些数据往往都是参照以往项目的经验数据，在项目实施前都无法确认数据是否真实可靠。利用 Revit 软件的建筑模型来选择对今后外立面施工影响最小的部位安装施工电梯。然后可以将 RVT 格式的模型文件、MPP 格式的项目进度计划一起导入广联达公司的 BIM 5D 软件内，通过手动选择进度计划与模型构件之间的一一对应关联，就能完成一个 4D 的进度模拟模型。通过 5D 软件自带的劳动力分析功能，能准确迅速地确定整个项目高峰期、平稳期施工的劳动力数据。通过模拟计算分析能较为准确地判断方案技术选型的可行性，同时也对施工安全性起到指导作用。在存在多套方案可供选择的情况下，利用 BIM 模型模拟能对多种方案进行更直观的对比，最终来选择一个既安全又节约工期和成本的方案。

3. 建模标准

根据施工电梯的使用手册等相关资料，收集施工电梯各主要部件的外形轮廓尺寸、基础尺寸、导轨架及附墙架的尺寸、附墙架与墙的连接方式。施工电梯作为施工过程的机械设备，仅在施工阶段出现，因此在建模的精度方面要求不高，建模标准为能够反映施工电梯的外形尺寸、主要的大部件构成及技术参数、与建筑的相互关系等。例如，导轨架、吊笼、附墙架（各种型号）、外笼、电源箱、对重、电缆装置等，如图8-3所示。

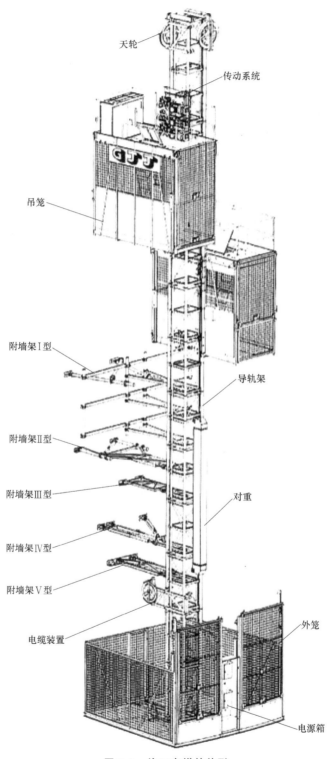

图 8-3　施工电梯的外形

4. 与进度协调

通过 BIM 模型的搭建，协调结构施工、外墙施工、内装施工等。通过建模模拟电梯的物流、人流与进度的关系，合理安排电梯的搭拆时间。

施工过程受到各种场外因素干扰，导致施工进度不能按施工方案所制订的节点计划进行，故经常需要根据现场实际情况来做修正。

8.3.3 混凝土泵规划

1. 混凝土泵发展概述

在超高层建筑施工垂直运输体系中，混凝土泵担负着混凝土垂直与水平方向输送任务。混凝土泵是一种有效的混凝土运输工具，它以泵为动力，沿管道输送混凝土，可以同时完成水平和垂直运输，将混凝土直接运送至浇筑地点。混凝土泵具有运送能力大、速度快、效率高、节省人力、能连续作业等特点。因此，它已成为工程施工现场运输混凝土最重要的一种工具。

1927 年，德国首创泵送混凝土技术，泵送压力不超过 2.94MPa。1971 年，泵送压力提高到 8.38MPa，现在已达到 22MPa，而且还有继续提高的趋势。同时，液压系统的压力也在不断提高，基本都在 32MPa 以上。因此，输送距离也在不断增加，最大水平输送距离已超过 2000m，最大垂直泵送高度也达到 500m。泵送混凝土已经成为超高层建筑混凝土输送最主要的输送方式。

2. 混凝土泵分类

（1）按工作原理分类

1）挤压式混凝土泵：其结构简单、造价低，维修容易且工作平稳，但输送量及泵送混凝土压力小，输送距离短，目前已很少采用。

2）液压活塞式混凝土泵：其结构复杂、造价比较高，维修保养要求高，但输送量及泵送混凝土压力大、输送距离长，是超高层建筑混凝土泵送的主流设备。

（2）按移动方式分类

1）固定式混凝土泵（HBG）：安装在固定机座上的混凝土泵。

2）拖式混凝土泵（HBT）：安装在可以拖行的底盘上的混凝土泵。

3）车载式混凝土泵（HBC）：安装在机动车辆底盘上的混凝土泵。

拖式混凝土泵是把泵安装在简单的台车上，由于装有车轮，所以既能在施工现场方便地移动，又能在道路上牵引拖运，这种形式在我国较为普遍。固定式混凝土泵多由电动机驱动，适用于工程量大、移动少的施工场合。

（3）按输送量分类

1）超小型混凝土泵：理论运输量为 $10\sim20\text{m}^3/\text{h}$。

2）小型混凝土泵：理论输送量为 $30\sim40\text{m}^3/\text{h}$。

3）中型混凝土泵：理论输送量为 $50\sim95\text{m}^3/\text{h}$。

4）大型混凝土泵：理论输送量为 $100\sim150\text{m}^3/\text{h}$。

5）超大型混凝土泵：理论输送量为 $160\sim200\text{m}^3/\text{h}$。

（4）按驱动方式分类

1）活塞式混凝土泵：活塞式混凝土泵又可分为机械式混凝土泵和液压式混凝土泵，机械式混凝土泵因为结构笨重、噪声过大、寿命短、能耗大，已逐步被淘汰；液压式混凝土泵又可分为油压式混凝土泵和水压式（即隔膜式）混凝土泵。

2）挤压式混凝土泵：挤压式混凝土泵适用于泵送轻质混凝土，由于压力小，故泵送距离短。

3）风动式混凝土泵：风动式混凝土泵以压缩空气输送混凝土。

（5）按分配阀形式分类

1）垂直轴蝶阀混凝土泵。

2）S形阀混凝土泵。

3）裙形阀混凝土泵。

4）斜置式闸板阀混凝土泵。

5）横置式板阀混凝土泵。

（6）按泵送混凝土压力分类

1）低压混凝土泵：工作时混凝土泵出口的混凝土压力为 2.0~5.0MPa。

2）中压混凝土泵：工作时混凝土泵出口的混凝土压力为 6.0~9.5MPa。

3）高压混凝土泵：工作时混凝土泵出口的混凝土压力为 10.0~16.0MPa。

4）超高压混凝土泵：工作时混凝土泵出口的混凝土压力为 22.0~28.5MPa。

3. 混凝土泵模型的建立

利用 BIM 技术进行混凝土泵布置规划及混凝土浇捣方案的确定，需要建立较为完善的混凝土泵模型，同时应该充分发挥 BIM 的作用。混凝土泵的模型除需要具有泵车的基本尺寸外，还需要具有技术参数。技术参数通过某种方式导入到相关的计算软件，进行混凝土浇捣的计算。

1）固定式混凝土泵模型的建立。固定式混凝土泵建模必须具有基本的型号、长度、宽度、高度、混凝土输送压力、混凝土排量的数据，以利于在排布混凝土泵时进行混凝土浇捣的计算。

2）移动式混凝土泵模型的建立。移动式混凝土泵建模必须具备混凝土泵的基本型号、基本泵送距离、管径、泵送次数、泵送压力、理论混凝土排量等相关数据，同时必须确保这些数据能够导入到相关的计算软件进行混凝土泵送计算。

4. 混凝土方量的计算

在浇筑混凝土前，必须对混凝土的浇捣方量有个准确的计算，BIM 软件本身具有统计混凝土方量的功能，但是对于有复杂扣减关系的混凝土方量计算，国外的 BIM 软件较难满足国内相关定额和清单计价规范的要求。

以 Revit 软件进行的某工程混凝土方量计算为案例。

（1）混凝土方量计算分析　对四类常规的混凝土构件（柱、梁、墙、板）进行了分析，见表 8-1~表 8-4。分析比对的信息源分别是 Revit 软件产生的明细表和项目施工现场施工预算的计算表。

表 8-1　某工程中"柱"的 Revit 算量与现场施工预算对比表

部位		Revit 明细表/m³	施工预算/m³	差值/m³	百分比（%）
柱	地下二层柱	167.72	194.72	−27.00	−13.87
	地下一层柱	139.75	190.54	−50.79	−26.66

表 8-2　某工程中"梁"的 Revit 算量与现场施工预算对比表

部位		Revit 明细表/m³	施工预算/m³	差值/m³	百分比（%）
梁	一层梁	329.40	351.93	-22.53	-6.40
	地下一层梁	282.71	297.01	-14.30	-4.81
	基础梁	115.99	119.88	-3.89	-3.24

表 8-3　某工程中"墙"的 Revit 算量与现场施工预算对比表

部位		Revit 明细表/m³	施工预算/m³	差值/m³	百分比（%）
墙	地下室外墙	710.88	611.27	99.61	16.30
	直形墙	203.32	199.07	4.25	2.13

表 8-4　某工程中"板"的 Revit 算量与现场施工预算对比表

部位		Revit 明细表/m³	预算算量/m³	差值/m³	百分比（%）
基础筏板	后浇带以东	880.69	881.24	-0.55	-0.06
	后浇带以西	1306.12	1312.57	-6.45	-0.49
后浇带		36.47	38.7	-2.23	-5.76
地下一层板		351.71	347.34	4.37	1.26
一层板		527.59	527.92	-0.33	-0.06
总量		3102.58	3107.77	-5.19	-0.17

在该工程柱、梁、墙、板结构的混凝土总量计算时，Revit 算量统计结果比现场施工预算量少 19.84m²，见表 8-5。

表 8-5　某工程中常规混凝土构件的 Revit 算量与现场施工预算的总量对比表

结构	Revit 明细表/m³	预算算量/m³	差值/m³	百分比（%）
柱	307.47	385.26	-77.29	-20.19
梁	728.10	768.82	-40.72	-5.30
墙	914.2	810.34	103.86	12.82
板	3102.58	3107.77	-5.19	-0.17
总量	5052.35	5072.19	-19.34	-0.39

（2）偏差结果分析

1）Revit 软件算量扣减关系按照板＞墙＞柱＞梁的顺序进行扣减。

2）以排序靠前的构件扣减靠后的构件，从而保持相对完整。

3）同一类型构件（梁、墙）建模过程中总是先建模的构件减去后建模的构件，构件如需统计得细致精确，应注意建模顺序。

4）需另建族的特殊构件如承台、集水井、变截面梁等，要注意其族类别，不同的族类别会影响到扣减关系以及在明细表中的位置。

5）依照相关规范规定，小于 0.3m² 的孔洞忽略不计，而 Revit 等软件会精确统计每一个孔洞所扣除的混凝土量。

6）Revit 等软件对于具体的计算公式无法显示，对于算量的对比和复核会造成一定的困难。

7）通过 Revit 计算的混凝土量，总量与手工计算量相差不大，但由于其扣减关系并不完全满足规范和定额，所以在子项的定义上有比较大的出入。

（3）分析结论　使用 Revit 等国外的 BIM 软件直接进行精确的工程量计算会有较大的问题，但是用来估计每次浇捣混凝土的总量，在混凝土强度等级一致的前提下，误差在可接受范围内。若要得到较为精准的混凝土方量，并且是可以复核检查的，还是应该结合国产算量软件，如鲁班、广联达等。以 BIM 数据作为唯一的数据源，传递数据给专业的本地化算量软件，再对需要人工修正的部分进行一定的修正，最终计算出混凝土方量用于混凝土浇捣。

（4）基于 BIM 技术的混凝土浇捣流程　在施工现场，常规混凝土浇捣可能涉及多个部门，由多部门分工合作完成相关混凝土浇捣。常规混凝土浇捣流程如图 8-4 所示。

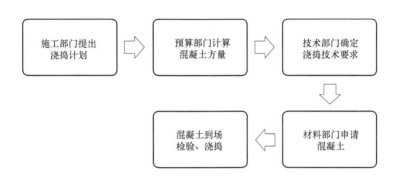

图 8-4　常规混凝土浇捣流程

BIM 技术应成为每个工程参与人员的工具，并深深地融入整个管理流程中。然而大部分企业是以单独设立一个 BIM 部门的方式来完成 BIM 技术革新和转变，新部门对原有的管理流程必定会有冲击。根据施工经验对加入 BIM 部门之后的混凝土流程进行重新梳理，如图 8-5 所示。

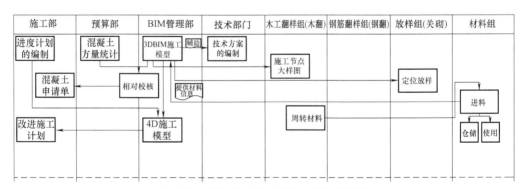

图 8-5　基于 BIM 技术混凝土浇捣流程图

图 8-5 所示将现在 BIM 模型可以提供的信息与现场的管理流程相结合，力求切实地解决相关的混凝浇捣问题。

5. 基于 BIM 技术的混凝土浇捣方案

（1）基于 BIM 技术的混凝土浇捣布置　通过 BIM 技术可以直观地布置场地，同时可以方便在图中获取相关信息。可以反映出道路的宽窄、混凝土泵车的进出位置、大门位置、堆场的位置等信息，如图 8-6 所示。

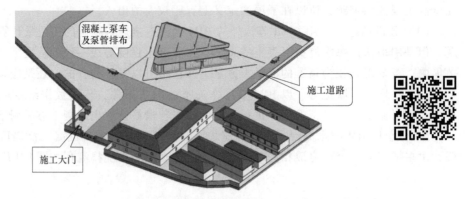

图 8-6　基于 BIM 技术的混凝土浇捣布置

（2）混凝土泵管的排布　利用 BIM 技术可以将混凝土泵的相关排布细节直接地表现出来，利于工人施工，主要表现如下几点：

1）水平泵管的排布，如图 8-7 所示；水平泵管的固定和连接如图 8-8 所示。

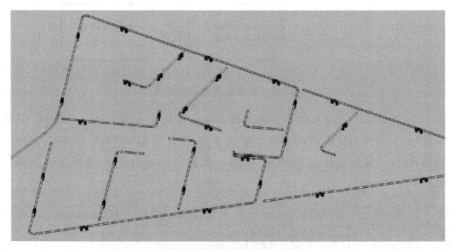

图 8-7　水平泵管的排布示例

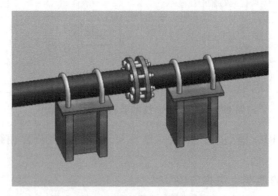

图 8-8　水平泵管的固定和连接

2）垂直泵管的排布。BIM 可以清楚地表示混凝土垂直泵管的分截以及与混凝土墙面的固定和连接。同时，超高层泵送需要设置的缓冲层也可以基于 BIM 技术清楚地将其表达出来，如图 8-9 所示。

8.3.4 其他大型机械规划

通过 BIM 技术来更合理地布置大型机械，往往会对工程项目管理起到节约成本和工期的作用。

1. 平面规划

在制订施工方案时往往要在平面图上推敲大型机械的合理布置方案。但是单一地凭借平面的 CAD 图样和施工方案，很难发现施工过程中的问题。应用 BIM 技术可以通过 3D 模型较直观地选择更合理的平面规划布置。汽车式起重机的平面规划布置模型如图 8-10 所示。

图 8-9 混凝土垂直泵管的垂直固定和缓冲层设置

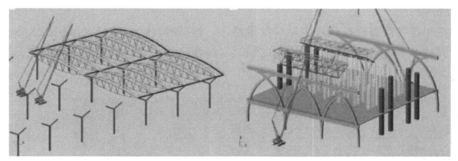

图 8-10 汽车式起重机的平面规划布置模型

2. 方案技术选型与模拟演示

在做施工吊装方案时，大多数的计算结果都是尽量在确保安全性的前提下进行一定系数的放大来对机械设备进行选型。采用 BIM 模型既可以利用模型里所有输入的参数来做模拟施工，检测选型的可行性，又可以对施工安全性起到一定的指导作用。当存在多套方案可供选择时，利用 BIM 模型模拟更能对多套方案进行直观性地对比，最终选择一个既安全又节约工期和成本的方案。采用履带式起重机吊装过程中，一旦履带式起重机仰角过小，就容易发生前倾，导致事故发生。利用 BIM 技术模拟施工，可以预先对吊装方案进行实际可靠的指导。方案技术选型与模拟演示示例如图 8-11 所示。

3. 建模标准

建筑工程主要用到的大型机械设备包括汽车式起重机、履带式起重机、塔式起重机等，这些机械建模时最关键的是参数的可设置性。不同的机械设备其控制参数是有差异的。例如，履带式起重机的主要技术控制参数为起重量、起重高度和半径。考虑到模拟施工对履带式起重机动作真实性的需要，一般可以将履带式起重机分成以下几个部分：履带部分、机身部分、驾驶室及机身回转部分、机身吊臂连接部分、吊臂部分和吊钩部分。汽车式起重机与履带式起重机有相似之处，主要增加了车身水平转角、整体转角、吊臂竖直平面转角等参数，如图 8-12 所示。

a)   b)

图 8-11　方案技术选型与模拟演示示例

a）履带式起重机仰角过小时模拟情况　b）履带式起重机仰角调整后模拟情况

4. 与进度协调

施工过程施工进度需要根据现场实际情况做修正，这同样也会影响到大型机械设备的进场时间和退场时间，调整机械设备的进出场时间时，经常会发生各种调配不利的问题，造成不必要的等工。

a)   b)   c)

图 8-12　履带式起重机模型

a）水平转角　b）整体转角　c）吊臂竖直平面转角

利用 BIM 技术模拟施工可以很好地根据现场施工进度的调整，来同步调整大型设备进出场的时间节点，以此来提高调配的效率，节约成本。

■ 8.4　施工现场物流规划

8.4.1　施工现场物流需求分析

施工现场是一个涉及各种需求的复杂场地，其中建筑行业对于物流也有自己特殊的需求。BIM技术的功能之一是可作为一个信息收集系统，可以有效地将整个建筑物的相关信息收集录入并以直观的方式表现出来。信息的应用必须结合相关的施工管理。故而本节首先介绍施工现场物流管理时信息的收集和整理。

（1）材料的进场　建筑工程涉及各种材料，有些材料为半成品，有些材料是成品，对于不同的材料既有通用要求，也有特殊要求。材料进场应该有效地收集其运输路线、堆放场地及材料本身的信息。材料本身的信息包含：制造商的名称，产品标识（如品牌名称、颜色、库存编号等），以及其他的必要标识信息。

（2）材料的存储　对于不同用途的材料，必须根据实际施工情况安排其存储场地，应该明确地收集其存储场地的信息和相关的进出场信息。

8.4.2　基于BIM及射频识别（RFID）技术的物流管理与规划

BIM技术具备很好的信息收集和管理功能，但是这些信息的收集一定要和施工现场密切结合才能发挥更大的作用。物联网技术是一个很好的载体，它能够很好地将物体与网络信息关联，再与BIM技术进行信息对接，使BIM技术能够真正地用于物流的管理与规划。

1. 射频识别（RFID）技术简介

物联网是利用射频识别（RFID）或条形码、激光扫描器（条码扫描器、传感器、全球定位系统等数据采集设备，按照约定的协议，通过互联网将任何人、物、空间相互连接，进行数据交换与信息共享，以实现智能化识别、定位、跟踪、监控和管理的一种网络应用。物联网技术的应用流程如图8-13所示。

目前，建筑领域涉及的编码方式有条形码、二维码以及射频识别（RFID）技术。射频识别（RFID）技术，又称电子标签、无线射频识别，是一种通信技术，可通过无线电信号识别特定目标

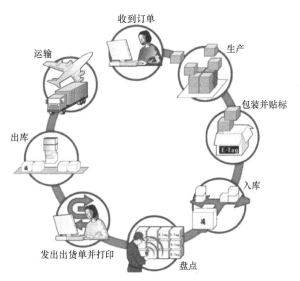

图8-13　物联网技术的应用流程

并读写相关数据，而无须识别系统与特定目标之间建立机械或光学接触，常用的有低频（125～134.2kHz）、高频（13.56MHz）、超高频、无源等技术。射频识别（RFID）技术的读写器也分移动式和固定式，目前射频识别（RFID）技术在物流、门禁系统、医疗、食品溯源方面都有应用。

二进制的条码识别是一种基于条空组合的二进制光电识别，广泛应用于各个领域。条码识别与射频识别（RFID）从性能上来说各有优缺点，具体应根据项目的实际预算及复杂程度考虑采用不同的方案，其优缺点见表8-6。

条码识别也信息量较小，但如果均是文本信息的格式，基本已能满足普通的使用要求，条码识别也较为便宜。但是条码识别在土建领域使用有很多不足之处：条码识别是基于二维纸质的识别技术，如果现场环境较为复杂，难以保证其标签的完整性可能影响

正确识读。二维条形码信息是只读的，不适合复杂作业流程的读写需求。条形码只能逐个扫描，工作量较大时影响工作效率。无论是条码识别还是射频识别（RFID）均需要开发专用的系统以满足每个公司每个工程项目独一无二的工程流程和信息要求。建筑工程中有着较多的金属构件，对射频识别（RFID）的读取有一定的影响，虽然可以采取防金属干扰的措施，但会增加成本。故而对于部分构件还是可以采取条码识别与射频识别（RFID）相结合的方式。

表 8-6 条码识别与射频识别（RFID）的性能对比

系统参数	射频识别（RFID）	条码识别
信息量	大	小
标签成本	高	低
读写能力	读/写	只读
保密性	好	无
环境适应性	好	不好
识别速度	很高	低
读取距离	远	近
使用寿命	长	一次性
多标签识别	能	不能
系统成本	较高	较低

2. 射频识别（RFID）技术的用途

射频识别（RFID）技术主要可以用于物料及进度的管理；可以在施工场地与供应商之间获得更好和更准确的信息流；能够更加准确和及时地供货，将正确的物品以正确的时间和顺序放置到正确的位置上；通过准确识别每一个物品来避免严重缺损，避免使用错误的物品或错误的交货顺序而带来不必要的麻烦或额外工作量；加强与工程项目规划保持一致的能力，从而在整个工程项目施工过程中减少劳动力的成本并避免合同违规受到罚款；减少工厂和施工现场的缓冲库存量。

3. 射频识别（RFID）与 BIM 技术的结合

（1）软硬件配置 使用射频识别（RFID）与 BIM 技术进行结合需要配置如下软硬件：

1）根据现场构件及材料的数量需要有一定的射频识别（RFID）芯片，同时考虑到土木工程的特殊性，部分射频识别（RFID）标签应具备防金属干扰功能。形式可以采取内置式或粘贴式。

2）射频识别（RFID）读取设备，分为固定式和手持式，对于工地大门或堆场位置口，可考虑安装固定式以提高射频识别（RFID）的稳定性和降低成本，对于施工现场可采取手持式。

3）针对项目的流程专门开发的射频识别（RFID）数据应用系统软件。

（2）相关工作流程 土建施工多数为现场绑扎钢筋、浇捣混凝土，故而射频识别（RFID）的应用应从材料进场开始管理。安装施工根据实际工程情况可以较多地采用工厂预制的形式，能够形成从生产到安装整个产业链的信息化管理，故而流程以及系统的设置应有不同。

1) 土建施工流程如下:

① 材料运至施工现场,进入仓库或者堆场前贴射频识别(RFID)芯片,芯片应包括生产单位、出厂日期、型号、构件安装位置、入库时间、验收情况的信息、责任人(需1或2人负责验收和堆场管理、处理数据)。

② 材料进入仓库。

③ 工人来领材料,领取材料的同时,数据库添加领料时间、领料人员、所领材料。

④ 混凝土浇筑时,再进行一次扫描,以确认构件最终完成,实现进度的控制。

2) 安装施工流程如下:

① 加工厂制造构件,在构件中加入射频识别(RFID)芯片,加入相关信息,需加入生产单位、出厂日期、构件尺寸、构件所安装位置、责任人(需有1或2人与加工厂协调)。

② 构件出场运输,进行实时跟踪。

③ 构件运至现场,进入仓库前进行入库前扫描,将构件中所包含的信息扫入数据库,同时添加入库时间、验收情况的信息、责任人(需1或2人负责验收和堆场管理、处理数据)。

④ 材料进入仓库。

⑤ 工人来领材料,领取材料的同时,数据库添加领料时间、领料人员、领取的构件、预计安装完成时间(需1或2人负责记录数据)。

⑥ 构件安装完后,由工人确认将完成时间加入数据库(需1人记录、处理数据)。

案例1——马里兰州总医院

工程概况:该工程为美国马里兰州巴尔的摩的马里兰州总医院(MGH)扩建工程,约9600m²。MGH成立于1881年,是马里兰大学医疗体系的一部分。此次扩建于2010年3月完成,连接到现有的建筑结构(20世纪50年代建造),包括8间外科手术房、4间特别房、18床加护病房、药房和实验室。医院在扩建的施工期间要求保持正常营运。在现有的庭院上增建一栋6层楼的建筑物,并延伸横跨到原有的2层楼医院的一部分,使其保持在6层楼的高度(见图8-14)。为了在紧迫的时间限制内有效地提供结构性支撑,此扩建工程从上而下分解为两个阶段:第一阶段包括所有附加建筑物的结构钢架、完成现有建筑物3楼以及从4~6楼的外壳;第二阶段包含庭院增建物的地下室到3楼的外壳和装修。

在该项目中,实体设备、3D建筑信息模型的虚拟表现以及中央资料库之间的连接,都是使用条形码与便携式计算机的专门软件来建立。在每一件设备易接近的位置皆有独特的条码标签。

一个名为Bartender的软件则用于产生Code 39标准条码符号系统的条码。所有的条码为11个字符长,条码的运算法则可标示各种设备的属性,包括类型、设备、位置和序列号(见图8-15)。例如,条码FM-CRU-ENT-001的意义是设备管理——控制率单元——位于入口处编号001。

Bartender软件记录设备名称、设备ID(由Tekla软件生成)以及条码本身。当所有的条码生成与打印,条码资料库生成为MS Excel工作表,以此为依据来使用Vela系统软件同步条码资料以及之后的Tekla模型。从现场收到的信息再使用Vela软件更新。现场收集到的信息(检查结果、调试资料等)由现场人员使用Vela系统开发的便携式计算机软件来输入与更新。同样,现场人员也可以很容易地使用中央数据库的信息。Vela软件可以在现场获取项目信息时以离线模式操作,之后再与办公室的中央数据库作同步处理。图8-16所示的是 BIM 与设备管理的整合，输入模型与现场资料到 Tekla 和 CMMS（Computer Maintenance Management System，计算机维护管理系统），使用条码标识。

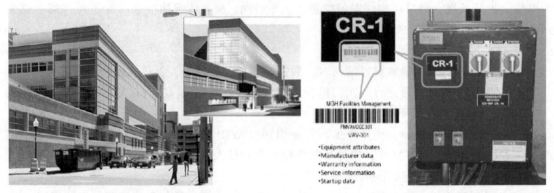

图 8-14　马里兰州总医院的效果图与照片　　图 8-15　条码格式自 BIM 设备管理集成而改编

图 8-16　BIM 与设备管理的整合

条码标识是所有信息整合的重点。使用 Vela 收集并产生的现场信息在线上更新汇入 Tekla 模型。Vela Sync Folder 里建有分层式文件夹，每项设备皆有一个文件夹。在每台设备通过条码识别后，此电子档案将会指向其所属的文件夹。接下来，在 Vela 和 Tekla 之间的集成转换器将运行并创建一个 xml 档案并且最终会将此 xml 档案汇入 Tekla。这样一来，医院即拥有所有电子档格式的竣工验收文件。

案例 2——上海某住宅产业化项目

上海某住宅产业化项目预制工程中也全面将 BIM 技术与射频识别（RFID）技术相结合，并贯穿于整个建筑物的多个阶段（设计阶段、预应力混凝土结构构件生产阶段、施工阶段）。

在设计阶段，开发出具有唯一编码的 28 位射频识别（RFID）芯片代码，使芯片代码与构件代码一致。手持设备和图纸编号如图 8-17 所示。

在预应力混凝土结构构件生产阶段，开发专门的预应力混凝土结构构件状态管理平台，通过射频识别（RFID）芯片的扫描对预应力混凝土结构构件生产的全过程进行监控。预应力混凝土结构构件状态管理平台如图 8-18 所示。

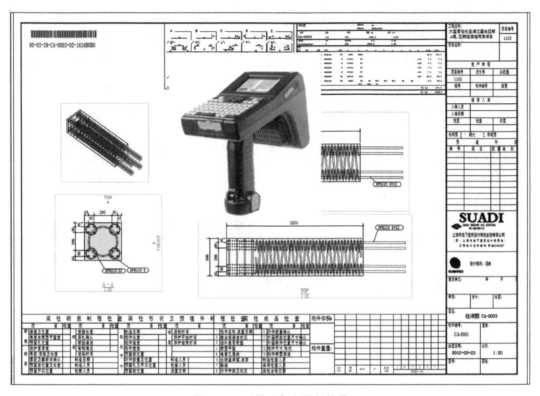

图 8-17 手持设备和图纸编号

图 8-18 预应力混凝土结构构件状态管理平台

同时工人的质检、运输、进场、吊装等全过程都采用手持式射频识别（RFID）芯片扫描的方式来完成，并将相关的构建信息录入到管理平台中，完成全过程的监控，如图 8-19 所示。

同时，吊装信息也可以与 4D 管理平台进行关联，同步监控整个项目的进度。

图 8-19　基于手持式射频识别（RFID）芯片扫描工人的全过程监控

■ 8.5　施工现场人流规划

8.5.1　施工现场总平面人流规划

施工现场总平面人流规划需要考虑正常的进出安全通道和应急时的逃生通道，施工现场和生活区之间的通道连接等主要部分。施工现场又分为平面和竖向。生活区主要是平面，在生活区需要按照总体规划的人数规划好办公区、宿舍、食堂等生活区设施之间的人流。在施工区，要考虑进出办公区通道、生活区通道、安全区通道设施、现场人流安全设施等，以及随着不同施工阶段工况的改变，相应地调整安全通道。

1. 总述

利用工程项目信息集成化管理系统来分配和管理各种建筑物中人流，采用三维模型来表现效果、检查碰撞、调整布局，最终形成可以直观展示的报告。这个过程是建立在技术方案基础上，并在拥有比较完整的模型后，以现行的规范文件为标准进行的。模拟采用动画形式，适用于相关人员来观察产生的问题，并适时地更新、修改方案和模型。

2. 工作内容及目标

（1）数字化表达　采用三维的模型展示，以 Revit，Navisworks 为模型建模、动画演示软件平台。这些模拟可能包括人流的疏散模拟结果、道路的交通要求、各种消防规范的安全系数对建筑物的要求等。工作过程：工作采用总体协调的方式，即在全部专业合并后所整合的模型（包括建筑、结构、机电）中，使用 Navisworks 的漫游、动画模拟功能，按照规范要求、方案要求和具体工程要求，检验建筑物各处人员或者车辆的交通流向情况，并生成相关的视频、图片文件。

（2）协同作业　采用软件模拟，专业工程师在模拟过程中发现问题、记录问题、解决问题、重新修订方案和模型的过程管理。

3. 模型要求

对于需要做人流模拟的模型，需要先定义模型的深度，模型的深度按照 LOD100 ~ LOD500 的程度来建模。与人流模拟相关的建模标准见表 8-7。

表 8-7　建模标准

深度等级	LOD100	LOD200	LOD300	LOD400	LOD500
场地	表示	简单的场地布置。部分构建用体量表示	按图样精确建模。景观、人物、植物、道路贴近真实	可以显示场地等高线	—
停车场	表示	按实际标示位置	停车场大小、位置都按照实际尺寸确切表示	—	—
各种指示标牌	表示	表示的轮廓大小与实际相符，只有主要的文字、图案等可识别信息	精确地标示，文字、图案等信息比较精准，清晰可辨	各种标牌、标示、文字、图案都精确到位	增加材质信息，与实物一致
辅助指示箭头	不表示	不表示	不表示	道路、通道、楼梯等处有交通方向的示意箭头	—
尺寸标注	不表示	不表示	只在需要展示人流交通布局时，在有消防、安全需要的地方标注尺寸	—	—
其他辅助设备	不表示	不表示	长、宽、高物理轮廓。表面材质颜色类型属性，材质，二维填充表示	物体建模，材质精确地表示	—
车辆、消防车等机动设备	不表示	按照设备或该车辆最高最宽处的尺寸给予粗略的形状表示	比较精准的模型，具有制作模拟的、渲染、展示的必备效果（如起重机的最长吊臂）	精确地建模	可输入机械设备、运输工具的相关信息

4. 交通及人流 4D 模拟要求

（1）交通道路模拟　交通道路模拟结合 3D 场地、机械、设备模型，在 LOD300 的深度等级下进行现场场地的机械运输路线规划模拟。交通道路模拟可提供图形的模拟设计和视频，以及三维可视化工具的分析结果。一般按照实际方案和规范要求（在模拟前的场地建模中，模型就已经按照相关规范要求与施工方案，做到符合要求的尺寸模式）利用 Navisworks 在整个场地、建筑物、临时设施、宿舍区、生活区、办公区模拟人员流向、人员疏散、车辆交通规划，并在实际施工中同步跟踪，科学地分析相关数据。交通运输模拟中机械碰撞行为是最基本的行为，如道路宽度、建筑物高度、车辆本身的尺寸与周边建筑设备的影响、车辆的回转半径、转弯道路的半径模拟，都将作为模拟分析的要点，分析出交通运输的最佳状态，并同步修改模型内容。

（2）交通及人流模拟要求

1）使用 Revit 建模导出 .nwc 格式的图形文件，并导入 Navisworks 中进行模拟。

2）Navisworks 三维动画视觉效果展示交通人流运动碰撞时的场景。

3）按照相关规范要求、消防要求、建筑设计规范等，并按照施工方案指导模拟。

4）构筑物区域分解功能，同时展示各区域的交通流向、人员逃生路径。

5）准确确定在碰撞发生后需要修改处的正确尺寸。

（3）建模参照的规范　模型建立仍然以现行规范、标准为准则，主要参考 GB 50720—2011《建设工程施工现场消防安全技术规范》和 JGJ 146—2013《建筑施工现场环境与卫生标准》。

1）防火间距。工人宿舍之间的防火间距不小于 5m，且不宜大于 40m。工人宿舍距易燃、易爆危险物品仓库的间距宜大于 25m。围栏之间的距离至少为 5.5m。临时消防车道宜为环形，如设置环形车道确有困难，应在消防车道尽端设置尺寸不小于 12m×12m 的回车场。场地宽度应满足消防车正常操作要求且不应小于 6m，与在建工程外脚手架的净距不宜小于 2m，且不宜超过 6m。易燃易爆危险品库房与在建工程的防火间距不应小于 15m，可燃材料堆场及其加工场、固定动火作业场与在建工程的防火间距不应小于 10m，其他临时用房、临时设施与在建工程的防火间距不应小于 6m。临时建筑的耐火等级、最多允许层数、最大允许长度、防火分区的最大允许建筑面积，如表 8-8 所示。

表 8-8　临时建筑耐火等级

临时建筑	耐火等级	最多允许层数	最长允许长度/m	防火分区的最大允许建筑面积/m²
宿舍	四级	2	60	600
办公用房	四级	2	60	600
食堂	四级	1	60	600

2）安全疏散要求。工人宿舍应在楼层两侧设置疏散楼梯，疏散门到疏散楼梯的最大距离不应大于 25m。当房间大于 50m² 时，至少应该设置 2 个门，疏散楼梯保持敞开及畅通。疏散楼梯长度最长为 15m。工人宿舍区应设有消防车通道，宽度和高度都不得小于 4m。

3）楼梯和走廊要求。工人宿舍疏散楼梯和走廊的宽度不应小于 1.2m。扶手高度在 1～1.2m，过道长度不超过 25m，一般过道采用外部过道，宽度超过 1.35m。

4）设施要求

① 工人宿舍：工人宿舍采用 2 层结构。宿舍内应保证有必要的生活空间，室内净高不得小于 2.4m，通道宽度不得小于 0.9m，每间宿舍居住人员不得超过 16 人。施工现场宿舍必须设置可开启式窗户。

② 食堂和餐厅：平面布局可根据实际情况灵活布置，并能够满足人均 1.5m² 的使用面积；食堂应设置在远离厕所、垃圾站、含有毒有害等污染源的场所。保证足够人流的通道宽度。

③ 卫生间：应设置集中的卫生间，男女卫生间必须单独设置；卫生间应与食堂分开；施工现场应设置水冲式或移动式厕所，厕所地面应硬化，门窗齐全。蹲位之间宜设置隔板，隔板高度不宜低于 0.9m。

④ 浴室：应设置集中的浴室，男女浴室必须分开；浴室每 15 个人配置一个淋浴喷头，淋浴喷头间距不小于 1m。

⑤ 办公用房：办公用房宜包括办公室、会议室、资料室、档案室等。办公用房室内净

高不应低于2.5m。办公室的人均使用面积不宜小于4m^2，会议室使用面积不宜小于30m^2。

5）交通管理。场内应设置足够的交通警示牌、道路标识和照明装置。场内道路为3.5m宽，转弯半径不少于12m，场内限速为20km/h，宿舍区限速5km/h。在工地分别设置进口、出口和停车场。施工现场主要临时用房、临时设施的防火距离见表8-9。

表8-9 临时用房、临时设施的防火距离 （单位：m）

名称间距	办公用房、宿舍	发电机房、变配电房	可燃材料库房	厨房操作间、锅炉房	可燃材料堆场机器加工场	固定动火作业场	易燃易爆危险品库房
办公用房、宿舍	4	4	5	5	7	7	10
发电机房、变配电房	4	4	5	5	7	7	10
可燃材料库房	5	5	5	5	7	7	10
厨房操作间、锅炉房	5	5	5	5	7	7	10
可燃材料堆场机器加工场	7	7	7	7	7	10	10
固定动火作用场	7	7	7	7	10	10	12
易燃易爆危险品库房	10	10	10	10	10	12	12

6）施工现场环境与卫生。施工现场的施工区域应与办公区、生活区划分清晰，并应采取相应的隔离措施。施工现场必须采用封闭围挡，高度不得小于1.8m。施工现场出入口应标有企业名称或企业标识，主要出入口明显处应设置工程概况牌，大门内应有施工现场总平面图和安全生产、消防保卫、环境保护、文明施工等制度牌。道路出入口等处要有明显的符合要求的标识，标识记号做法要符合企业及规范的要求。对于各种停车场、标牌、指示标记的做法，可参考企业规范及相关标准。

7）实例式样

人流式样布置：在3D建筑中放置人流方向箭头，表示人流走向，设计最合理的线路并以3D的形式展示。在模型中可以加入时间进度条以展现疏散模拟、感知时间、响应时间、道路宽度合适度、依据建筑空间功能规划的最佳营建空间（包括建筑物高度、家具的摆放布置、设备的位置等），如图8-20所示。

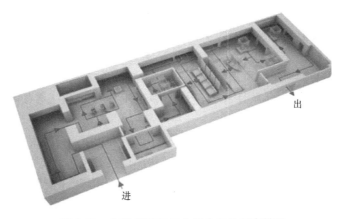

图8-20 三维视图标示人流走向的示意模型

在场景中做真实的3D人流模拟，使用Navisworks的3D漫游和4D模拟来展示人员在场景或者建筑物内的通行状况，也可用达到一定程度的机械设备模型相关消防的道路交通通行要求。3D漫游模拟展示人流走向如图8-21所示。

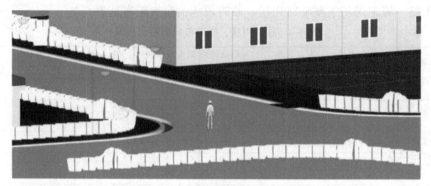

图 8-21　3D 漫游模拟展示人流走向

在整合后的模型中进行结构、设备、周边环境和人流的模拟。例如，门窗高度、楼梯上雨篷、转弯角处的设备等可能会对人流行走造成碰撞，这也是必要的模拟作业。3D漫游模拟展示人流与建筑物等的碰撞关系如图8-22所示。

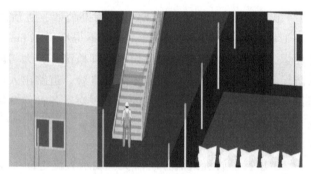

图 8-22　3D 漫游模拟展示人流与建筑物等的碰撞关系

8.5.2　竖向交通人流规划

竖向交通人流通道设置在施工各阶段均不相同，需考虑人员的上下通道，并与总平面水平通道布局相衔接。考虑到正常通行的安全，应急时人员疏散通行的距离和速度，竖向通道位置均应与总平面的水平通道协调，考虑与水平通道口的距离、起重机回转半径的安全范围、结构施工空间影响、物流的协调等。通过BIM模拟施工各阶段上下通道的状况，模拟出竖向交通人流的合理性、可靠性和安全性，满足工程项目施工各阶段进展的人员通行要求。

模型深度要反映通道体型的大小、构件的基本形状和尺寸。与主体模型结合后，反映出空间位置的合理性、结构安全的可靠性以及与结构的连接方式。

人流模拟将利用Navisworks中的漫游功能，实现图形仿真（漫游中的真实人类模型），在宿舍区、生活区、办公区等处，采取对个体运动进行图形化的虚拟演练（3D人流模型在实际场景中的行走），从而可以准确确定个体在各处行走时，是否会出现撞头、绊脚、临边坠落等硬碰撞，与碰撞处理相结合控制人员运动，并调整模型。

在人流模拟时，要模拟观察各种楼梯、升降直梯等的宽度、高度，各场地可能存在的不适合人员行走的硬件隐患，并且模拟在灾难发生时的最佳逃生路径；还要考虑群体性的规划，模拟从单人到多人在所需规划的道路中的行走情况，如果人员之间的距离和最近点的路径超过正常范围（按照消防规范及建筑设计规范），必须重新设计新的路径，以适应人流需要。

1. 基础施工阶段

基础施工阶段的竖向交通人流规划主要是上下基坑和地下室的通道，并与平面通道接通。在基础施工挖土阶段一般采用临时的上下基坑通道，有临时性通道和标准化工具式通道。标准化工具式通道多用于较深的基坑，如多层地下室基坑、地铁车站基坑等，临时性通道或脚手架通道多用于较浅的基坑。

临时性基坑通道根据维护形式的不同而不同。放坡开挖的基坑一般采用斜坡形成踏步式的人行通道，可满足上下行人员同时行走，及人员搬运货物。在坡度较大时，一般采用临时钢管脚手架搭设踏步式通道。通道设置位置一般在与平面人员安全通行的出入口处，以避开吊装回转半径为宜，否则应搭设安全防护棚。上下通道的两侧均应设置防护栏杆，坡道的坡度应满足舒适性与安全性要求。临时上下基坑施工人流通道模型如图 8-23 所示。

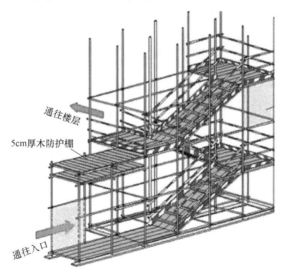

图 8-23　临时上下基坑施工人流通道模型

在采用支护围护的深基坑施工中，人行安全通道常采用脚手架搭设楼梯式的上下通道，在更深的基坑中常采用工具式的钢结构通道。工具式的钢结构通道一般用于地铁车站基坑、超深基坑中，通道宽度为 1.0~1.1m，通行人员只能携带简易工具，不能搬运货物通行；通道采用与支护结构连接的固定方式，一般随基坑的开挖，由上向下逐段安装。深基坑施工人流通道模型如图 8-24 所示。

基础结构施工完成后，到地面以下通道一般均为建筑永久的楼梯通道、车道等。通道上要设计扶手和照明、防滑、临空围护等。

2. 结构阶段的竖向交通人流规划

结构阶段的竖向交通人流主要是指通向已完成的结构楼层和作业面的人流，人流通道主要利用脚手架、人货电梯和永久结构楼梯。

多层建筑一般采用楼梯式通道，通道有斜坡式和楼梯踏步式之分。楼梯 BIM 模型主要反映楼梯自身的安全性及与结构的连接、通向各楼层和作业面的通道及其与地面安全通道的连接。多层标准脚手架搭设人流通道模型如图 8-25 所示。

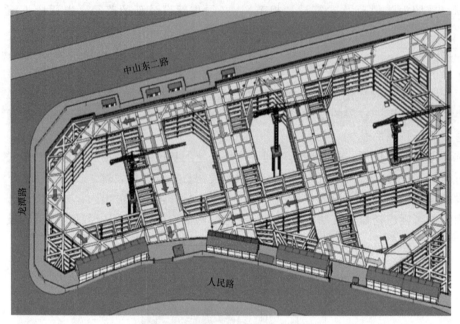

图 8-24　深基坑施工人流通道模型

高层建筑采用人货电梯作为主要通道。结构楼层到作业面之间一般采用脚手架安全通道。BIM 模型要反映出竖向人流到结构楼层，再从结构楼层到作业面的流向。在已完成结构楼层的结构内部，利用永久结构的楼梯上下通行。通过建立结构施工人流演示模型图，反映人流与结构施工通道的关系。高层结构施工作业面常用的安全作业围护平台是整体提升脚手架。人流通过整体提升脚手架从已完成的结构楼层到结构施工作业面。在脚手架模型上要反映出

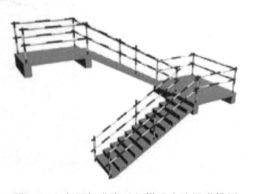

图 8-25　多层标准脚手架搭设人流通道模型

竖向人流，还要考虑通道个数、大小与人数、上下的流向，通道的出入口距离、作业点距离等人流安全疏散的关系。对超高层的钢框筒结构，在钢框结构施工部位，要反映结构楼层到钢框架结构施工部位人流的通道，主要反映通道到作业点的安全性。

3. 装饰施工阶段竖向交通人流规划

装饰施工阶段的内容有外墙面（幕墙）和内部砌体、隔断、装饰等，结构内部楼梯已全部完成，竖向人流通道主要是内部的楼梯、人货电梯。外部人货电梯拆除后，竖向人流通道主要是内部的楼梯、永久电梯（一般为货梯）。

超高层建筑结构施工时，低层的幕墙和内部隔断已开始施工，货运量增加。装饰施工阶

段，通过电梯的货流量增大。人货电梯的流量可以通过 BIM 建模模拟出流量的分配，协调与物流的关系。通过人流量和货运量计算需要的人货电梯的数量。

通过对各阶段人流通道 BIM 建模，模拟出人流的上下安全通道的畅通连续性，调整通道的位置、形式、大小、安装形式及与各阶段施工协调，保证人流的正常通行和应急时的逃生。

8.5.3　人流规划与其他规划的统筹和协调

1. 主要内容

人流规划是施工规划中的一项重要内容，需要重点考虑以下三个方面的统筹和协调：

1）人流规划、机械规划和物流规划界面及协调。

2）人流规划与人员活动区域（办公区、生活区、施工区）的关系及协调。同时，与此相关的进出办公区通道、生活区通道、安全区通道等设施也需要作充分的考虑和协调。

3）人流规划与施工进度的关系及协调。

上述三个方面的统筹和协调需要统一考虑下述问题：

1）相关规划内容的 BIM 模型的统一标准，即施工规划的内容需要具有一致和协调的 BIM 建模精度、深度和文件交付格式，使得规划内容不产生偏离和不一致性的问题。

2）相关规划内容的 BIM 建模的统一基准，即建模前需要进行统一的规划，建立统一的基准和要求，使得 BIM 模型分别制作完成后可以顺利合并。

3）相关规划内容的 BIM 表达方式，即对规划 BIM 表达的方式和过程可以协调一致。

2. 相关表达

人流规划的 BIM 表达主要有人流规划的静态 BIM 模型和人流规划的动态 BIM 表达两方面的内容。

人流规划的静态 BIM 模型可以按照前述的要求和方法进行建模。人流规划的动态 BIM 表达是一个相对复杂的问题，它同样包含两个方面的内容：

1）人流在不同阶段的动态组织和演示。它必须放到整个施工规划的环境中进行动态展示，以判断人流组织的合理性及有效性。

2）人流与其相关的环境、设备、实施等之间要满足协调关系，以确保人流组织的顺利实施和总体施工规划的实现。

3. 实现目标

1）实现可视化，BIM 可以实现施工项目在建造过程的沟通、讨论和决策在"所见即所得"的方式下顺利进行。

2）实现协调性，人流规划与其他施工规划内容可能产生的矛盾和不一致性。BIM 模型可以实现静态的差错检查，如人流是否和安全通道之间发生干涉或者碰撞等。

3）实现模型真实过程的动态模拟。例如，当地震或者其他灾害发生时，人员逃生模拟及消防人员疏散模拟；人员通行路线会不会产生断头和冲突等。

4）实现不同要求的统计和分析。

5）实现可以优化的目标。利用 BIM 的静态差错检查和动态模拟功能可以发现矛盾和冲突，可以更为方便地对前期的一些不合理规划进行调整和优化，实现管理和组织上的更高效率、更高安全性、更好的经济性等。

实施上，需要根据施工进度建立和维护 BIM 模型，使用 BIM 平台汇总施工规划的各种信息，消除施工规划中的信息孤岛，并且将所有信息结合三维模型进行整理和储存，实现施工规划全过程中项目各方信息的随时共享。

实现上述要求和目标，对 BIM 模型以及相关环境模型信息的丰富程度都有相一致的要求，同时还需要更加科学、高效、完备的判别方式。对先进科学技术和 BIM 技术的结合也提出了更高的要求，如人流建模和规划可以用 BIM 技术来实现，而施工总平面组织和规划可以用 BIM 结合地理信息系统（Geographic Information System，GIS）来建模，BIM 及 GIS 软件的强大功能可以迅速得出令人信服的分析结果，帮助工程项目在施工规划时评估施工现场的使用条件和特点，从而对人流组织做出合理和正确的决策。对不同责任分工者之间的协同设计也提出了更高的要求。不同责任分工者之间可能处于不同的办公地点（地理位置）或者不同的工作时间，这些通过网络连接，可以实现协同的设计内容。对于不同责任者提出了更加高的非面对面交流能力的要求，也同样对其专业技能提出了更高的要求。

■ 8.6　小型设施布置优化

本节以地铁施工现场监控为例介绍小型设施布置优化。

8.6.1　布置问题分析

1. 问题描述

地铁车站施工现场的监控覆盖，包含对地面区域的监控覆盖和对基坑施工层的监控覆盖。明挖法地铁车站主体结构的施工，包括围护结构、降水工程、土方开挖及支护、主体结构、土方回填等施工阶段。土方开挖及支护和主体结构施工一般采用分层施工的方法，二层车站地铁车站主体施工过程包括底板、二层立柱和侧墙、中板、一层侧墙和立柱、顶板的施工。土方分层开挖，在开挖的过程中，逐道架设混凝土支撑和钢支撑。随着施工的进行，基坑中不断的架设和拆除支撑。因此，不同的施工阶段施工层面，基坑区域所受到基坑侧壁和支撑结构遮挡情况不同。因此，视频监控点布置要针对每一施工阶段，考虑基坑侧壁和支撑结构的遮挡，实现对地铁车站施工现场地面区域和基坑施工层面的空间覆盖。地铁施工现场环境和施工过程比较复杂，很多事故的发生往往是由现场工人不规范的操作，缺少佩戴防护设备，甚至施工现场某些位置缺少提示标牌等细节导致的。因此，视频监控点的监控距离，要能看清楚这些施工细节内容。

针对不同的施工阶段和施工层，考虑基坑侧壁和支撑对监控点视线遮挡的情况下，布设最少的视频监控点，实现对地铁车站施工现场空间区域全覆盖，是一个考虑遮挡作用的空间区域覆盖问题。如何布置最少视频监控点，满足对地铁车站施工现场空间区域的全覆盖，是一个确定性区域覆盖的数学问题，这类问题通常将监控区域通过网格划分的方法，转化为网格点的覆盖问题，区域覆盖的问题相应地也就变成了集合覆盖问题（Set Covering Problem，SCP）。集合覆盖问题最常用的解决方法是利用遗传算法进行求解。

2. 集合覆盖理论

Hakimi 在 1965 年提出集合覆盖问题，Toregas 和 Swain 在 1971 年将服务设施选址的问题总结为集合覆盖问题，用最少的服务设施点，实现所有需求点服务的要求。他们建立的集合覆盖模型中，假设所有的设施点成本一样，每个设施点的服务距离相同，设施点从已知的设施点中选择，以设施点最少为目标函数，所有需求点都被满足为约束条件，数学模型如下

$$\min \sum_{j \in W} X_j \qquad (8-1)$$

$$\text{s. t.} \sum_{j \in N_i} X_j \geq 1, \forall i \in V \qquad (8-2)$$

$$X_j = \{0, 1\}, \forall j \in W \qquad (8-3)$$

$$N_j = \{j \mid d_{ij} \leq r\} \qquad (8-4)$$

式中　　i——需求点编号；

j——设施点编号；

V——需求点的集合；

W——设施点的集合；

X_j——设施点决策变量，0 意味着该设施点没有被选取，1 表示该设施点被选取；

d_{ij}——设施点 j 到需求点 i 的距离或花费的时间；

r——设施点服务的半径；

N_j——所有能服务需求点 j 的设施点集合。

3. 问题定义

地铁车站施工现场包括地面区域和基坑层面区域，候选视频监控点数目为 m，候选视频监控点构成的集合 $M(1, 2, \cdots, j, \cdots, m)$；施工现场划分成 n 个，正方形单元格，构成集合 $N(1, 2, \cdots, i, \cdots, n)$；视频监控点的有效监控距离为 L，基坑层面受到 d 道支撑的遮挡，视频监控点 j 对单元格中心点 i 的观测值为决策变量 a_{ij}。

1）定义1：候选视频监控点构成的集合 $M(1, 2, \cdots, j, \cdots, m)$，候选视频监控点 j 是否布置摄像头为变量 x_j，布置摄像头 $x_j = 1$，否则 $x_j = 0$。

2）定义2：候选视频监控点 $M(1, 2, \cdots, j, \cdots, m)$ 中的任一点 j 对单元格 $N(1, 2, \cdots, i, \cdots n)$ 中的任一网格中心点 i，如果 i 在视频监控点的有效监控距离 L 内，且 j 和 i 的视线不受基坑侧壁和支撑的遮挡，则视频监控点 j 能观测到 i，$a_{ij} = 1$，否则 $a_{ij} = 0$。

3）定义3：一个目标点被覆盖，等价于它被至少一个视频监控点观测到，施工现场全覆盖，也就是所有的目标点都至少被一个视频监控点观测到。

8.6.2　基础数据获取

1. 视频监控点

（1）视频监控点位置分析　地铁车站施工现场包括地面区域和基坑区域。主体结构施工主要集中在基坑的范围，基坑范围的施工比较复杂，从基坑开挖阶段开始无法提供摄像头布置的条件。如果视频监控点选择布置在基坑区域，则无法满足对地铁车站施工全过程的监控。所以视频监控点布置的位置选择在地面区域。JGJ 180—2009《建筑施工土石方工程安全技术规范》规定基坑周边要设置防护栏，防护栏距离基坑侧壁至少 0.5m。因此，视频监控点布置在基坑周边 0.5m 以外的地方，视频监控点布设之后，只需要调节摄像头的焦距和角度就能够实现对地铁车站施工全过程的监控。

（2）选择原则　视频监控点布置方案的确定应利用专家知识经验以及地铁车站施工现场的实际条件，结合对视频监控点的分析，选择大量满足条件的视频监控点，从中选择最优

的布置方案,监控点的选择要满足以下原则。

1)围绕基坑。明挖法地铁车站的施工过程基本局限在基坑范围。因处在城市的主要交通干道,施工现场面积受限,且基坑的面积占据了整个施工现场的很大一部分。深基坑范围的监控对整个地铁车站施工现场的监控十分重要。因基坑比较深,视频监控点的视线容易受到基坑侧壁的遮挡,故视频监控点的位置应尽可能靠近基坑侧壁,以实现对基坑底层的监控。

2)视觉效果好。施工现场环境比较复杂,监控施工现场某些区域的时候,视频监控点的视线可能会受到建筑构件、设备等遮挡,致使对某些重要位置监控的视频画面质量比较差。因此,选择视频监控点时,更倾向于一些视野比较开阔,画面中不容易出现遮挡的位置,这样才会有比较好的监控效果。

3)重要区域。地铁车站施工现场风险源众多,导致发生事故的因素主要是人、材、机、作业环境、施工方法综合作用的结果。施工现场中的一些人、材、机发生交叉作业比较多的区域需要重点监控。钢筋加工区、钢支撑加工堆放区、材料堆放区、混凝土搅拌区域、脚手架堆放区、模板安装堆放区、起重吊装区、施工现场出入口、运输路线路口需要重点关注。

4)不影响后续施工。地铁车站的施工是一个动态的过程,如果随着施工的进行,当选择的视频监控点阻碍了正常的施工时,视频监控点可能会被破坏或者拆卸,既影响施工的安全,也影响视频监控点正常的监控施工现场。所以,选择的视频监控点时,必须考虑整个施工过程,不能影响任何施工工序的进行。

(3)选择方法 视频监控点在满足以上原则的基础上,根据施工现场实际条件按如下方法选择视频监控点,并按 $1\sim m$ 编号。

1)重要位置。钢筋堆放及加工区、钢支撑存放及拼装区、模板存放及加工区、混凝土搅拌区、临时土方存放区、变配电区、机械设备停放区、出入口区、基坑上下通道处交通路口位置。这些区域集中了大量的不安全因素,每个区域中至少选择一个视频监控点。

2)基坑的长边沿。距离基坑侧壁0.5m以上,根据工地现场实际条件选择距离基坑侧壁尽可能近的点,相邻视频监控点之间水平距离间隔不超过10m。

3)基坑短边沿。距离基坑侧壁0.5m以上,根据工地现场实际条件选择距离基坑侧壁尽可能近的点,相邻视频监控点之间水平距离间隔不超过10m,每边点数不少于5个。

2. 网格划分

地铁车站施工现场包括基坑区域和地面区域。为了方便说明,假设基坑长度为 a,宽度为 b,深度为 c,基坑侧壁至围挡区域的宽度为 g 的规则施工现场。将地铁车站施工现场地面区域和基坑层面,分别划分为大小为 $s\times s$ 的正方形的网格,网格的大小跟覆盖的精度和计算量有关,针对不完整的网格,面积大于一半的作为完整网格计,否则不计,为方便后期计算,对地面区域和基坑底层网格分别进行编号,并记录其坐标,将网格按照 1-n 编号。

3. 可视性分析

如图8-26所示,以施工现场左侧端点 A 在基坑层面投影 O 为原点建立坐标系,候选视频监控点是否布置摄像头,为变量为 x_j,该点布设摄像头时 $x_j=1$,否则 $x_j=0$;施工现场的网格点是否能被视频监控点覆盖为决策变量 a_{ij},若该网格能被至少一个视频监控点覆盖,则 $a_{ij}=1$,否则 $a_{ij}=0$。任一视频监控点 j,坐标为 $(x_j,\ y_j,\ z_j)$,任一网格中心点为 i,其坐

标为 $(x_i,\ y_i,\ z_i)$。

（1）地面范围可视域 视频监控点 j 对地面区域的可视域，为以有效监控距离 L 为半径的球形区域与施工现场地平面的截面，其中，L 为视频监控点 j 的监控距离，H_1 为视频监控点在施工现场地面上的投影，如图8-26中灰色区域所示。

当网格中心点 $i(x_i,\ y_i,\ z_i)$ 在施工现场地面区域时且满足以下公式，则网格点 i 能被视频监控点 j 所覆盖，$a_{ij}=1$。

$$(x_i-x_j)^2+(y_i-y_j)^2+(z_i-z_j)^2\leqslant L^2 \tag{8-5}$$

（2）基坑层面可视域 如图8-27所示，视频监控点 j 在基坑层面的可视域，受到基坑的边沿以及基坑中各道支撑的遮挡，假设基坑层面受到 d 道支撑遮挡，每道共 k 条支撑，分布在基坑空间区域上，第 p 道支撑的截面纵坐标为 z_p，第一条支撑的横坐标段为 $(x_1,\ x_1')$，第二条支撑的横坐标段为 $(x_2,\ x_2')$，第 g 条支撑为横坐标段为 $(x_g,\ x_g')$，第 k 条支撑的横坐标

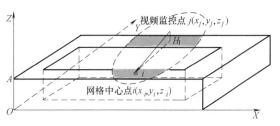

图8-26 监控点地面范围可视域

段为 $(x_k,\ x_k')$，S_p 为第 p 道 k 条支撑横坐标区间的并集，则 $S_p=(x_1,x_1')\cup(x_2,x_2')\cup\cdots\cup(x_k,\ x_k')$，视频监控点 $j(x_j,\ y_j,\ z_i)$，网格中心点为 $i(x_j,\ y_j,\ z_i)$，视频监控点 j 和网格中心点 i 与第 p 道支撑平面的交点坐标为 $(x_p,\ y_p,\ z_p)$。基坑层面距地面的距离为 c，则地面区域的纵坐标为 $z_c=c$，视频监控点 j 和网格中心点 i 与地平面的交点为 $(x_c,\ y_c,\ z_c)$。视频监控点 j 在基坑的上下两侧时，与基坑侧壁距离为 y；视频监控点在基坑的左右两侧时，与基坑侧壁距离为 x。

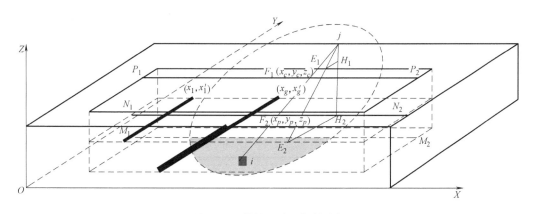

图8-27 基坑区域可视性分析

视频监控点 j 的视线受到基坑侧壁和基坑中间支撑的遮挡，其中式（8-7）为监控点 j 到基坑层面目标网格点 i 的视线方程，式（8-8）和式（8-9）表示视频监控点 j 视线不受基坑侧壁遮挡所能看到基坑底层的范围点，式（8-10）和式（8-11）表示视频监控点视线不受基坑中各道支撑遮挡所能看到基坑底层的范围点。当视频监控点在基坑的上下两侧时，同时满足式（8-6）~式（8-11）时，则在视频监控点 j 对目标网格点 i 的有效监控距离内，视线不

受基坑侧壁和各支撑的遮挡，也即视频监控点 j 能够观测到目标网格点 i，则 $a_{ij} = 1$；同样，当视频监控点在基坑的左右两侧时满足式（8-6）~式（8-11）时，$a_{ij} = 1$。

$$(x_i - x_j)^2 + (y_i - y_j)^2 + (z_i - z_j)^2 \leqslant L^2 \tag{8-6}$$

$$\frac{X - x_i}{x_i - x_j} = \frac{Y - y_i}{y_i - y_j} = \frac{Z - z_i}{z_i - z_j} \tag{8-7}$$

$$(y_c - y_j)^2 \geqslant y^2 \tag{8-8}$$

$$(x_c - x_j)^2 \geqslant x^2 \tag{8-9}$$

$$S_p = (x_1, x_1') \cup (x_2, x_2') \cup \cdots \cup (x_k, x_k') \tag{8-10}$$

$$x_p \notin S_p, (p = 1, 2, \cdots, d) \tag{8-11}$$

视频监控点 j 处于基坑上下两侧时，其中 H_1 为视频监控点 j 在施工平面上的投影，H_2 为视频监控点 j 在基坑层面的投影，E_1 为视频监控点 j 与基坑壁的交点，E_2 为视频监控点 j 过基坑侧壁点 E_1 与基坑底边的交点，$M_1 M_2$ 为视频监控点 j 过基坑侧壁与基坑底边的交线，$F_1(x_c, y_c, z_c)$ 为监控点 j 过目标点 i 的视线，与地面平面的交点 $F_2(x_p, x_p, z_p)$，F_2 为监控点 j 过目标点 i 的视线，与第 p 道支撑层面的交点。视频监控点 j 以监控距离 L 为半径的球形与基坑层面相交，其落入基坑层面，并且不被基坑侧壁以及支撑遮挡的区域，为视频监控点 j 的可视域，如图 8-27 中灰色区域所示。

4. 观测矩阵

$N(1, 2, \cdots, i, \cdots, n)$ 中网格中心点，被 $M(1, 2, \cdots, j, \cdots, m)$ 中视频监控点覆盖的情况，在 Matlab 中编码计算求解，得到视频监控点对目标网格点的观测矩阵 A，1 代表该列监控点能覆盖该行网格点，0 代表该列监控点不能覆盖该行网格点，如表 8-10 所示。

表 8-10　观测矩阵表

监控点	1	2	$\cdots$	$j-1$	j	$\cdots$	m
1	1	1	$\cdots$	0	0	$\cdots$	0
2	1	1	$\cdots$	0	0	$\cdots$	0
$\cdots$	$\cdots$	$\cdots$	$\cdots$	$\cdots$	$\cdots$	$\cdots$	$\cdots$
i	0	0	$\cdots$	1	1	$\cdots$	0
$i+1$	0	0	$\cdots$	$\cdots$	$\cdots$	$\cdots$	0
$\cdots$	$\cdots$	$\cdots$	$\cdots$	$\cdots$	$\cdots$	$\cdots$	$\cdots$
n	0	0	$\cdots$	0	0	$\cdots$	0

8.6.3　布置模型

1. 目标函数和约束分析

（1）目标函数分析　视频监控点的布置优化问题，是数学上的组合优化问题。依据布置的最优目标建立视频监控点布置的目标函数，进而建立视频监控点布置优化模型，利用改进的遗传算法，求出最优解。本问题的目标是选取的视频监控点最少。

$$\min \sum_{j=1}^{m} x_j \tag{8-12}$$

式中　x_j——视频监控点 j 布置摄像头情况；

m——候选视频监控点数目；

j——候选视频监控点序号。

（2）约束分析 实现最优目标的基础，也是布置问题实现最优目标的限定条件。对于地铁车站施工现场视频监控点布置而言，就是能够满足对地铁车站施工现场网格点全部覆盖。

1）n个目标网格点被全覆盖。

2）视频监控点只有两种选择，布置视频监控点 $x_j = 1$，否则 $x_j = 0$。

3）视频监控点 j 能观测到目标网格点 i，则取值为 $a_{ij} = 1$，否则为 $a_{ij} = 0$。

4）施工现场每个目标网格点，能被至少一个视频监控点覆盖，则 $x_i = 1$，否则 $x_i = 0$。

2. 布置模型

根据地铁车站施工现场视频监控点布局的目标函数和约束条件的分析建立布置模型如下

$$\min F(x_j, x_i, a_{ij}) = \min \sum_{j=1}^{m} x_j \tag{8-13}$$

$$\text{s. t.} \begin{cases} \sum_{i=1}^{n} x_i = n \\ x_j = \{0,1\} \\ a_{ij} = \{0,1\} \\ x_i = 0 \left(\sum_{j=1}^{m} x_j a_{ij} = 0 \right), i = 1,2,\cdots,n \\ x_i = 1 \left(\sum_{j=1}^{m} x_j a_{ij} = 0 \right), i = 1,2,\cdots,n \end{cases} \tag{8-14}$$

式中 i——为施工现场网格点序号；

j——为候选视频监控点序号；

F——为施工现场监控覆盖率；

m——为视频监控点总数；

n——为施工现场网格点总数；

x_j——为视频监控点 j 布置摄像头情况，布置为1，否则为0；

a_{ij}——为视频监控点 j 对监控目标点 i 观测情况，观测的到为1，否则为0；

x_i——为监控目标点 i 被覆盖情况，被至少一个视频监控点覆盖为1，否则为0。

思 考 题

1. 请分析工程项目施工现场规划管理包括的范畴和任务。

2. 请阐述工程项目施工现场规划管理的意义。

3. 对于BIM在工程项目施工现场规划管理中的应用，谈谈你了解的案例。

第9章

基于BIM的信息集成与交付

学习目标

了解数字化集成交付的应用。

引入

自 20 世纪 80 年代以来，工程项目规模不断扩大、科技含量越来越高、参与单位越来越多，且设计、建造、运营业务逐渐融合，促生了工程项目全过程、全方位管理的需求。工程项目管理呈现出网络化、集成化、虚拟化的趋势。信息技术的迅猛发展，支持和强化了这些变化趋势，给工程项目管理领域带来了根本性的变化。这些变化对工程项目管理提出了更高的要求：

1）对信息的准确性、及时性、针对性提出了更高的要求，工程项目信息的收集、传递、存储、处理、应用等工作需要全面实现自动化管理。

2）需要信息在工程项目全寿命周期的不同阶段，建设单位、设计单位、承包商、工程项目管理单位等不同参与单位，以及参与单位的不同部门之间实现无障碍的沟通和交流，即打破"信息孤岛"现象。信息孤岛是指：各种工程信息（如质量信息、进度信息等）无法在参与单位之间，以及内部各部门间顺畅地流动的状况。

3）工程项目的各参与单位以及各部门对工程项目信息都有各自的需求，要求提高工程项目信息的有效性，充分满足各自的个性化需求。

信息技术迅猛发展，各行各业都在通过信息化提升行业竞争力。信息技术成为推动工程项目管理信息化不断发展的又一动力。与工程项目管理信息化相关的信息技术，包括计算机技术、网络技术、网络计算技术、数据管理技术、知识管理技术、3S〔遥感技术（Remote Sensing，RS）；地理信息系统（Geography Information Systems），GIS；全球定位系统（Global Positioning Systems，GPS）〕技术、管理信息系统、决策支持系统、虚拟现实技术等。

我国政府提出了"以信息化带动工业化，发挥后发优势，实现社会生产力的跨越式发展"的战略目标。在工程项目管理领域的巨大需求和信息技术快速发展的双重动力下，应用信息技术提高建设工程领域生产效率、提升行业管理和项目管理的水平和能力成为 21 世纪工程项目管理领域发展的重要课题。

本章将介绍工程项目管理信息化的内涵和意义，详细阐述工程建设信息化的发展趋势。

■ 9.1 基于 BIM 的 N 维模型集成

随着建筑业的不断发展，工程项目的规模不断增长，工程建设领域的分工越来越精细。精细化的分工促使了各个管理业务系统的不断发展。在建筑设计领域，从 20 世纪 90 年代开始出现了 3D 可视化制图软件；在工程设计领域，则有有限元分析、参数化工程设计等技术；在施工管理领域，则有面向进度管理和面向成本控制的系列产品。但是，这些系统或产品的开发仅面向于工程建设中特定领域中的特定问题，没有从建筑业的角度考虑各个专业系统之间的信息传递与共享的需求。因此，这些系统之间是孤立的，彼此之间很难进行有效的信息沟通和集成，呈现分离割裂的状态，即所谓的"自动化孤岛"（Islands of Automation）。

BIM 技术的应用则能够解决建筑业信息化孤岛的问题。事实上，BIM 本身就是一个集成了工程建造过程中的各个阶段、各个参与主体、各个业务系统的集成化技术。BIM 可以理解为一个连接各个信息孤岛之间的桥梁，从根本上解决建筑全寿命周期各阶段和各专业系统间的信息断层难题。

基于 BIM 的建筑构件模型能够和体量、材料、进度、成本、质量、安全等信息进行关联、查看、编辑和扩展，使得在一个界面下展现同一工程的不同业务信息成为可能。另外，IFC 等统一标准解决了不同业务系统之间的信息交互的问题，使得不同厂商开发的产品之间能够信息传递，解决了传统集成技术无法跨越的信息开放性的鸿沟，同时也使得各个厂商所开发的专业业务系统的数据能够集成到一个 BIM 模型中，真正实现信息在各个主体、各个阶段以及各个业务系统中的共享与传递。

BIM 模型是一种基于 3D 实体的建模技术，使得 BIM 能够与无线射频识别（Radio Frequency Identification，RFID）、增强现实（Augumented Reality，AR）等技术集成。例如，利用无线射频识别技术，把建筑物及空间内各个物体贴上标签，实现对物体的管理，追踪其所在的位置及状态信息。一旦其状态信息发生变更，则自动更新 BIM 模型中相应的构件或实体。可以说无线射频技术解决了 BIM 应用过程中的信息采集问题，也使得 BIM 模型中的信息更加准确和丰富。因此，应用 BIM 技术来集成工程管理各业务系统不仅能够将所有的信息集中在一个模型里面，同时还能使其通过无线射频识别技术获取工程现场的信息，解决了施工过程中信息的获取与更新问题。BIM 所支持的 IFC 标准还能够使用户方便地从各个专业分析软件，如 Primevera，Microsoft Project，Sap 2000 等系统中提取相关信息，形成一个集成化的管理平台，解决各个专业系统之间信息断层问题。

基于 BIM 的工程项目管理业务系统的集成是一个从 3D 模型到 ND 模型的扩展过程。以进度控制为例，进度计划是施工组织设计的核心内容，合理安排施工顺序，在劳动力、材料物资及资金消耗量最少的情况下，按规定工期完成拟建工程施工任务。建筑业中施工进度计划表达的传统方法，多采用横道图和网络图。如果将 BIM 3D 模型与进度计划之间建立关联，则形成了基于 BIM 的 4D 模型。基于 BIM 的 4D 施工模拟将从业人员从复杂抽象的图形、表格和文字中解放出来，以形象的 3D 模型作为建设项目的信息载体，方便了建设项目各阶段、各专业以及相关人员之间的沟通和交流，减少了建设项目因为信息过载或者信息流失而带来的损失，提高了从业者的工作效率以及整个建筑业的效率。此外，基于 4D 的进度控制能够将 BIM 模型和施工方案集成，在虚拟环境中对项目的重点或难点进行可建性模拟，如对场地、工序或安装等进行模拟，进而优化施工方案。通过模拟来实现虚拟的施工过程，在一个虚拟的施工过程中可以发现不同专业需要配合的地方，以便真正施工时及早做出相应的布置，提高了工作效率。

施工管理中的所有的业务系统都与进度信息相关联。

（1）成本——进度　工程项目成本的定义为实施该工程项目所发生的所有直接费用和间接费用的总和。工程项目成本目标与进度目标密切相关，按照正常的作业进度，一般可使进度、成本和资源得到较好的结合。当由于某种原因不能按正常的作业进度进行时，进度与成本、资源的投入就可能相互影响。例如，某项作业工期延误，或因赶工期而需加班加点时，都会引起额外的支出，造成项目成本的提高。

（2）质量——进度　工程项目的质量管理是检验项目完成后能否达到预先确定的技术要求和服务水平的要求。工程项目质量管理同样与进度目标密切相关。例如，工程师对某项不符合质量要求的作业下令返工时，就可能影响工程项目的进度，从而对工程项目成本产生影响。

（3）安全——进度　工程项目安全管理与进度管理之间也是息息相关的。工程项目所处的阶段不同，其可能产生的风险也不一样，安全控制的标准也不一样。例如，在深基坑开挖过程中，随着开挖的深度不断增加，其安全风险水平不断增大，但是等到底板施工完成后，其安全风险水平又会显著降低。

（4）合同——成本——进度　合同管理中，合同发生变更时往往也伴随着成本、进度、资源等多个业务要素的变更。

综上所述，各个业务系统的集成是一个基于4D模型的集成过程。通过3D实体构件，将其对应的工程量信息与进度计划任务项进行了对接，实现了基于成本控制的5D系统。同样地，通过3D实体构建，还能够将其对应的质量控制单元与进度计划任务项进行对接，实现基于质量控制的6D系统。在此基础上，还可以赋予其安全风险信息，形成基于安全控制的7D系统。

在基于BIM的项目管理中，以4D模型为各业务系统集成的主线，不仅在理论上为建筑业的施工管理提出了新的集成管理思路，在实际工程中也已证明了其合理性和可行性。近年来有学者提出的ND的概念，将是未来BIM技术发展的方向，在ND概念下，BIM将对所有的业务系统进行有机整合与集成，从根本上解决传统项目管理中业务要素之间的"信息孤岛""应用孤岛"和"资源孤岛"问题。

9.1.1　N维模型的概念和理念

N维建模的概念在20世纪70年代引入，并且随着面向对象CAD技术的发展而发展。"N维"用于描述建筑工程项目是引用了20世纪物理学领域的多维空间方法，也就是扩展空间三维（x, y, z）到四维空间（x, y, z, t）。其他的维度包括各种管理属性，如成本、进度、材料管理等，同时允许项目参与人员能够可视化地管理对象信息。其他的维度信息像颜色、声学也慢慢加到维度中来。建筑工程领域的"N维建模"概念成为业界研究的路标。

N维的含义是指多维，集成了工程项目的方方面面，包括空间三维、进度维、安全维等。N维支持各参与单位在信息丰富的可视化环境中，获取建筑方方面面的信息。N维建模作为一种新方法，集成了已有的方法及新出现的方法与技术，以一种预测的方式来处理工程项目各个维度的信息。

2002 年，英国 Salford 大学开始著名的"From 3D to ND"的研究项目，开始使用 IFC 标准的全面 N 维建模工具。该项目的目标是以知识库为基础为建筑业从业人员提供一种能够用于创造、共享、思考的工具。这项研究与其他的 4D 建模研究不一样，因为其目的是开发能够推动集成时间、成本、可建造性、可进入性、可持续性、可维护性、声学、光学与能量的方法和技术，并且支持建筑业从业人员在工程项目早期阶段进行真实场景的模拟分析。

在 N 维建模研讨会报告中，Salford 大学给 N 维建模定义如下：An ND model is an extension of the building information model by incorporating all the design information required at each stage of the lifecycle of a buliding facility。也就是说，N 维建模是建筑信息模型的延伸——建筑工程项目全寿命周期各阶段的所有设计信息。N 维建模发展了四维建模的概念。

集成是采用系统工程中的方法与思想，组合各个单元子系统，使之成为一个有机整体。工程项目集成管理的目标是整体优化性与动态发展性，出发点是工程项目的全局而非局部，从一个全局或整体的角度，根据业主的需求，利用 IT 技术，对工程项目整体进行全过程管理，同时实现信息流的畅通。

N 维建模技术采用了工程项目集成管理理论的三点思想：

1）建设工程项目全寿命周期集成（Life Cycle，LC）。建设工程项目全寿命周期是指自工程项目的构思阶段开始，到工程项目竣工结束为止的全过程，是时间维度上的一种集成。全寿命周期集成管理（Life Cycle Integrated Management，LCIM）是指管理理念、目标、组织、方法、手段、职能等在工程项目全寿命周期内集成为一个有机整体。

2）管理要素集成理论。管理要素集成理论是基于管理要素的集成管理，是指从全局的角度，同时将多个管理要素，如工期、进度、成本、质量等，优化控制管理。

3）项目管理外部集成理论。N 维建模引领的项目集成管理模式超越了传统的集成管理模式，因为其将传统集成管理体系以外的分包商、设备供应商等也进行集成，因此以项目管理外部集成理论作为其理论基础。

9.1.2　N 维模型的系统分析

1. N 维模型的构建思路

由于 N 维建模的核心思想是将建筑工程项目全寿命周期各阶段所有管理要素的信息集成到一个中央数据库中，因此其核心问题是各个维度数据的集成。要解决数据的集成问题，实现 N 维模型及其应用，首先需要解决下面这几个根本问题：

1）为建立 N 维模型的原型系统，应从哪里最先着手研究？N 维模型是一个抽象的概念，并且 N 维模型的实现，是将各个维度的数据，也就是各个管理要素的数据，如质量数据、进度数据、成本数据、安全数据等进行无缝集成至中央数据库中，然后利用 IT 技术、面向对象技术、信息技术、计算机硬件技术等实现 N 维模型。要实现各维度数据之间的无缝集成，就要首先研究 3D 建筑信息模型，包括从宏观上研究 3D 模型的体系结构，从微观上研究模型的数据结构，找到 N 维模型的集成本质。所以，构建 N 维模型不但需要从理论角度去寻找其集成本质，还需要有效的建模工具，同时需要努力增加信息到模型中来，更重要的是去寻找到底哪些信息是集成所需要的。

2）以什么样的方式与方法来抽象各个维度的数据？根据什么来抽象这些数据？要抽象出进度维、费用维各个维度的数据，需要先从理论着手，也就是需要先研究各管理要素的管理原则与原理，如成本管理原理、进度控制原理等，在此基础上，总结出与计算、进度控制有关的数据，并将这些数据模型抽象出来。

3）需要将问题2）中提炼出来的数据与三维模型进行集成。那么怎样去集成？根据什么来集成？建筑工程项目各参与单位所采用的软件、数据格式均不一样，不同专业对同一信息的视角也常常会不一样，因此数据异构广泛存在。由国际协同工作联盟制定的 IFC 标准，已得到建筑行业的广泛认可，是实现 N 维模型各个维度之间数据集成的基础。对于各种不同专业的异构数据，只要其遵循 IFC 标准的规定，就能够与已建立的三维模型进行集成。

4）各个维度的数据之间有什么关系？如何定性、定量分析各个维度的数据变化对其他维度带来的影响？建筑工程项目管理是非常复杂，从系统工程的角度来看，各管理要素之间存在着千丝万缕的联系。例如，成本与进度之间存在着相互制约的关系，如果要加快施工速度、加快施工进度，就需要增大人力、物力资源的投入，这就导致成本的增加；反过来，如果希望节约成本，就会减少各种资源的投入量，施工速度就会受影响而减慢。各个维度之间存在着相互制约、相互影响的关系，只要找到其本质联系，就能通过具有自主学习功能的知识库提取相关历史经验数据，测算出某个维度的变化对其他维度的影响，并以相应的形式反映给用户，如报告、图表等。

5）怎样结合实际，将 N 维建筑工程信息模型应用到实际工程中。实现 N 维集成模型有两个先决条件：得到行业广泛认可的建模标准规范；需要从现在的二维世界变革为 N 维世界。技术上的问题比较容易解决；与技术无关的第二个条件却很难实现。目前学术界对 N 维模型的研究远远超过行业的需求。很多科研机构研发出来的成熟技术，却不能应用于实际工程，一方面是由于从业者对新事物的恐怖感与抵制心理，另外一方面是研究人员并没有试着去宣传这种新技术将给建筑行业带来怎样的好处。

在解决上述理论问题以后，实际构建 N 维模型时，应遵循如下的构建思路：首先是底层进行数据集成，然后上层输出信息流，如图 9-1 所示。对于上层信息流的输出，需要从工程项目各管理要素的管理原理与原则进行分析，实现符合实际需要的信息。

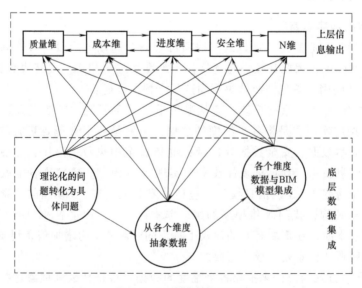

图 9-1　N 维模型构建思路

2. N 维模型系统的构建原则

N 维建筑模型系统的作用是为工程项目各参与单位搭建一种共通的信息交流平台，该平台覆盖所有的信息，因此信息量极大。为保证信息的有序化管理，构建模型时应遵循以下四条原则：

（1）规范原则　对海量数据进行分类编码，使信息能够规范有序地储存在数据库中，在很大程度上减少数据冗余现象。用户在调用相关信息时，可以根据编码很快在数据库中找到所需的信息，不但效率高，而且减少了计算机的内存消耗。

（2）信息唯一及信息一致原则　对某一特定的信息，在模型中仅描述一次，并获取唯一的编码，该信息就可以被所有的参与单位在任何时间所采用。为保证信息的一致性，当该信息被系统修改时，受其影响的其他相关信息也会通过相应的传递机制自动更新。

（3）信息集成原则　N 维模型的目标就是涵盖建筑工程项目全寿命周期各阶段的所有信息，因此需要把各种来源的异构数据有序地集成到 N 维模型的中央数据库中。让各参与单位直接通过各应用模块从中央数据库中获取自己所需要的信息。

N 维模型系统平台是为不同的利益相关者设计的，用于共享和集成源数据。例如，在商业应用中，施工成本、CAD 设计、空间信息、机构组织、进度计划等数据由不同的施工及 IT 专业人士在不同的时间、不同的地点录入，然后系统所有用户共享。用户之所以愿意贡献出自己的那部分数据，是因为系统平台为用户提供了标准的、开放的数据库，支持所有的用户共享数据库中已有的由所有用户贡献出来的数据。当需要使用系统中某些数据的时候，用户不需要从不同的源数据所有者那里拷贝数据，而只需要从 N 维模型数据库中检索数据就可以了。这保证了数据的集成性与一致性。

（4）信息完备原则　将几何信息、特征信息、技术信息、经济信息、管理信息、时间进度信息等各种各样来自建筑工程项目全寿命周期各阶段的所有信息都涵盖进来，进行比较完整的描述与表示，使用户能够获取权限范围内的所有相关信息，模型也就真正实现支持用户对各种管理要素的有效管理，因此可保证其功能的完备性。

由于 N 维模型系统涉及建筑工程项目管理的方方面面，是一项非常复杂的系统工程，而现实世界的资源有限，不可能一次性就把所有的工作都完成。因此考虑到模型的分阶段实现问题，以及模型未来的发展问题，在构建 N 维模型系统时应遵循以下三条原则：

（1）模块化原则　以 N 维模型所涉及的管理要素的不同，将复杂的模型系统分解成为若干相互独立的子模块，提高各模块的内聚性，减小耦合性；这样保证了模块之间的独立性，数据冗余也会很小。

（2）可扩展原则　为不断扩展模型的功能，以满足用户新增的功能需求，以及不断扩充模型本身的信息，系统应满足可扩展原则。

（3）网络化原则　在互联网如此发达的时代，利用已经广泛普及的互联网的优势，将空间上相互独立且分散的项目各参与单位通过互联网联系起来，同时充分实现 N 维模型系统的共享与重用，因此构建 N 维模型时需要遵循——网络化原则。如果不能基于互联网，N 维模型系统潜在的强大功能势必得不到最充分的发挥，这一点是毫无疑问的。

3. N 维模型的体系架构

N 维模型系统最重要的一个特点就是它能够集成多个维度到一个中央模型中，因此要求系统能够集成多种建筑工程应用软件到系统中来支持各种不同管理要素的有效管理。再根据建设工程项目本身的特点，如参与单位众多，并且在空间上相互独立、分散，原型系统采用B/S分布式系统。

（1）B/S体系架构　N维模型系统是非常复杂的系统，需要处理与多个管理要素相关的海量数据。在N维模型系统构建原则的指导下，采用B/S（Browser/Server，即浏览器—服务器）三层架构，如图9-2所示。底层是用于处理海量数据的系统数据库；中间层用于加载与各管理要素相对应的管理模块；最顶层是用户界面层，作为一种统一的显示界面与工具。此外，B/S架构的原型系统，也能将空间上相互独立的各参与方连接起来。用户只需要在终端机上安装网络浏览器就能进入系统中获取权限范围内的所有信息。

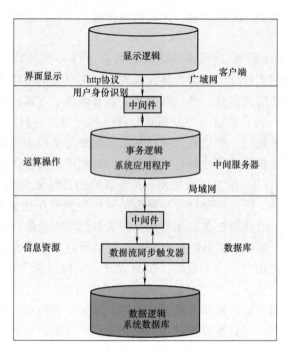

图9-2　B/S三层架构图

采用B/S架构的模型系统，借鉴了管理信息系统的开发思想与方法。部分功能模块可以按照管理信息系统的模式开发，自带在原型系统中。由于市面上各种工程项目管理软件资源也比较丰富，也有很多软件已经开发得非常成熟，如果自行开发这部分功能模块，由于种种条件的限制，效果肯定不会很理想。因此，从实际情况来看，系统应该具备支持自行开发管理模块的功能，同时支持通过接口与其他管理软件集成。对于目前市面上还没有成熟软件的功能模块，由系统自带，而对于比较成熟的模块，如P3进度管理软件，在开发时，为系统编写标准接口，实现与这些软件的互联。

B/S架构下的N维模型系统信息交互方式如图9-3所示。各专业用户能够在权限范围内从中央信息模型获取所需的信息，信息的表现形式也各异，可以是三维的模型，或者是各种报表等。

（2）N维模型系统的模块组成　N维模型系统是基于B/S的网络架构，再结合N维模型的定义，系统包括项目前期策划管理模块、设计管理模块、招标投标管理模块、进度管理模块、工程费用管理模块、质量管理模块、合同管理模块、变更管理模块、设备物资管理模块、材料管理模块、安全管理模块等，所有的模块均围绕工程项目管理要素及系统本身的维护来设计，如图9-4所示：

1）项目前期策划管理模块，主要用于管理项目前期的文档，包括保存、维护、查询文件。

2）设计管理模块，主要支持各专业之间的协同设计，包括建筑师、结构工程师、暖通空调师之间的协同设计；同时保存和维护相关的设计成果，如勘测设计资料等，并提供相关的查询功能。

3）招标投标管理模块，实际项目中招标投标工作包括招标公告的发布、资格预审、招

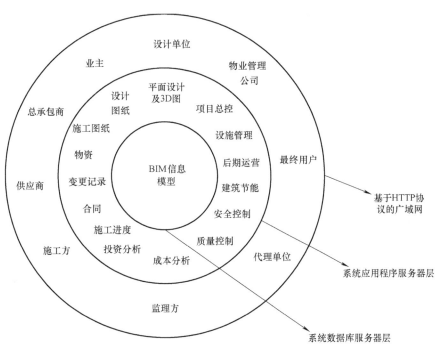

图 9-3 基于 B/S 的 N 维模型体系框架

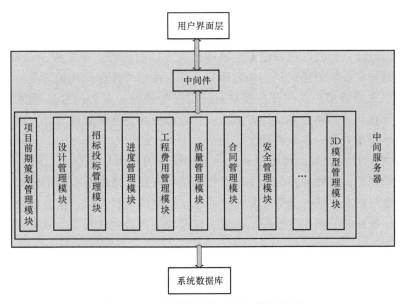

图 9-4 N 维模型系统应用层模块组成

标文件的正式发布、投标以及评标等流程，因此需要输入、编辑、查询相关信息。本模块可模拟相关的程序，并对招标投标信息进行维护。

4）进度管理模块，包括各层次进度计划的制订、控制功能。

5）工程费用管理模块，包括工程的概预算管理，工程费用的计算，项目实施期间资金计划的制订及投资控制、中期支付管理等。

其他各管理模块，也是结合工程项目管理的实际情况来设计，满足用户的不同功能需求。

（3）N维模型系统的功能分析　N维模型系统能够集成不同的数据源到N维模型数据库中，为用户提供信息服务，搭建一个供工程项目各参与单位相互交流的平台。

从系统管理的角度来看，N维模型系统具有下列功能：

1）通过统一数据接口，集成各应用模块。

2）采集来自各专业、部门对应管理模块的异构数据，并将其转换后按一定格式存储至N维模型系统中。

3）设置用户权限，允许用户在权限范围内自由上传、下载、修改数据。

从N维模型系统在实际工程中应用来看，能为各专业用户提供信息输入和输出的服务：

1）基于N维模型数据库和三维建筑模型，以图片或者VRML模型的形式展示建筑或建筑构件、项目的相关信息，如建筑的外形、构造、周围环境等。

2）基于N维模型数据库生成各种图形或报表、文档等，如门窗统计表、钢筋统计表。这些报表不但可以用于指导建筑施工，在建筑后期运营维护阶段也可以使用。在工程项目全寿命周期各阶段，系统为工程项目各专业管理人员提供下列功能：

① 在项目前期决策期间。用户只需要在用户界面层，将前期决策阶段的相关信息输入到项目前期策划管理模块，系统能够自动调动中央数据库中存储的支持决策的相关信息，如已建成类似项目的资料，以对拟建项目做出各种可行性评价，辅助用户分析、可视化、决策。

② 在项目设计期间。设计阶段支持各专业设计人员在同一个中央模型上同时设计，实现各专业的协同设计，打破以往根据专业顺序依次设计的流程；在完成三维模型的设计后，用户能够观察到非常形象的建筑物，如色彩等，从而供用户选择最优的方案；同时，各参与单位也可以利用N维模型的各种分析模块对三维模型进行一系列的性能模拟测试，找出设计方案的缺陷所在，并不断完善设计方案；设计管理模块还能够生成设计方案的平、立、剖面图等设计图样及相关的一系列设计文档。

③ 在项目招标投标期间。利用招标投标管理模块的费用估算能力、施工活动的模拟能力，来辅助科学评标；为使各投标单位能对投标项目有更加清晰与准确的理解，制作出更好的投标方案，也可以在互联网上适度发布一些基于模型的项目信息；信息的公开也会在一定程度上保障招标投标的公平性。投标结束后，该模块能自动生成相关的具有法律效力的合同文档。

④ 在工程实施期间。在本阶段，随着项目的不断推进，质量管理模块、安全管理模块、进度管理模块等纷纷启用，并产生各种进度报表、安全报表等文件；用户能够在相应的权限内，调用相关的数据，来有效地进行质量、安全、进度、投资等控制。对于工程中不可避免的工程变更，反映到模型中后，相应的管理模块也会自动计算出该变更将会对工程产生怎样的影响，如对进度的影响，并反映在相应的模块中。相应的管理人员就能够很迅速地获取变更信息，并由知识库生成应对措施方案，来补救可能的损失。

⑤ 在项目后期运营期间，建筑工程项目竣工后交付给物业管理部门，并由后者负责运营维护；问题在于后者并未参与到该项目的具体建设过程中，因此在运营过程中遇到问题时，常常很难找到问题的根源，因此也就不太容易有针对性地去解决问题。在N维模型系

统中，建筑物全寿命周期所产生的方方面面的信息都有记录。物业管理部门可通过模型系统获取所需的全部信息，了解工程项目从无到有的全程。而模型所具有的交互功能，更是有助于物业管理者及时、快速、直观地获取所需的准确信息，为工作带来方便。

4. N 维模型系统的数据库设计

N 维模型系统的实现，需要借助数据库技术将各种不同来源的异构数据收集起来并转换至一定格式存储于 N 维模型系统的中央数据库中，从而对外界提供一致的数据接口服务。所以，N 维模型是信息集成与交互的框架或基础。

（1）数据源分析　数据是构建 N 维建筑信息模型的基础。一旦数据发生变化，模型就会跟着发生变动。而模型的变化，其实就是数据的变化。根据组成模型的数据的特点，将其分成静态数据和动态数据两类。

1）静态数据是模型的基本组成部分，没有时间属性，也就是在时间维度上不会发生变化的数据，主要用于描述模型固有的特征，如长、宽、高尺寸等。

2）动态数据是指组成模型的，具有时间属性的那部分数据，是随着工程项目的不断推进动态产生的数据，如技术数据等。

（2）数据库表设计　构成 N 维模型的数据源根据特征分为静态数据与动态数据，在数据库中分别存储于静态表与动态表中。静态表中存储的数据是项目的固定信息，不会随工程的进展而发生任何变化。静态数据是模型构建的基础。

动态表中存储的数据是会随工程的进展动态产生的数据。例如，计划进度数据、实际进度数据、费用数据、安全监测数据等。由于这些数据的动态可变性，需要经常对其进行维护。

将静态信息表与动态信息表相结合，才能提供完整的信息服务。采用这种动态数据与静态数据分开存储的技术，便于数据的维护和管理，原因如下：静态数据量比较多，而且是一次性加载的，因此十分消耗内存空间。在数据库内部使用统一编码来分类存储静态数据，不但能够减小数据冗余，而且有利于静态数据的多次检索。而动态数据的特点就是需要多次动态加载。根据静态数据及动态数据这种相异特征，将两种特性的数据分开存储，不但利于数据的管理，而且加载时消耗的内存资源也大大减少。

（3）数据库设计原则　由于 N 维模型系统涉及的数据量极其庞大，而且数据之间的关系又极其复杂，在设计数据库时，应遵循以下原则：

1）逻辑规范化。遵循逻辑规范的原则，保证每个数据源只记录一次，不重复。

2）并发性原则。考虑到可能会有多个用户同时访问数据的情况存在，需要制定严格的机制来定义用户的先后顺序，并根据该顺序让用户依次读取数据库中的数据。

3）数据的正确性与相容性原则。保证数据的一致性及相互之间不会起冲突。

4）数据的安全性。通过严格设定各用户对数据的操作权限，使用户仅能在权限范围内对数据进行相应的操作，并且所做的操作均记录在案；以这种方式来防止数据库被非法利用；考虑到最坏的情况，也有必要制订相应的应对措施，万一数据库被破坏时，也能及时恢复。

5）可扩展性原则，是指数据库设计时，需要考虑到未来发展的问题。

（4）数据库的选择　N 维模型涉及的信息种类繁杂、量大、结构又异常复杂、数据之间相互分散且关系不清晰。这是建立 N 维模型系统数据库面临的主要问题。为集成异构数据，需要采用先进的数据管理技术，在数据标准化的基础上，引用面向对象的思想，建立以面向对象为基础的工程数据管理系统，在模型对象的基础上实现各种几何信息与工程信息的集成。原因如下：

1）三维建筑模型是基于面向对象思想而建立起来的，每个对象实体的所有属性及特征又都封装在对象里，考虑到对象的数量要比对象属性的数量少得多，因此通过管理对象来管理数据或信息要简单得多。

2）每个对象构件都包含有丰富的属性数据，而各种属性数据的内容、形式、结构差异很大，不同属性数据之间的关系也纷繁复杂，如果采用基于属性数据的管理方式，是非常困难的。

3）引入面向对象思想，IFC 类可以直接存储于数据库中，而不像采用传统的关系数据库那样，需要先将 IFC 类转化为二维表的形式，再来定义二维表之间的关系。

4）引入面向对象思想，面向对象数据库能够支持极其复杂的数据模型。

5）引入面向对象思想，数据库系统本身的可扩展性、兼容性也相对较好。

此外，数据库系统采用"中央数据库系统"的形式。"中央数据库系统"仅仅指该数据库系统是在逻辑上"中央化的"，而不需要在物理上实现"中央化"，它可以由许多分布式的数据库组成，而只需要通过标准的统一界面为用户提供一致的数据服务。

9.1.3 N 维模型系统的维度构建

1. 3D 建筑信息模型

（1）基于 IFC 的 3D 建筑信息模型　在建筑设计的初步阶段，建筑师需要以模型的方式展现出自己的设计思想与意图。建筑师可以直接在三维建模软件中构建三维模型，再把已经构建好的模型通过 N 维模型系统导入至中央数据库中，成为各参与单位共享的信息；建筑师也可以先登录至模型系统中，通过系统的标准数据接口驱动三维建模软件来构建三维模型，这种方式构建起来的模型信息直接存储在中央数据库中。

目前，已经有建筑软件开发商开发出基于 IFC 的 3D 建模工具，这些建模工具要么是利用 IFC 标准定义的一系列标准构件，如 IfcColumn、IfcBeam、IfcWall；要么是与 IFC 标准兼容。建筑师只需要使用遵循 IFC 标准的建模软件，并将建好的模型文件保存为 IFC 格式，整个三维模型就成为 N 维模型的真正构建基础——在三维数字技术与数据库技术的基础上，引入面向对象思想中的类、对象概念，每个具体的构件对象都是类概念下的具体对象实例，所有属性都会封装在对象里。

在这样的情况下，任何应用模块，只要遵循 IFC 标准，就能够通过 N 维模型系统在中央数据库中从该信息模型中获取所需的相关信息。

（2）3D 建筑信息模型的数据结构　三 D 建筑信息模型作为 N 维模型的构建基础，包含了构建 N 维模型系统所需的基础信息。因此，需要从体系结构的角度来分析三维模型，找到构建 N 维模型的切入点。"图元"，即 Elements，又是构建三维模型的基础，因而需要先分析图元的概念——由一系列图形单元及特征单元组成的基本单位。图元，在对象内部与外部链接两个层面帮助集成建筑信息模型。

建筑信息模型主要由三种相互关联的图元组成，如图 9-5 所示。

1）模型图元（Model Elements）。指构成实体对象的图元，包括构成建筑主体的主体图元与构成具体建筑构件的构件图元组成。

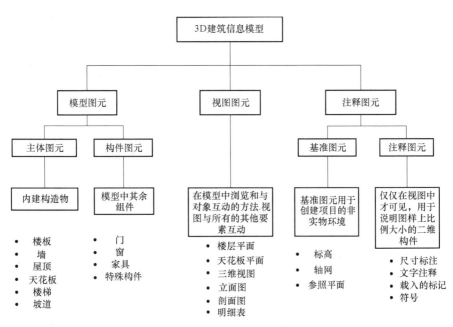

图 9-5 3D 建筑信息模型的体系结构

2）视图图元（View Elements）。视图是用户用于查看模型并与之交互的方式，包括建筑的平、立、剖面图等。

3）注释图元（Annotation Elements）。注释图元用于制作文本，是二维特定的视图图元。注释图元会根据模型图元本身的变化而自动更新。此外，注释图元也能够根据视图尺度的不同，自动调整自身尺寸，根据视图比例的变化而不断自动更新。

构成模型的这三种图元之间本身是相互关联的，任何一种图元的变化，都会带来其他两种图元的自动更新。

模型图元是直接构成建筑构件实体的那部分元素。因此，所有对象实体及其相关的几何信息、工程信息都需要封装在模型图元中。模型图元也就自然而然成了三维模型以至 N 维模型的核心。对三维模型体系的研究也就演变成为对模型图元的研究。理想模型图元的数据结构如图 9-6 所示。根据模型图元本身所包含的数据特点，可以将其数据分为两类：

1）基本数据，是指那些构成模型用于描述模型本身特征的静态数据，不具有时间属性。基本数据作为静态数据存储于中央数据库中，只需加载一次，但是一般量都很大，所以占用的内存空间也很大。

2）扩展数据，是表达建筑工程的可变

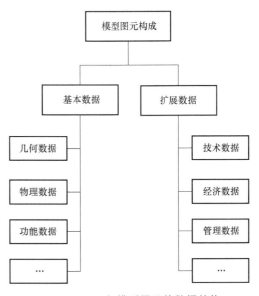

图 9-6 理想模型图元的数据结构

数据，是具有时间属性的动态数据，产生于项目实施过程中，如进度数据、安全数据、质量数据等。N 维模型的维度 N 的大小其实就是取决于扩展数据。

在 3D 建筑模型中，每个构件都独立包含丰富而全面的基本数据和扩展数据。例如，某根柱子，包含混凝土强度、钢筋型号等具体的技术经济信息，模型所包含的信息从而更加丰富。下面以柱子为例说明模型图元的数据结构，如图 9-7 所示。

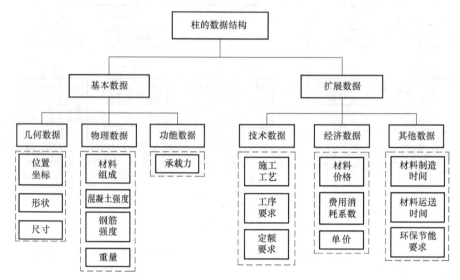

图 9-7　理想的柱子模型图元数据结构

（3）3D 建筑信息模型数据结构分析结论　N 维模型维度 N 的大小完全取决于扩展数据。N 维模型的功能也非常依赖于各种扩展信息的支持。将各种各样扩展数据不断地逐步集成到信息模型中，不断增加其功能维度，循序渐进地实现 4D、5D、6D，…，ND，一直到实现包含建筑工程项目全寿命周期各阶段的所有信息的 N 维模型系统。

从上面的分析，还可以得出的一个结论是，三维模型与 N 维模型的体系结构是一样的，真正的差异在于模型图元的差异，因为三维模型的模型图元与 N 维模型图元所包含的对象实体一样，但实体信息的丰富程度不一样。三维模型仅仅包含构件对象的几何信息与关联信息，而不包含更丰富的工程信息；相反，N 维模型是基于建筑工程项目全寿命周期集成、管理要素集成的，涵盖的信息不但面广而且全。正是这种差异，带来二者模型图元数据结构的根本不同。三维模型的模型图元仅包含构件的几何信息，以及反映构件之间相对关系的关联信息。N 维模型在三维模型所包含信息的基础上，增加了与各管理要素相对应的工程信息，如进度信息、成本信息、质量信息、安全信息等。这样看来，构建 N 维模型，其实所需要做的工作就是将工程项目各管理要素与三维模型中模型图元的几何信息与关联信息相集成，从而实现 N 维模型的功能，如图 9-8 所示。

2. 从三维到四维（进度维）

工程项目进度管理，是指实施工程项目进展的控制与管理，以保证项目按照预期的计划完成。实际的工程项目，进度管理会受到资金、资源等各种现实条件的制约。

在三维几何模型的基础上，集成进度维，本质上是给建筑构件的扩展数据加上时间的属性信息。具体的集成方法是：首先对工程项目进行 WBS 分解，一直分解到最底层的具体施

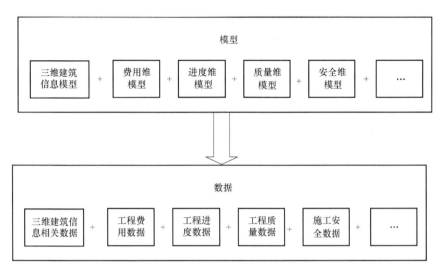

图 9-8 N 维建筑信息模型的构建基础

工活动工作包；然后在 WBS 分解的结构上，制订多级进度计划，其中最具体的进度计划也是细化到具体的施工活动，WBS 分解结构中的施工活动就与进度计划中的施工活动一一对应起来，因此给构件对象附加了时间信息，三维的建筑构件扩展成为四维的建筑构件；最后在可视化的环境中，动态演示基于进度计划的三维模型。

（1）WBS 分解 WBS 分解是将工程项目逐层分解至具体的工作包，并确定项目具体活动之间的关系。通常情况下，WBS 是将项目逐层分解为树形结构，由总体工程项目开始，依次细分为单项工程、分部工程、分项工程等。划分的层次越多，则越细致。分解完的 WBS 工作包有以下三个属性：任务类型、WBS 编码、任务名称。

任务类型包括摘要任务和非摘要任务。摘要任务是指具有子任务的任务，没有子任务的任务为非摘要任务。

WBS 编码自动生成。其规则为：

根节点编码为 1、2、3…流水号；一级子节点编码为 1.n（n 表示流水号）；二级子节点的编码为了 1.n.m（m 表示二级子节点的流水号）；流水号为同级节点在父节点位置下的排列顺序；其他子节点依次类推。

图 9-9 所示是建筑工程项目中比较典型的 WBS 分解结构图。从图中可以看到，WBS 能够将工程项目一直逐层细分到具体的施工活动，如制模板、支模板、拆模板。

工作分解结构中的每一项工作都需要唯一指定编码。在获取了 WBS 节点的唯一标识编码以后，活动单元与进度系统进行链接，就能获得其在时间轴上的相应属性。

（2）基于 WBS 的多层进度计划 进度计划是实际控制进度的基础，用于在时间维度上安排各种施工资源。实际编制进度计划时，要具体问题具体分析，结合具体工程项目本身的特点来制订最适合该项目的进度计划，因为每个建筑工程项目本身的特点各异，并没有万能的进度计划模块适用于所有的工程项目。

建筑工程项目本身周期比较长，参与主体也非常复杂，主体之间的职责也是分层的。对于上层管理者（决策层），需要了解宏观的信息；而中层管理者需要了解一定详细程度的进度管理信息，以控制项目的进展；对于底层执行人员，他们的日常工作与具体的施工活动息

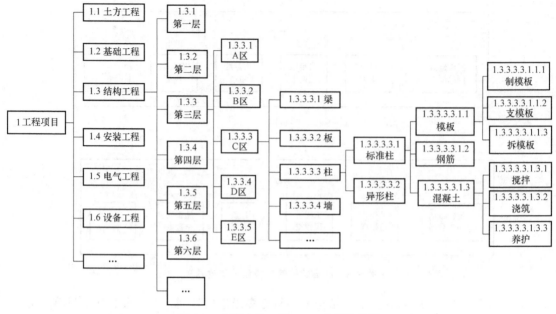

图 9-9　典型建筑工程 WBS 分解结构图

息相关，他们所需要的信息要非常具体、非常切合实际。为配合进度管理的这种现实情况，实际的项目进度管理中一般也实行进度的分级管理制度，对于不同管理层，其需求不同，需要的进度信息也不一样。根据不同层级管理者的需求以及作业划分的精细程度可将进度管理划分为三级：

1）第一层级的进度计划，是总体进度计划，常由建设单位或总承包单位来制订。该层进度计划，主要是从全局的角度对工程项目作宏观控制，一般称为里程碑事件。在第一层级进度计划约束下制订下一级更细分的进度计划，也就是第二级进度计划。

2）第二层级的进度计划，是由中层进度管理人员制订，是为实现上一层级的进度计划而制订的，一般为分阶段实现的项目工作，主要强调骨干工作及其之间的逻辑关系。

3）第三层级的进度计划，是最具体的施工计划，主要是日常的施工安排。这个层级的进度计划与 WBS 分解结构图中的工作包相对应。因此，可通过这一层次的进度计划与 WBS 工作包的对接赋予每个构件时间属性。

三级进度计划如图 9-10 所示。

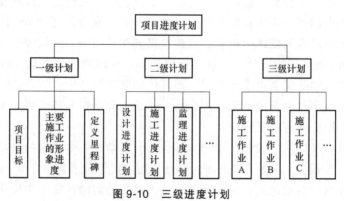

图 9-10　三级进度计划

更加细分的进度计划（四级进度、五级进度、六级进度）是在第三级进度计划的基础上做更细致的时间安排。四级进度具体到季度，而五级细分到月份，六级进度计划具体到每天的日常施工活动安排。随着进度管理信息化程度的不断提高，这三个层级的进度计划管理早已经淡化在第三级的进度管理中。

应用 N 维模型系统的进度管理模块精确的计划管理功能，可以控制每月、每周、甚至每天的施工进度和操作，动态分配各种资源，保证资源能够按计划及时供给，同时工期延误现象也会因此而大大减小。

三级进度计划建立之后，根据不同层次管理人员的不同需求，进度管理模块能够以不同形式显示进度计划及其实际完成情况。

对于具体进度计划的管理，也有两种途径可供选择：

1）在 N 维模型系统进度计划管理模块的界面修改进度计划。当进度计划被修改时，由进度计划管理模块驱动中央数据库更新相关的数据；模型在动态演示时，用户也能够从模型上直观地看出进度计划改变带来的影响。

2）直接在三维模型上改动进度计划，用户可通过鼠标单击等形式与构件对象交互，在构件的属性界面上修改进度信息，进度管理模块确认信息修改后，驱动中央数据库更新相关信息，同时刷新模型。

（3）基于 WBS 的进度计划与 3D 模型的集成　在完成建立 3D 模型、WBS 工作分解结构、建立基于 WBS 的进度计划以后，下一步工作是将 WBS 节点与工程结构构件及模型实体链接起来，实现进度计划与 3D 模型的集成，步骤如下：

1）确定各个构件的时间属性，由于模型的各个构件与 WBS 分解结构之间存在相互对应的关系。因此，以 WBS 编码为依据来划分 3D 模型，再将基于 WBS 的进度计划与模型附合，使其具有时间属性，也就确定了各个构件在时间维度上的位置。

2）在第一步工作的基础上，确定进度变化的相关具体信息，并将所确定的进度变化信息与相关的构件对象链接起来。随着工程不断向前推进，建筑物各构件的进度状态也会不断地随之发生一系列的变化。在数据库中存储进度变化的信息，并且与进度变化的时间点相对应。

3）链接各模型构件与具体的进度数据，通过数据库来实现模型与进度的映射关系，形成 4D 信息模型。

4）由可视化系统根据进度计划确定的时间来动态演示施工进度，模拟实际施工现场。

3D 模型、进度管理模块、可视化支持工具以 WBS 为核心实现进度计划在可视化动态模拟与管理，如图 9-11 和图 9-12 所示。

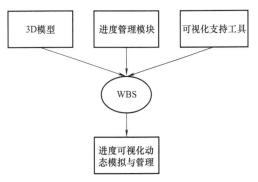

图 9-11　3D 模型+进度的可视化动态管理

（4）实际进度与进度计划的对比及演示　进度计划是在实际工程项目开工前已安排好的工程活动。因此，在施工前就全部录入到进度管理模块。对于实际的施工进度数据，需要由进度管理人员通过进度管理模块录入。如果施工现场的施工进展情况发生变化，进度管理人员需要及时录入数据，保证各参与单位能够了解工程项目的最新进展情况。

进度管理人员只需要录入当前时间段内的进度数据变化情况，进度管理模块会自动检测最新的数据录入情况，再驱动中央数据库更新进度数据，同时更新模型状态。

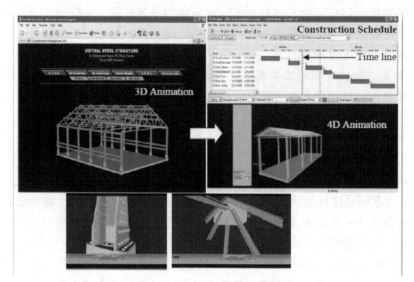

图 9-12　在 VRML 环境中动态显示 4D 模型 （3D+进度）

　　为跟踪进度计划的执行情况，需要将实际进度与计划进度进行对比，找出其差异，并检查分析。目前用于检查分析的比较具体的方法有横道图比较法、S 形曲线比较法、香蕉型曲线比较法、前锋线比较法、列表比较法五种。

　　可使用统一的指标来测算各项目单元的进度情况，如成本、劳动力、工期等。

　　1）项目完成情况按工期测算

　　项目完成程度=实际已使用工期÷计划总工期×100%

　　2）项目完成情况按劳动力投入比例测算

　　项目完成程度=已投入劳动力工时÷计划项目总工时×100%

　　3）按已经完成的工程合同价格比例测算

　　项目完成程度=已完工程合同价格÷工程总价格×100%

　　为了在模型中用不同的颜色表示实际进度与计划进度的差异，如实际进度超前、实际进度滞后、实际进度正常，引入色谱的方法，如图 9-13 所示：从左端开始，色谱的颜色由深红色逐渐淡化为浅红色，再演变为绿色，又逐渐加深为深绿色，代表实际进度从严重滞后于计划进度到实际进度大幅超前于计划进度。处于色谱中间的淡绿色带表示进度正常。

　　在 N 维模型系统的进度管理模块，在制订进度计划时，相关的进度计划数据已由系统自动整理分类并存储起来。

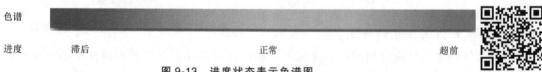

色谱

进度　　　　　滞后　　　　　　　　　　　正常　　　　　　　超前

图 9-13　进度状态表示色谱图

　　实际的进度数据由进度管理人员在实际进度数据录入界面输入。系统提取实际进度数据，并按一定的原理计算实际进度与计划进度的百分比，然后根据所得的比值结果对照进度状态色谱，找到对应的颜色，再调动系统的渲染功能模块对 3D 模型进行渲染。最后，用户就能够在模型上直观地看到工程项目的实际进度情况与计划进度的对比，如图 9-14 所示。

图 9-14　嵌入实际背景中的建筑模型

　　系统还可以根据实际进度数据与计划进度数据的对比分析结果，生成分析统计图表、报表等，辅助管理人员决策，在某些情况下，还可发出预警。

　　在图 9-14 所示的模型中可以直观地看出计划进度与实际进度的偏差，其中淡绿色部分实际进度符合计划进度，基本上未超前也未滞后；深绿色部分表示进度超前；深红色部分表示进度严重滞后。对于进度有偏差的部分，根据系统生成的分析报表、文件等，再结合工程实际情况，及时采取纠偏措施，使得工程施工能够尽量按原计划继续进行。进度计划偏差纠正流程如图 9-15 所示。

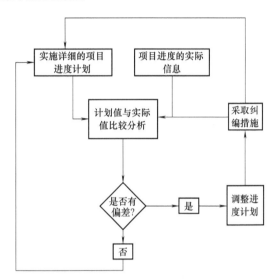

图 9-15　进度计划偏差纠正流程图

　　进度管理模块以虚拟场景来反映工程的进展状态，这种方式比较直观。工程人员直接从模型就可以直观地感受到施工现场的进度情况，而不用到施工现场。

　　（5）模型中进度信息的实时可视化查询　模型的可视化展示工程项目进展情况，这种形式比较直观，建筑工程管理人员能够很快了解到施工现场的进展情况。但是，这种直观方式的缺陷在于管理人员只能通过视觉大概获取定性的进度信息，比较适合于高层管理人员了解项目进展情况。对于中层管理人员和底层管理人员而言，他们所需要的不仅仅是定性的进度信息，更重要的是通过获取量化的进度信息来指导工程项目的实施。系统的交互机制，可满足用户对定性的进度信息与量化的进度信息实时获取的需求。用户可以通过鼠标单击等各种方式与模型对象进行交互，快速提取与该对象相关的信息。具体的交互机制包括从模型到数据的交互与从数据到模型的交互两种：

　　1）从模型到数据的交互。从模型到数据的交互，是指用户先看到的是直观的模型，希望获取与当前模型视点相对应的量化的信息。要实现这种方式的交互，首先需要给模型中各构件进行唯一编号，可以直接利用前文的 WBS 编码。当用户选中某个构件时，系统以相应的方式来突出显示该对象构件，如以高亮的方式，再以弹出对话框等形式与用户进行交互，用户确认所需获取的信息。进度管理模块根据用户的命令，从中央数据库中提取相关信息，并以各种形式反馈给用户，如表格、文档等。

2）从数据到模型的交互。从数据到模型的交互，指的是用户首先看到的是报表、文档等非直观形式的量化信息，同时希望看到与当前量化信息相对应的模型状态。进度管理模块需要根据用户当前的信息来切换并显示与该视点相对应的模型状态，这个过程与1）中模型到数据的交互过程刚好相反。具体实现起来，是由进度管理模块从用户当前使用的信息中获取并确定对应的视点，如用户当前正在浏览的进度报表所反应的日期、方位等，再切换到该视点来展示模型。

此外，可根据施工进度信息查询相关的工程量及资源等信息，并进行动态比较，从而有助于工程项目管理人员更加全面地把握工程实际实施与进展情况。

3. 从四维到五维（费用维）

工程费用是建造一个工程项目所支出的全部费用。研究调查显示，由于工程项目各参与单位之间的信息交流不畅通，通常会带来约 20%~30% 的费用增加。由此可见，畅通的信息流对于减少工程费用是非常重要的。在 N 维建筑模型系统中集成工程费用维，实现全寿命周期费用的有效管理，是非常有研究价值与实用价值的。

在四维建模的基础上，通过研究费用数据来推动成本控制的过程，称之为五维建模。考虑到我国目前有两种计算工程费用的方法，一种是基于定额的计费方式，另外一种是工程量清单计费方式。由于工程量清单计费方式在计算工程量时更有利于电算化，所以本系统采用工程量清单计费方式来计算工程费用。一方面是因为工程量清单计费方式是以工程实体的实际数量为依据的；另一方面是因为工程量清单计费方式是目前被国际上广泛认可的一种鼓励企业之间竞争的一种计费方式，是适合我国市场经济条件下的竞争性计费方式，在我国的普及程度也越来越大。

工程费用的计算过程中，通过三维模型来计算费用，需要首先将构件从模型中抽象出来，计算出其工程量，再与价格及资源一一对应。为了达到这个目的，在模型系统的中央数据库中创建一个独立的费用计算层，再将该层与建筑模型对象进行映射。在具体计算的时候，需要将模型构件与工程费用计算层链接起来。

基于模型的费用计算文件从模型服务器中提取出来，再导入到费用管理模块。然后费用管理模块从中央数据库中获取的相关资源消耗信息与价格信息，根据工程费用计算规则，计算出与模型构件实体直接相关的那部分费用。

4. 进度维与费用维之间的关系

作为建设工程项目管理两个最重要的环节，进度管理与费用管理之间存在着直接的关联关系。利用挣值原理来同时集成控制项目进度与投资，其前提条件是找到控制单元来统一项目的费用信息与进度信息。根据 WBS 分解的项目最底层工作包能直接反映各单元的进展情况。国际上现在比较流行的工程量清单计价模式，也是以 WBS 分解为基础的。因此，可以通过 WBS 分解结构来建立工程量清单与项目分解结构之间的相互对应关系，如图 9-16 所示。

根据 WBS 也可以得到各基本子项的进度数据与价格数据，汇总后可得到分部工程、单位工程的进度信息及费用信息，便于管理人员在中期控制进度与费用。

5. 系统用户界面分析

系统各功能模块由总控菜单统一管理。系统采用 Windows 操作界面，用户可通过鼠标与键

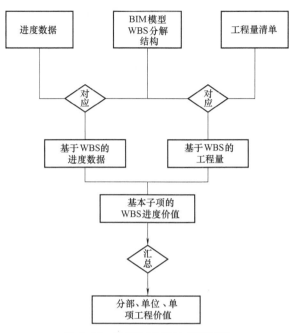

图 9-16　进度与费用的关联模型

盘来操作。系统的众多功能可根据不同专业不同部门用户的需求，采用个性化定制的方式。模型系统分两层实现，一层是底层的数据集成，另外一层是上层信息输出。根据这个特点，对应的用户界面也分为信息输入界面及相应的信息输出界面。其中信息输入界面与管理信息系统的信息录入界面功能相似，主要用于集成主菜单界面及用户登录、退出。信息输出界面，包括图形、模型、表格等形式，分区显示在同一界面的不同部分，如图 9-17 和图 9-18 所示。

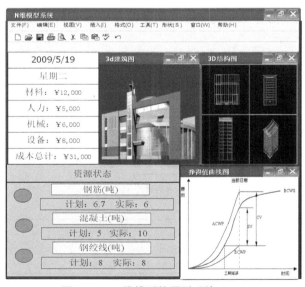

图 9-17　N 维模型的原型系统（一）

N 维模型系统的最主要功能是通过一个中央数据库为工程项目各参与单位提供所需的各种信息。因此，基于集成的 N 维模型数据库，用户能够获得工程项目的所有信息。由于时间限制，本书仅仅构建了空间三维、进度维及费用维。从理论上讲，目前有三种方法，可以实现 N 维模型系统的开放性：

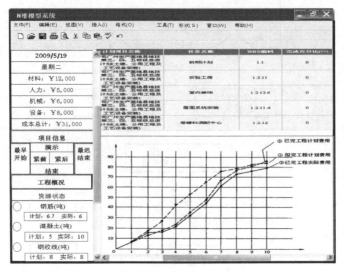

图 9-18　N 维模型的原型系统（二）

（1）基于本体论的模型开放性　目前，各种数据类型并没有得到真正集成，为了从根本上解决异构数据集成与信息交互问题，引入本体论方法来构建项目本体，使信息能在最底层得到准确和统一表达，信息流也因此会得到顺利集成。已得到建筑行业参与单位广泛认可的 IFC 标准，其框架结构符合本体构建理论——首先是对领域内所有可能用到的概念进行定义，然后分析概念之间的关系。但 IFC 标准仅仅定义了建筑工程的数据逻辑，并没有定义数据的存储方式，更没有解决数据语义层面上的集成问题。在 IFC 原有框架结构的基础上，结合工程项目管理的特点，以本体论为依据，构建基于本体论的 N 维模型体系，真正实现信息的集成，如图 9-19 所示。

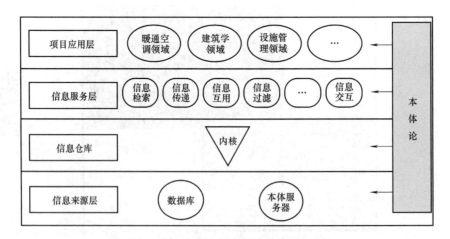

图 9-19　基于本体论的项目管理信息集成体系

（2）基于数据格式的模型开放性　IAI 组织指定 STEP 格式与 XML 格式作为 IFC 标准的配套。在 IFC2x 系列中，IAI 研发成功 ifcXML 平台，实现 EXPRESS 到 XML 的映射。XML

格式是一种广泛适用的二进制的数据格式，适用于所有的建筑软件进行交互。在 N 维模型系统中建立 ifcXML 数据输入/输出接口，实现各管理要素对应的管理模块以 XML 格式来交换数据。

（3）基于中间件技术的模型开放性　图 9-20 所示展示了各种来源的数据流集成到中央数据库中的方式。数据来源分为两种，其中一种是来自于各种支持 IFC 标准的应用软件，如3D 建模软件等；另一种是不支持 IFC 标准的应用软件。中央数据库通过中间件集成各种来源的异构数据，使所有的数据均以中央数据库定义的统一格式存储到数据库系统中，并为外界提供一致的数据接口服务。借助于中间件技术，用户通过接口访问数据库中 IFC 的类和属性。

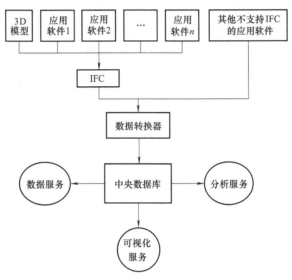

图 9-20　N 维模型数据流图

■ 9.2　数字化集成交付概述

数字化集成交付是在机电工程三维图形文件的基础上，以建筑及其产品的数字化表达为手段，集成了规划、设计、施工和运营各阶段工程信息的建筑信息模型文件传递。

施工阶段及此前阶段积累的 BIM 数据最终是需要为建筑物、构筑物增加附加价值的，需要在交付后的运营阶段再现或再处理交付前的各种数据信息，以便更好地服务于运营。

目前建筑行业工程竣工档案的交付主要采用纸质档案，其缺点是档案文件堆积如山，数据信息保存困难，容易损坏、丢失，查找使用麻烦。DA/T 31—2017《纸质档案数字化技术规范》等国家档案行业相关标准规范仅描述了将纸质竣工档案通过扫描、编目整理，形成传统档案的数字化加工、存储，未能实现结构化、集成化、数字化、可视化的信息化处理。

应用 BIM 技术、计算机辅助工程（Computer Aided Engineering，CAE）技术、虚拟现实、人工智能、工程数据库、移动网络、物联网以及计算机软件集成技术，引入建筑业国际标准《工业基础类》（Industry Foundation Classes，IFC），通过建立机电设备信息模型（Machine Electric Plumbing Building Information Modeling，MEP-BIM），可形成一个面向机电设备的全信息数据库，实现信息模型的综合数字化集成。

9.2.1　数字化集成交付的特点

建筑工程竣工档案具有可视化、结构化、智能化、集成化的特点，采用全数字化表达方法，对建筑机电工程进行详细的分类梳理，建立数字化三维图形。建筑、结构、钢结构等构件分类包括场地、墙、柱、梁、散水、幕墙、建筑柱、门、窗、屋顶、楼板、天花板、预埋吊环、桁架等。建筑给水排水及采暖、建筑电气、智能建筑、通风与空调工程的构件分类包括管道、阀门、仪器仪表、管件、管件附件、卫生器具、线槽、桥架、管路、设备等。构件几何信息、技术信息、产品信息、维护维修信息与构件三维图形关联。

集成交付需要一个基于 BIM 的数据库平台，通过平台提供网络环境下多维图形的操作，构件的图形显示效果不限于二维图形，也包括三维图形不同方向的显示效果。建筑机电工程系统图、平面图均可实现立体显示，施工方案、设备运输路线、安装后的整体情况等均可进行三维动态模拟演示、漫游。

（1）智能化　智能化要求建筑机电工程三维图形与施工工程信息高度相关，可快速对构件信息、模型进行提取、加工，利用二维码、智能手机、无线射频等移动终端实现信息的检索交换，快速识别构件系统属性、技术参数，定位构件现场位置，实现现场高效管理。

（2）结构化　数字化集成交付系统在网络化的基础上，对信息在异构环境进行集成、统一管理，通过构件编码和构建成组编码，将构件及其关键信息提取出来，实现数据的高效交换和共享。

（3）集成化　规划设计信息、施工信息、运维信息在工程各个阶段通常是孤立的，给同一项目各个专业信息传达造成了极大的不便。通过对各阶段信息进行综合，并与模型集成，可达到工程数据信息的集成管理。

9.2.2　综合项目交付（IPD）

随着前期多方合作的不断发展和 BIM 技术不断成熟，现有的项目管理模式显然不能充分发挥多方合作以及 BIM 技术的优势。能够完整并合理利用全过程多方合作和 BIM 技术的交付方式是时代发展的必然。综合项目交付（IPD）运用其独有的三方合同结合建筑信息模型 BIM 技术有效地促进了项目管理模式的发展，具有良好的发展前景和推广意义。

1. 综合项目交付的目标

综合项目交付的目标是实现在设计、装配和施工等工程建设的各个阶段优化项目成果、提高对建设单位的产出、减少浪费和最大限度地提高效率。各参建单位都将在项目实施过程中获益。

（1）建设单位

1）设计单位与承包商一起拥有和建设单位一样的责任感。

2）持续不断地进行设计方案优化。

3）并非无主动变更工作的机制。

4）更高的工程项目效率。

5）更低的工程项目总成本。

6）建设单位的工作支持度更普遍。

7）更多的工程项目收益。

（2）设计单位

1）与施工单位有更真实的合作伙伴关系。与建设单位有共同的责任感，实现设计质量同时也实现施工单位的效益目标。

2）避免出现问题自掏腰包。

3）减少85%的债务风险。

4）更有效地提高设计报酬。

5）吸引未来更多的相关工程项目。

（3）施工单位

1）不再有工程争议。

2）参与有创造性的设计过程。

3）更高水平的分包商。

4）更灵巧、精益、安全、快速地施工。

5）建立良好的合作关系，招揽更多的工程项目。

6）风险更低。

7）不需要雇佣出现争议时需要采用的法律工具。

2. 综合项目交付的主要元素

通过以上分析，可以看出综合项目交付方式主要依赖的元素包括以下几个方面：

（1）全过程多方合作　全过程多方合作意味着从工程项目的前期一直到最后交付使用，建设单位、设计单位、承包商都将在项目周期的各项工作中参与进来，以实现共同的综合项目目标。

（2）BIM与信息交流、共享　BIM系列工具是综合项目交付过程中重要的设计、交流工具，通过BIM的使用综合项目交付方式实现了信息共享、模型设计、施工模拟等重要环节，使得综合项目交付方式得以更加高效地进行，并实现了施工模拟的优势。

（3）多方合同契约　多方合同是将各参与单位紧紧联系在一起的关键工具，借用多单位合同使得参与单位具备了共同的工作期望，并加入了补偿、考核、激励机制，使得各参与单位在项目参与过程中拥有主动提高项目效益的积极性，同时实现项目中的责任和权力。

3. 综合项目交付的实质

综合项目交付是"一种项目交付的方式，它将人员、系统、业务结构和实践集成到一个过程中，在该过程中，所有参与者将充分发挥自己的智慧和才华，以实现在设计、装配和施工等工程建设的各个阶段优化项目成果、提高对建设单位的产出、减少浪费和最大限度地提高效率的目的。"它继承了集成的思想，吸收了"精益"和"合作"的理念，从它的定义中的"将人员、系统、业务结构和实践集成到一个过程中"表述中就体现了"集成"的思想，因为综合项目交付重点强调"信任"这与partnering是相同的；"提高对建设单位的产出、减少浪费和最大限度地提高效率"则体现了"精益"的理念。

综合以上分析，综合项目交付是运用多方合同体系将项目参与单位的责任、补偿、激励机制综合起来，吸引设计单位、施工单位甚至其他关键参与单位在前期提前参与，运用BIM等计算机工具进行工程项目规划设计，最后进行施工，以此来达到工程项目效率最大化的一个过程。

针对综合项目交付的主要元素，从工程项目的组织方式和运作模式，理解综合项目交付的实质，如图9-21所示。

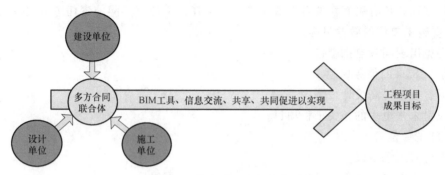

图9-21 综合项目交付的实质

■ 9.3 基于 BIM 的建筑工程信息交付

9.3.1 基于 BIM 的建筑工程信息交付概述

基于 BIM 的建筑工程信息交付是指在建筑工程项目全生命周期中为满足下游专业或下一阶段的生产需要所发生的建筑信息模型数据提交。从专业的角度划分，基于 BIM 的建筑工程信息交付一般包含有建筑、结构、暖通、机械、电气、给排水等专业。从阶段的角度，国际上并没有对其有统一的划分，我国将工程项目全生命周期划分为项目的策划与规划阶段、勘察与设计阶段、施工与监理阶段、运行与维护、改造与拆除阶段，其中大量的信息数据提交发生在勘察与设计到施工与监理阶段和施工与监理到运行与维护阶段。因此，基于 BIM 的建筑工程信息交付标准主要是针对这两个阶段而制定的。

基于 BIM 的建筑工程信息交付标准的核心是建立统一的基准，以指导建筑信息模型的数据在建筑项目整个生命周期中各阶段的建立与提交，以及在各阶段数据提交时应满足的要求。例如，如何保证数据提交时的准确性和统一性，如何保证数据在后续阶段使用时的有效性。

9.3.2 基于 BIM 的建筑工程信息交付的特征

在传统的项目建设中，交付的过程通常是线性的，需要在规定的时间段提交一定数量交付的成果；而BIM 环境下的交付过程是呈抛物线形的，所需交付的信息在模型的建立阶段其输出几乎是极少的，待模型完成以后，短时间内即可输出大量交付成果。传统方式与 BIM 交付成果产出对比如图9-22所示。BIM 的核心是信息，BIM 环境下的交付关键是信息交付时的表达方式及信息的交付模式，BIM 技术的介入改变了传

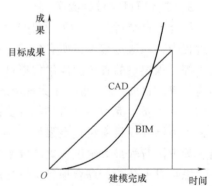

图9-22 传统方式与 BIM 交付成果产出对比

统 2D 设计模式下的交付物，同时也需对交付的模式重新定义。其特征主要体现在以下几个方面：

1. 数字化的交付物

BIM 模型是参数化的数字模型。参数化建模是 BIM 建模比较于普通 3D 建模的重要区别。参数化建模是用专业知识和规则来确定几何参数和约束的一种建模方法。参数化赋予了模型构件的灵魂，模型的所有图元都是有生命的构件，这些构件的参数是由其自身的规则来驱动，每个构件几何信息和非几何信息都以数字化形式保存在模型数据库中，整个数字化数据库包含了建筑模型和相关的设计文档，并且这些内容都是带有参数化属性和相互关联的联系。交付文件中那些用来体现项目各类信息的线条、图形及文字，都不是传统意义上"画"出来的，而是以数字方式"建造"出来的。

2. 可计算的交付数据

在 BIM 数据环境内，支持多种方式的计算、模拟、信息表达与传输。BIM 设计软件支持结构计算、节能分析等各种性能分析；可以支持三维模拟甚至动画的方式显示，BIM 环境下的信息更青睐于结构化形式的信息，因为这类信息可以直接被计算机读取，采用结构化形式信息的优点是可以提高生产效率、减少错误，而非结构化的信息可以采用双向关联的方式存入中央数据库，这样我们可以直接调取相关信息通过 BIM 工具对其进行管理、使用和检查。

3. 实时动态的数据库

BIM 是由数字化模型集成的数据库，囊括了项目从策划、设计到施工及运营管理整个生命周期内的所有信息，BIM 模型数据库的创建是一个动态的过程，如图 9-23 所示。由规划阶段到运营阶段的整个过程中，工程信息在数据库中逐步累积，最后形成完整的工程信息集合。设计阶段则是在规划阶段所积累信息的基础上进行专业深化设计，该阶段产生大量的数据共享再次共享进数据库，且各专业之间存在着参数化的关联；施工阶段则可以在以上阶段的基础上，通过对数据库中的信息提取，导入进专业的施工软件进行分析，如 4D 的施工进度管理、成本造价分析等，这些新产生的信息会再次汇集到数据库中；到运营维护阶段，BIM 模型的数据库中已经集成了之前三个阶段的所有工程信息，这些信息可随时被运营维护系统调用，如建筑构件信息、房屋空间信息、建筑设备信息等。

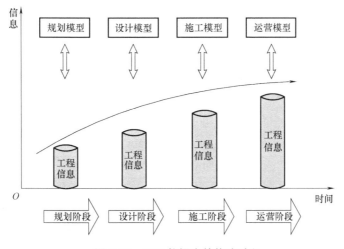

图 9-23　BIM 数据库的构建过程

4. 多元化信息输出

BIM 模型是采用参数化关联技术建模，模型的构件信息都有着一定的逻辑关系。模型在建立之后，借助于 BIM 软件的扩展功能，各种平、立、剖二维图及图表都可以根据模型在软件中实时地自动生成，也可以生成各种三维效果图及动画，这就为 BIM 的多元化应用提供了可能。

9.3.3 基于 BIM 的建筑工程信息交付的障碍

1. BIM 信息交付障碍因素分析

随着大量 BIM 应用的展开，BIM 交付过程中的许多障碍及问题也逐渐显现，国内外学者也针对这些问题进行广泛的探讨和研究。根据几份典型 BIM 应用研究报告及文献对 BIM 信息交付过程中所涉及的障碍因素进行了总结，见表 9-1。

表 9-1　BIM 信息交付应用中的障碍因素

数据来源	麦格劳-希尔公司	RICS	张建新
调查范围	美国 $n=302$ （建筑师 82，工程师 101，承包商 80，业主 39）	英美 $n=298$ （英国 292，美国 6）	中国 $n=50$ （全国省市级的建筑设计研究院所）
障碍因素	1. 额外的培训时间和费用 2. 软硬件升级所需的成本 3. 缺乏公司决策者的明确指示 4. BIM 专家的不足 5. 缺乏明确的外部引导 6. 在 BIM 模型的知识产权归属问题	1. 培训过程中时间和人力资源的浪费 2. 设计人员不太熟悉新技术 3. BIM 设计软件的建模功能不完整 4. 对于分享数据资源持消极态度 5. 在合同上缺乏规定 BIM 数据模型的条款 6. 合作伙伴的参与不足	1. 设计师：设计思维转型等 2. 设计企业：管理模式转变等 3. BIM 技术：适用性稍差等 4. 行业、法律：生产组织方式不足等

注：表中 n 为有效的调查报告份数。

同时，通过对国内外大量 BIM 障碍分析类文献研究，提炼出目前 BIM 信息交付中被广泛关注的 28 项障碍因素，见表 9-2。

表 9-2　影响 BIM 交付的障碍因素

一级因素	二级因素	三级因素
技术 A	技术环境 A_1	A_{11} 国外 BIM 技术产品的本地化程度低
		A_{12} 缺乏国产的 BIM 技术产品
		A_{13} 能够充分利用的标准化 BIM 对象库不足
		A_{14} 建立 BIM 模型所需输入的数据源不足
		A_{15} 国内缺乏对于 BIM 技术的研究
	技术应用 A_2	A_{21} BIM 设计软件的建模功能不完整
		A_{22} 与传统的 2D、3D 数据不兼容，设计人员的工作量增加
		A_{23} BIM 模型的准确度检测方法不完善
		A_{24} 缺乏基于 BIM 的开放性电子信息交换平台
		A_{25} 缺乏专业之间交互性

（续）

一级因素	二级因素	三级因素
经济 B		B_{01} 培训员工的费用和时间
		B_{02} 交付成果鉴定的成本
		B_{03} 硬件升级所需的成本
		B_{04} 设计费用的增加
		B_{05} 使用 BIM 技术带来的经济效益不明显
操作 C	操作过程 C_1	C_{11} 基于 BIM 的工作流程尚未建立
		C_{12} 项目参与方不习惯于协作工作模式
		C_{13} 不是每一个参与单位都会使用 BIM 软件
		C_{14} 设计人员的工作量增加
		C_{15} BIM 模型的版本和安全性管理的难度大
	操作组织 C_2	C_{21} 基于 BIM 的业务流程重组带来的风险
		C_{22} 不习惯于 BIM 的协作工作模式
		C_{23} 组织内部缺乏明确的采用 BIM 技术的目标
		C_{24} 组织内部没有长远的 BIM 应用计划
法律 D		D_{01} 国内缺乏 BIM 标准合同示范文本
		D_{02} 国内缺乏适用于 BIM 的保险条款
		D_{03} 缺乏能够保护 BIM 模型的知识产权的法律条款和措施
		D_{04} BIM 项目中的争议处理机制尚未成熟

2. BIM 信息交付障碍问题研究

为评估表 9-2 中障碍因素对我国 BIM 信息交付应用过程中的影响程度，通过问卷调查法对各影响因素进行了数据采集，然后运用层次分析法（AHP）对各因素受关注的程度进行了分析。本次调查采取网上问卷的方式，调查的对象主要选取在国内建筑工程行业中应用 BIM 技术的工程人员或对 BIM 技术有关注研究人员。

调查问卷主要包括以下两个方面：调查对象的行业分类及其对 BIM 技术的熟悉程度；对各障碍因素之间的重要度统计。其中，调查对象所处行业及对 BIM 技术的熟悉程度如图 9-24 和图 9-25 所示；对影响 BIM 交付因素的重要度排序如图 9-26 所示。

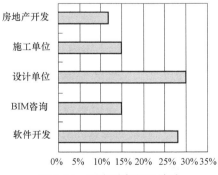

图 9-24　调查对象行业统计

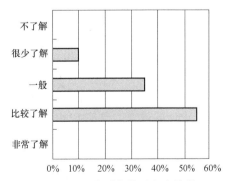

图 9-25　调查对象熟悉程度统计

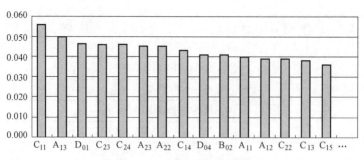

图 9-26　影响因素重要度排序

由分析结果可知，影响 BIM 信息交付主要因素的前 10 位，见表 9-3。

表 9-3　BIM 信息交付主要障碍因素

排序	障碍因素
1	C_{11} 基于 BIM 的工作流程尚未建立
2	A_{13} 能够充分利用的标准化 BIM 对象库不足
3	D_{01} 国内缺乏 BIM 标准合同示范文本
4	C_{23} 组织内部缺乏明确的采用 BIM 技术的目标
5	C_{24} 组织内部没有长远的 BIM 应用计划
6	A_{23} BIM 模型的准确度检测方法不完善
7	A_{22} 与传统的 2D、3D 数据不兼容，设计人员的工作量增加
8	C_{14} 设计人员的工作量增加
9	D_{04} BIM 项目中的争议处理机制尚未成熟
10	B_{02} 交付成果鉴定的成本

针对以上主要障碍因素的分析，总结出了我国 BIM 交付过程中所存在的问题，主要体现在以下几个方面：

1）BIM 的数字化表达带来了建筑设计语言的改变。目前，我国建筑工程行业最终设计成果的交付还是以二维的 CAD 图为主，这也是目前国际主流的交付形式。因此，建筑工程信息交付的管理与组织都是围绕着二维 CAD 图的生产来进行，设计人员已经习惯了利用点线面来描述建筑的设计思维。BIM 的应用，需要建筑设计人员从二维的 CAD 思维向 BIM 的三维设计思维转型，BIM 的三维设计依赖于构件元素的表达，如何利用合理构件元素来描述建筑师的设计意图，同时满足下一阶段的使用要求，就需要对 BIM 的设计语言重新定义。

2）BIM 的多元化信息输出给工程的信息利用带来了便利，理论上 BIM 可以向下兼容 CAD 时代所有的信息应用，但实际过程中 BIM 所输出图纸格式并不能完全满足工程的使用，设计人员大量的精力被集中在图面的人工调整中，这样不仅增加了设计人员的工作量，还严重影响了设计的效率。要使 BIM 的出图格式满足工程的需求，一方面需要软件厂商修订软件的出图规则，满足我国本土化的应用要求；另一方面需要我们以满足实际应用为原则调整现有的制图标准。这些问题都需要重新建立标准化的规则来解决。

3）参数化建模、数字化交付，彻底改变了传统的二维建筑设计方法，使得建筑设计向三维化转型，在交付的各个环节中，信息的提交、读取、查验、存档等诸多操作都依赖于软件系统来完成。理想状况是，这些模型信息的操作均能够被软件系统自动操作完成，尽量减少因人为干预而引起的信息异动。但目前可用于 BIM 的信息专业软件种类繁多，数据所对应的格式也是各种各样，如何将众多软件协调到统一的平台，是目前急需解决的问题。

4）根据 BIM 的可协同性特点，建筑从规划阶段到最后的运维阶段所有的参与单位都应该是基于一个统一信息来源进行协作。BIM 是对全生命周期的实施过程中所产生的建筑信息数字化的过程，在这个过程中数据的结构形式多样复杂，所对应的格式也是种类繁多，各阶段的应用需求也不尽相同，就需要建立一种新的策略和新的协作模式，对各参与单位的关系重新规划。项目各阶段参与人员的职责、所需要模型信息类型及信息的数量也要有明确的规定，各专业间交互数据的形式和模型所需满足的应用级别也应得到重新审视并规划。因此，要对项目不同阶段、不同专业及参与单位所交付的信息进行统筹管理。

思 考 题

1. 请思考如何解决 BIM 交付过程中所存在的问题。
2. 请用自己的语言描述 BIM 环境下建筑工程信息交付的概念。
3. 请谈一下你了解的 BIM 技术在集成项目中的应用。

参 考 文 献

[1] 丁士昭. 工程项目管理 [M]. 北京：中国建筑工业出版社，2012.

[2] 丁烈云. BIM 应用·施工 [M]. 上海：同济大学出版社，2015.

[3] HIRAL S. A Guide to the Engineering Management Body of Knowledge [M]. 4th ed. Newtown Square：Project Management Institute，2015.

[4] Project Management Institute. A guide to the project management body of knowledge (PMBOK guide) / Project Management Institute [M]. 6th ed. Newtown Square：Project Management Institute，2017.

[5] GALBRAITH J R. Designing organization：An executive guide to strategy, structure, and process [M]. San Francisco, CA：Jossey-Bass，2002.

[6] 曹吉鸣，林知炎. 工程施工组织与管理 [M]. 上海：同济大学出版社，2002.

[7] AZHAR S. Building information modeling (BIM)：trends, benefits, risks, and challenges for the AEC industry [J]. Leadership Manage. Eng.，2011，11 (3)：241-252.

[8] 丁士昭. BIM 应用·导论 [M]. 上海：同济大学出版社，2015.

[9] 曹世勇. BIM 在装配式住宅高效精益设计中的应用研究 [D]. 贵州：贵州大学，2019.

[10] 李健. 基于 BIM 的地铁车站机电设备维修研究与应用 [D]. 武汉：华中科技大学，2016.

[11] 彭耀. 基于 DFTA-BIM 的大型桥梁沉井施工风险评估 [D]. 武汉：华中科技大学，2018.

[12] 张建平，曹铭，张洋. 基于 IFC 标准和工程信息模型的建筑施工 4D 管理系统 [J]. 工程力学，2005，22 (S1)：221-227.

[13] CHAU K W，ANSON M，ZHANG J P. 4D dynamic construction management and visualization software：1. development [J]. Automation in Construction，2005，14 (4)：512-524.

[14] VINEET R，KAMAT，JULIO C，MARTINEZ，et al. Research in Visualization Techniques for Field Construction [J]. Journal of Construction Engineering and Management，2011，137 (10)：853-862.

[15] CHANGYOON K，HYOUBGKWAN K，TAEKWUN P，et al. Applicability of 4D CAD in Civil Engineering Construction：Case Study of a Cable-Stayed Bridge Project [J]. ASCE Journal of Computing in Civil Engineering，2011，25 (4)：98-107.

[16] 仲景冰. 工程项目管理 [M]. 武汉：华中科技大学出版社，2018.

[17] 秦艳. 基于 BIM 的地铁车站火灾安全疏散研究 [D]. 武汉：华中科技大学，2016.

[18] 本书编委会. 中国建筑施工行业信息化发展报告 (2018) 大数据应用与发展 [M]. 北京：中国建材工业出版社，2018.

[19] 李权. 地铁车站施工现场视频监控点布置优化研究 [D]. 武汉：华中科技大学，2017.

[20] 马筠强. 基于 BIM 的施工现场布置优化研究 [D]. 哈尔滨：哈尔滨工业大学，2016.